Ihre Arbeitshilfen zum Download

Die folgenden Arbeitshilfen stehen für Sie zum Download bereit:

- Tipps für den Praxistransfer
- Fragebögen, z. B. Work Value Questionnaire
- Übungen, z. B. zur Selbst- und Fremdeinschätzung der Fähigkeitsentwicklung
- Checklisten, z. B. zum Führungsverhalten

Den Link sowie Ihren Zugangscode finden Sie am Buchende.

Generationen zusammen führen

Prof. Dr. Daniela Eberhardt

Generationen zusammen führen

Mit Millenials, Generation X und Babyboomern die Arbeitswelt gestalten

Prof. Dr. Daniela Eberhardt

1. Auflage

Haufe Gruppe
Freiburg · München

Bibliografische Information der Deutschen Nationalbibliothek
Die Deutsche Nationalbibliothek verzeichnet diese Publikation in der Deutschen Nationalbibliografie; detaillierte bibliografische Daten sind im Internet über http://dnb.dnb.de abrufbar.

Print	ISBN: 978-3-648-06751-2	Bestell-Nr. 10118-0001
EPUB	ISBN: 978-3-648-06752-9	Bestell-Nr. 10118-0100
EPDF	ISBN: 978-3-648-06753-6	Bestell-Nr. 10118-0150

Prof. Dr. Daniela Eberhardt
Generationen zusammen führen
1. Auflage 2016

www.haufe.de
info@haufe.de
Produktmanagement: Anne Rathgeber

Lektorat: Christiane Engel-Haas M.A., Social Science & Publishing, Starnberg
Zeichnungen/Comics: Jana Eberhardt, Zürich
Satz: kühn & weyh Software GmbH, Satz und Medien, Freiburg
Umschlag: RED GmbH, Krailling
Druck: BELTZ Bad Langensalza GmbH, Bad Langensalza

Inhaltsverzeichnis

Vorwort und Danksagung

Generationen zusammen führen ist ein Buch, das die vielfältigen Facetten der Führung von Millennials, Generation X und Babyboomern und allen gemeinsam aufzeigt. Durch Fachwissen, praktische Tipps, Praxisbeispiele, Checklisten und Hilfsmittel werden vielfältige Möglichkeiten und Perspektiven für das Thema geboten.

Unterschiedliche Generationen am Arbeitsplatz erinnern an das Zusammenleben verschiedener Generationen in einer Familie und haben vergleichbare Chancen und Herausforderungen. In meiner angestammten Großfamilie leben drei Generationen miteinander verbunden. Immer wenn sich alle treffen, gibt es angeregte Gespräche, man meint fast, alles rede durcheinander und keiner höre zu. Und dann gibt es noch die jüngste Generation, die während der Familiengespräche von mittlerweile 20 Personen in ihren Smartphones stöbert und sich Messages hin und her schickt. Und doch verstehen sich alle auf eine fast mystische Art und Weise, die einzelnen Generationen haben verschiedene Themen, die Kommunikation ist unterschiedlich. Es funktioniert durch ein gemeinsam getragenes Verständnis, dass alle zusammengehören und eine gewisse Führung und Koordination, die langsam von der ältesten Generation an die mittlere Generation übergeht. Das ist die Grundlage, dass diese kleine Gemeinschaft wertschätzend und im Austausch miteinander lebt. In meiner Kleinfamilie lässt sich noch mehr beobachten: Es gibt z. B. einen Angehörigen der Generation Z, das ist die Generation, die kurz vor dem Berufseintritt steht. Er arbeitet neben seiner hauptberuflichen Tätigkeit als Oberstufenschüler als Texture Packer ganz freiwillig und sehr engagiert für möglichst angesagte Youtuber. Die Motivation kommt aus der Faszination für die Videospielszene und die Chance, dazuzugehören: Der Lohn ist die Ehre, dass seine kleinen Entwicklungen — immer wieder neu als im Internet platzierter Auftrag — vom Youtuber ausgewählt werden. Als Angehörige der Babyboomer-Generation ist mir dieses Medium eher fremd und dieses freiwillige und sehr engagierte Zusammenspiel von führen und geführt werden in der virtuellen Welt hat etwas Faszinierendes. Es stellt sich die Frage, welche neuen Formen der Führung und Zusammenarbeit kommen auf uns zu?

Generationen zusammen führen ist ein Buch, das unter Mitwirkung verschiedener Generationen entstanden ist. Die Arbeit in einem kleinen, generationenübergreifenden Verbund war spannend und lehrreich. In der Zusammenarbeit haben wir das Thema gelebt, uns teilweise virtuell ausgetauscht, an verschiedenen Orten und zu unterschiedlichen Zeiten gearbeitet und verschiedene Schwerpunkte eingebracht. Es gab auch ein gewisses Unverständnis dafür, dass ich alle Fachartikel ausdrucke und in Papierform bearbeite und gewisse Triumpherlebnisse, dass diese vermeintlich altmodische Art überlegen war, als für längere Zeit die Technik nicht funktionierte.

Ich möchte mich sehr für die engagierte und kompetente Zusammenarbeit bei den beiden Co-Autoren Tamara Garcia (Millennial) und Jan Rauch (Generation X) bedanken, die je ein Kapitel zusammen mit mir verfasst haben. Großer Dank geht auch an alle anderen, die mitgewirkt haben: Christian Thurn (Millennial), der die Aufbereitung der Praxisbeispiele und -hilfsmittel verantwortet und mir immer wieder mit Feedback zum Text und praktischen Anfragen zur Unterstützung zur Seite stand; Bernadette Rufer (Babyboomer) hat das Buchprojekt an vielen Punkten administrativ unterstützt und v. a. die Literaturverwaltung und -dokumentation sehr zuverlässig übernommen; Sandrine Koch (Millennial) half bei Recherchearbeiten und Grafiken und Yole De Paola (Millennial) verantwortet die gesamte finale Aufbereitung der Tabellen und Abbildungen. Christine Engel-Haas (Babyboomer) hat uns mit dem Lektorat kompetent unterstützt, Danke hierfür! Große Freude macht es mir auch, dass meine Tochter Jana Eberhardt (Millennial) die Illustrationen für das Buch übernommen hat.

Daniela Eberhardt
Zürich, im Juli 2015

1 Generationen zusammen führen – eine Einführung

Als wir jung waren, hat man uns gelehrt, uns nach den Älteren zu richten. Heute, wo wir selber älter sind, sollen wir auf die Jugend hören.

William Saroyan (amerikanischer Schriftsteller)

Management Summary

Mitarbeiterinnen und Mitarbeiter sind eines der wichtigsten Elemente für Unternehmenserfolg. Im Hinblick auf Alter ist ein differenzierteres Führungsverhalten gefragt, unsere Gesellschaft altert, die Anforderungen, Technologien und erforderlichen Kompetenzen verändern sich rapide. In den Unternehmen wird die Anzahl älterer Mitarbeiterinnen und Mitarbeiter steigen, die altersgemäße Durchmischung der Belegschaft auch. Die individuellen Ansprüche und Kompetenzen werden stärker divergieren und bieten gleichzeitig die Chance für eine vielfältige Form der Aufgabenbearbeitung. Zentrales Erfolgskriterium für die Arbeitsfähigkeit während der gesamten (Berufs-) Lebensspanne und auch für die Zusammenarbeit verschiedener Generationen ist die alternsgerechte und generationengerechte Führung. Doch was bedeutet das für die Praxis? Es bedeutet, sich mit generationsspezifischen Themen auseinanderzusetzen, die in diesem Buch dargestellt werden. Es heißt auch, Abschied zu nehmen vom Senioritätsprinzip und vom Jugendwahn, der viele Unternehmen beherrscht. Der richtige Umgang mit Vielfalt ist facettenreich und kann gelernt werden. Vielfältige Ansatzpunkte, Betrachtungs- und Vorgehensweisen, Praxisbeispiele und Hilfsmittel zeigen auf, wie dies möglich sein kann.

Folgende Schwerpunktthemen bieten einen Einblick in die Vielfalt der Führung von Millennials, Generation X und Babyboomern: Einteilung von Generationen in der Berufs- und Arbeitswelt in charakteristische Typen, die demografische Entwicklung in Deutschland, der Schweiz und im europäischen Umfeld, die Auswirkungen von Alterungsprozessen auf körperlicher, geistiger und gesundheitlicher Ebene und die Thematik des Lebenslangen Lernens.

Dieses Buch beschreibt verschiedene Führungsstile und deren Eignung für die Führung einer bestimmten Generation sowie die Möglichkeiten, Rahmenbedingungen in der Führung durch Age Management und HR-Praktiken zu gestalten und eine alternsgerechte Unternehmenskultur zu fördern.

1.1 Anliegen und Themenfelder der generationengerechten Führung

! **WICHTIG**

Organisationen verfolgen Ziele. Dazu brauchen sie Mitarbeitende mit vielfältigen Kompetenzen, Interessen und Motivationslagen, um den unterschiedlichen Anforderungen und Ansprüchen gerecht zu werden! Eine altersheterogene Belegschaft stellt eine große Ressource dar, um dieser Vielfalt an Ansprüchen gerecht zu werden. Eine generationenübergreifende Führung ermöglicht die Integration und zielgerichtete Ausrichtung der Mitarbeiterinnen und Mitarbeiter verschiedener Generationen!

Jede Organisation — egal welcher Branche, Organisationsform oder -größe — strebt bestimmte Ziele an, die erreicht werden sollen. Die dafür zur Verfügung stehenden Mittel sind beschränkt. Eines der erfolgskritischsten Elemente sind die Mitarbeiterinnen und Mitarbeiter: Ihr Engagement und Einsatz trägt entscheidend zum Unternehmenserfolg bei. Angehörige verschiedener Altersgruppen und Generationen haben unterschiedliche Kompetenzschwerpunkte, Werthaltungen, stecken in unterschiedlichen Berufs- und Lebensphasen etc. Diese Vielfalt stellt ein enormes Potenzial und zugleich eine enorme Herausforderung für die Führung dar.

Dieses Buch hilft, ein differenziertes Führungsverhalten im Hinblick auf die Thematik Alter und Generationen-Zugehörigkeit zu entwickeln. Nützliches Wissen, praktische Hinweise und Hilfsmittel sowie Beispiele aus der Praxis bieten eine Unterstützungshilfe, um altersgemischte Belegschaften erfolgreich und konstruktiv zu führen. Zentrale Grundlage für die generationenübergreifende Führung sind eine Kultur und ein Führungsstil, die von Fairness und Wertschätzung geprägt sind. Jede Generation hat ihre Vorlieben, Stärken und Besonderheiten und keine ist *per se* leistungsschwächer oder Nutznießer der anderen Generationen. Und jede Generation hat unterschiedliche Präferenzen, Erfahrungen und Kompetenzschwerpunkte. Die Herausforderung an die Führungskraft besteht darin, vom Erfahrungsschatz, dem Know-how, den Vorlieben und Stärken zu profitieren und offen zu sein für neue Lebens- und Arbeitsmodelle, um Mitarbeitende aller Generationen langfristig für das eigene Unternehmen und die anstehenden Aufgaben begeistern zu können.

! **WICHTIG**

Unser Lebensalter und unsere Generationszugehörigkeit prägen unser Erleben und Verhalten!

Die Betrachtung von Lebensalter und Zugehörigkeit zu einer Generation ist ein nicht ganz einfaches Unterfangen, da der Prozess des Älter-Werdens völlig unterschiedlich verläuft. Kompetenzen und Fähigkeiten und auch vorherrschende Entwicklungsstufen verändern sich vom frühen Erwachsenenalter (Berufseintritt) bis zum späteren Erwachsenenalter (Berufsaustritt), wenngleich es große Unterschiede zwischen den Individuen gibt und sich Zuordnungen nur allgemein vornehmen lassen. Über viele Menschen hinweg betrachtet gibt es jedoch einen Einfluss des Lebensalters auf bestimmte Werthaltungen und die Entwicklung von Kompetenzen, wenngleich der Unterschied zwischen den einzelnen Individuen mit zunehmendem Alter größer wird.

Neben Geschlecht, Religionszugehörigkeit, kulturellem Hintergrund u.a. ist Alter definitiv ein Diversity-Kriterium. Wir fühlen uns einer bestimmten Altersgruppe zugehörig, diese ist uns ähnlich, während andere Altersgruppen sich unterscheiden. Diesem Zusammenspiel verschiedener Generationen liegt eine ganz eigene Dynamik und eigenes Muster zugrunde. Die Zusammensetzung der Belegschaft im Hinblick auf das Lebensalter (organisationale Demografie) und der geschickte Umgang mit dieser Thematik kann weitreichende Folgen für das Handeln von Mitarbeiterinnen und Mitarbeiter oder ganzen Organisationen haben. Diese werden mit der aktuell stattfindenden demografischen Entwicklung und Veränderung von Belegschaftsstrukturen in Organisationen für die erfolgreiche Bewältigung der Führungsaufgaben zunehmend erfolgskritisch. Die Auseinandersetzung mit diesem Thema bedeutet auch gleichzeitig Abschied zu nehmen vom Senioritätsprinzip und vom Jugendwahn. Künftig werden drei bis vier Generationen von Mitarbeitenden mit unterschiedlicher Sozialisation im Unternehmen zusammenarbeiten. Auf die Führung kommen dabei neue Themen der Vereinbarkeit von Beruf und Privatleben, des Lebenslangen Lernens, dem Erhalt von psychischer und physischer Gesundheit über das gesamte Berufsleben hinweg, die Schaffung von Arbeitsbedingungen, strukturellen Rahmenbedingungen und einer alterssensitiven Führungskultur zu. Dabei kommt dem persönlichen Führungsstil und -verhalten im Umgang mit verschiedenen Generationen und in der generationenübergreifenden Führung eine besondere Bedeutung zu.

! **WICHTIG**

Die Themen Diversity und organisationale Demografie werden künftig zu zentralen Erfolgsfaktoren in Unternehmen.

Sind Unternehmen erfolgreicher, wenn sie Vielfalt leben und besonders auf altersgemischte Zusammenarbeit setzen? Diese grundsätzliche Frage nach den Vorteilen einer heterogenen, im Gegensatz zu einer homogenen Belegschaft kann und soll nicht mit einem „ja“ oder „nein“ beantwortet werden. Es sei nur so viel bemerkt: Erkenntnisse aus Fachliteratur und Forschung zur Vielfalt unterschiedlicher Personengruppen in der Organisation (Diversity) und zur demografischen Zusammensetzung der Belegschaft (organisationale Demografie) zeigen auf, welche Auswirkungen auf die Zusammenarbeit und den Erfolg eines Unternehmens zu erwarten sind, wenn die Personalstruktur heterogener oder homogener ist. Einfacher ausgedrückt: Es gibt immer Vor- und Nachteile, wenn sich die Mitarbeitenden in Geschlecht, Alter, Nationalität eher ähneln oder eben unterscheiden. Vielfalt, auch Altersvielfalt, ist also nicht *per se* gut oder schlecht, sondern kann Vorteile und auch Herausforderungen mit sich bringen. Altersvielfalt wird aber in Zukunft zunehmen und es gibt zahlreiche Perspektiven und Möglichkeiten, um durch ein alterssensitives Vorgehen die Ressourcen der unterschiedlichen Generationen im Unternehmen zu verbinden!

1.2 Arbeitsfähigkeit als Voraussetzung für lebenslange Beschäftigung

Ein Leben lang motiviert, gesund und kompetent beruflich tätig zu sein ist eine Lebensleistung. Grundlage für die Führung von Generationen ist die Arbeitsfähigkeit der Mitarbeiterinnen und Mitarbeiter jeden Alters. Diese wird maßgeblich durch Führung beeinflusst[1]. Es geht darum, den Einzelnen ein Berufsleben lang in seiner Arbeitsfähigkeit zu fördern und der Vielfalt der verschiedenen Generationen gerecht zu werden, die gesamte Belegschaft in ihrer Kombination in ihrer Arbeits- und Zukunftsfähigkeit zu fördern.

Welche Faktoren machen eine gute Arbeitsfähigkeit aus? Wie kann diese erreicht werden?

Langjährige Studien zur Beschreibung und Erhebung der Arbeitsfähigkeit wurden in Finnland, am Finnish Institute of Occupational Health FIOH vorgenommen. Finnland gilt beim Thema Generationenmanagement als Vorzeigeland. Die demografische Entwicklung in Finnland hat den Peak der geburtenstärksten Jahrgänge ein paar Jahre früher als Deutschland und die Schweiz erlebt, ihre Babyboomer sind also etwas älter. In Finnland erfolgten die ersten umfangreichen Forschungen zum Thema, Programme auf Ebene der Politik und Organisationen wurden entwickelt. Viele spätere wissenschaftliche Arbeiten orientieren sich an den Vorarbeiten und Erfahrungen der finnischen Kolleginnen und Kollegen.

1 Vgl. Ilmarinen und Tempel, 2002.

Definition: Arbeitsfähigkeit

„Unter Arbeitsfähigkeit verstehen wir […] die Summe von Faktoren, die eine Frau oder einen Mann in einer bestimmten Situation in die Lage versetzen, eine gestellte Aufgabe erfolgreich zu bewältigen“[2].

Die zentralen Elemente der Arbeitsfähigkeit werden oftmals in Form eines Haus der Arbeitsfähigkeit dargestellt. Dieser Vergleich passt sehr gut. Man stelle sich vor, das Erdgeschoss stürzt ein, dann stürzt der Aufbau darüber auch ein. Genauso aufeinander aufbauend wie einzelne Stockwerke sind die einzelnen Elemente der Arbeitsfähigkeit zu beurteilen. Die Grundlage bildet die körperlich-seelische Vitalität. Mit zunehmendem Alter nehmen die gesundheitsbedingten Austritte aus dem Erwerbsleben zu. Aber auch in jungen Jahren sind die Belastungen enorm und die Gesundheitsrisiken im körperlichen wie im psychischen Bereich hoch. Erkrankungen wie Erschöpfungsdepression oder Burn-out stellen bereits heute die Hauptrisikofaktoren für Erkrankung, die von der OECD erhoben werden[3].

Aufbauend auf der gesundheitlichen Grundlage folgt das Thema Kompetenz. Kompetenzen (ergeben sich aus Ausbildung, Weiterbildung, praktische Erfahrung, persönliche Faktoren wie Intelligenz …), können sich z. B. durch Lernen und Erfahrung im Verlauf des Lebens verändern und verschiedene Generationen im Unternehmen haben unterschiedliche Kompetenzschwerpunkte. Sowohl Gesundheit (physische und psychische Gesundheit) als auch Kompetenzerwerb und -erhalt sind lebenslange Herausforderungen für alle Mitarbeiterinnen und Mitarbeiter. Beide Themenfelder werden durch Motivation, Einstellung und Werte beeinflusst, die den dritten Bereich der Arbeitsfähigkeit bilden. Schließlich spielt die Arbeit selbst, die Arbeitsumgebung eine wesentliche und die alternsgerechte Führung eine zentrale Rolle beim Ausbau und Erhalt der Arbeitsfähigkeit. Beeinflusst wird die Entwicklung der Arbeitsfähigkeit des Mitarbeitenden durch das eigene persönliche Umfeld, die Familienkonstellation und auch die regionale Umgebung (einfachheitshalber in der Grafik nicht dargestellt).

2 Ebenda, S. 166

3 Vgl. auch Eberhardt, 2009.

Abbildung 1.1: Haus der Arbeitsfähigkeit (nach Tempel und Ilmarinen, 2013)

Die Möglichkeit, ein Berufsleben lang erwerbstätig zu bleiben, wird neben der Arbeitsfähigkeit auch von anderen Faktoren beeinflusst. Beispielhaft zu nennen sind die Bevorzugung von Altersgruppen oder Generationen im Arbeitsmarkt oder Altersdiskriminierung, politische Rahmenbedingungen oder HR-Praktiken (z. B. Altersanstieg in Lohnsystemen und Auswirkungen auf die Rekrutierung Älterer, Altersbeschränkung bei Stelleninseraten).

Generationen zusammen führen benötigt eine lebenslange Arbeitsfähigkeit der einzelnen Mitarbeiterinnen und Mitarbeiter aber auch eine Unternehmenskultur, die alterssensitiv ist und die Zusammenarbeit zwischen den Generationen fördert und unterstützt. Schlussendlich geht es darum, ein Mehrgenerationenhaus zu bauen, in dem für alle Generationen und Altersgruppen für bestimmte Herausforderungen altersspezifisch insgesamt aber generationenübergreifend Bedingungen geschaffen werden, die die Freude an der Arbeitstätigkeit und die Arbeitsfähigkeit fördert.

1.3 Dimensionen und Facetten der generationengerechten Führung

Generationen zusammen führen, wie kann das ganz mittelbar durch Führung geschehen? In der Führungsliteratur wird ganz grob zwischen *struktureller* und *interaktioneller* Führung unterschieden.

In der strukturellen Führung geht es um die Schaffung von Rahmenbedingungen, Prozessen, Abläufen oder Führungshilfsmitteln, die in einer Organisation für alle Mitarbeitenden eingesetzt werden (z. B. Personalbeurteilungsbogen). Durch diese strukturelle Führung muss im Alltag nicht alles erklärt oder neu definiert werden, Mitarbeiterführung wird durch diese Rahmenbedingungen strukturiert, entlastet und teilweise auch ersetzt. Ansatzpunkte zur Gestaltung der strukturellen Führung finden sich in der Organisationslehre und im Human-Resource-Management (HRM). In der Organisationslehre finden sich Modellvorstellungen und Gestaltungsoptionen, z. B. über den Organisationsaufbau, Entscheidungsprozesse in Organisationen oder auch über die strategische Führung und ihre Umsetzung. Diese Facetten haben einen indirekten Einfluss auf die Führung im Generationenmix. Werden

z. B. organisatorische Kernprozesse so ausgerichtet, dass sehr global Aufgaben verteilt und via moderner Technologien koordiniert werden, hat das u. a. eine Wechselwirkung mit den verschiedenen Kompetenz- und Motivationsschwerpunkten verschiedener Generationen in der Organisation. Wenn die Unternehmensstrategie darauf fokussiert, vielfältige Kundensegmente zu bearbeiten, die unterschiedliche Altersgruppen ansprechen, wird eine altersgemischte Belegschaft zum Ziel strategischer Führung. Für die Gestaltung von Führungssystemen und -prozessen wie auch für die Umsetzung strategischer Maßnahmen durch Projekte und Programme ist das HRM in der Experten- und Umsetzungsrolle in der Organisation.

In der interaktionellen Führung geht es um die Personalführung und die Gestaltung der Interaktion zwischen Führungsperson und Mitarbeiterin oder Mitarbeiter. Personalführung kann unterschiedlich definiert werden. Beim Thema Generationen zusammen führen lohnt es sich, eine Perspektive einzunehmen, bei dem die Akzeptanz der Mitarbeitenden eine große Rolle spielt.

Definition: Führung

„Führung heißt, andere durch eigenes, sozial akzeptiertes Verhalten so zu beeinflussen, dass dies bei den Beeinflussten mittelbar oder unmittelbar ein intendiertes Verhalten bewirkt."[4]

Mit einer kooperativen Führungsmentalität können Mitarbeitende in ihrer Motivation gestärkt und abgeholt werden. Generationen zusammen führen bedeutet, soziale Akzeptanz bei verschiedenen Generationen zu erlangen, unabhängig davon welcher Generation ich selber angehöre. Besser ausgedrückt: Ich bin aufmerksam auf meine eigenen alters- oder generationsbedingten Anteile in der Führung und bin offen in der Begegnung mit verschiedenen Menschen und ihren Besonderheiten, die sich auch aus deren Zugehörigkeit zu einer Generation oder Altersgruppe ergeben.

Die folgenden Schwerpunktthemen zum Thema Generationen zusammen führen ermöglichen einen vertieften Einblick in die ganze Vielfalt der Führung im demografischen Wandel.

Kapitel 2

In Kapitel zwei wird die Unterscheidung der verschiedenen Generationen am Arbeitsplatz eingeführt und die Besonderheiten und Spezifika von Millennials, Generation X und Babyboomern vorgestellt. Daraus ergeben sich generationsspezifische und -übergreifende Ansprüche für die Führung.

[4] Weibler, 2012, S. 19.

Kapitel 3

Im dritten Kapitel werden verschiedene Facetten der demografischen Entwicklung näher beleuchtet. Wie viele Erwerbspersonen stehen in welcher Altersgruppe oder Generation dem Arbeitsmarkt zur Verfügung? Wie hoch ist die Erwerbsbeteiligung unterschiedlicher Arbeitsgruppen? Zudem werden ausgewählte Megatrends und ihre Auswirkungen auf die Zukunft der Führung unterschiedlicher Generationen vorgestellt.

Kapitel 4

In Kapitel vier werden Alterungsprozesse und die Entwicklung des Menschen im Lebenslauf genauer betrachtet. Die körperliche, geistig und gesundheitliche Entwicklung verändert sich im Lebenslauf, die Lebensumstände auch. Diese Entwicklung und die Art, wie Alter wahrgenommen wird, hat einen Einfluss auf die generationengerechte Führung.

Kapitel 5

Lebenslanges Lernen bedeutet kontinuierliches Lernen über die gesamte Lebensspanne. Kapitel fünf beleuchtet Motivation und Lernen im Lebenslauf und zeigt auf, welche verschiedenen Lernformen sich für welche Generationen besonders eignen. Es geht aber auch um Bildungsinteressen, Wissenstransfer und -austausch, die Förderung intergenerationalen Lernens und lebensphasenorientierter Personalentwicklung.

Kapitel 6

Es gibt verschiedene Modellvorstellungen und Empfehlungen zur alternsgerechten Gestaltung der Führungsbeziehung. In Kapitel sechs werden Führungsstile für die generationengerechte Führung beschrieben und die Spezifika von Millennials, Generation X und Babyboomer als Mitarbeitende wie als Führungspersonen beleuchtet.

Kapitel 7

In Kapitel sieben werden die Möglichkeiten der Führung durch Age Management oder den Einsatz von HR-Praktiken beleuchtet. Zunächst wird aus der Perspektive der strategischen Führung in das Thema eingeführt und anschließend eine Vielzahl an HR-Handlungsfeldern z.B. die Durchführung von Altersstrukturanalysen, die Mitarbeiterauswahl, -bindung oder das Performance Management vertieft.

Kapitel 8

Generationen zusammen führen erfordert eine alterssensitive Organisationskultur, die Aspekte wie Lebenslanges Lernen, generationenübergreifende Zusammenarbeit, Innovation und Gesundheit umfasst. Möglichkeiten der Kulturanalyse und -gestaltung sowie der generationenübergreifenden Teamarbeit werden aufgezeigt.

1.4 Buchaufbau und Struktur

Generationen zusammen führen bietet Leserinnen und Lesern einen fundierten Überblick über die Fachthemen, die sie für das Thema alter(n)sgerechte Führung und Generationen zusammen führen benötigen.

Die Aufbereitung von Wissen, Fakten und nützlichen Erkenntnissen erfolgt auf Basis des wissenschaftlich und fachlich fundierten *state-of-the-art*. Ergänzt wird dies durch Praxisbeispiele und verschiedenste Arbeitshilfen, die einfach und direkt im eigenen Führungsalltag einsetzbar sind. Im Anhang findet sich ergänzend eine Liste nützlicher und weiterführender Internetlinks, die einzelne Facetten vertiefen oder verdeutlichen.

Das Lesen des Textes wird durch verschiedene, optische voneinander differenzierte Textarten unterstützt: Definitionen von Fachbegriffen und Standards, Fragen zum Praxistransfer, wichtige Aussagen, praktische Arbeitshilfen und Tools, Interessantes aus der Forschung und Initiativen von Regierungen oder von Verbänden. Am Ende jedes Kapitels finden Sie Leitfragen für den unmittelbaren Praxistransfer.

Zusammenfassung und Kernaussagen des Kapitels

Es gibt immer Vor- und Nachteile, wenn sich Mitarbeitende in Geschlecht, Alter, Nationalität etc. ähneln bzw. unterscheiden. Der richtige Umgang mit Vielfalt muss gelernt werden. Dieses Buch zeigt Ihnen auf, wie dies möglich sein kann. Mitarbeiterinnen und Mitarbeiter sind eines der wichtigsten erfolgskritischen Elemente für Unternehmen. Führungsverhalten muss im Hinblick auf Alter differenziert werden. Dies erfordert eine Beachtung des Faktors Alter und Generation in der Führung, um einerseits den einzelnen Generationen gerecht zu werden und diese andererseits zusammen zu führen.
Generationengerecht zu führen bedeutet auch, Abschied zu nehmen vom Senioritätsprinzip und vom Jugendwahn, die in einigen Unternehmen als Leitmotiv bestehen.
Die Grundlage für eine lebenslange Arbeitsfähigkeit bilden körperlich-seelische Vitalität und der Erwerb, Ausbau und Erhalt von Kompetenzen und Fähigkeiten. Um diese Kompetenzen für die Ziele der Organisation einzubringen, sind motivierte Mitarbeitende erforderlich, die über positive Einstellungen und Werte zur (generationengerechten) Zusammenarbeit verfügen. Die Arbeit selbst, z. B. die Arbeitsumgebung und die Führung sind weitere zentrale Aspekte für die Arbeitsfähigkeit von Mitarbeitenden. Hinzu kommen weitere Kontextfaktoren wie die eigene Familie, die regionale Struktur, das persönliche Umfeld.
In der Führungstheorie kann grob zwischen struktureller und interaktioneller Führung unterschieden werden. Strukturelle Führung fokussiert auf die Schaffung von Rahmenbedingungen, Abläufen und Prozessen, also einer Struktur, die ein gewisses Maß an Verlässlichkeit für die Mitarbeitenden schafft. Interaktionelle Führung bezieht sich auf die direkte Beziehung zwischen Führungsperson und Mitarbeiterin oder Mitarbeiter.
Die Kapitel dieses Buches umfassen verschiedene Schwerpunktthemen, die einen Einblick in die Vielfalt der Führung von Generationen bieten:

- In Kapitel 2 geht es um die verschiedenen Typen von Generationen und deren Ansprüche an die Führung,
- Kapitel 3 beleuchtet die aktuelle demografische Entwicklung,
- Kapitel 4 beschäftigt sich mit Alterungsprozessen auf körperlicher, geistiger und gesundheitlicher Ebene,
- Kapitel 5 behandelt das Thema Lebenslanges Lernen und dessen Bedeutung für die Praxis.
- In Kapitel 6 beschreibt verschiedene Führungsstile und bespricht deren Eignung für die Führung einer bestimmten Generation.
- Die Chancen und Möglichkeiten von Age Management und HR-Praktiken werden in Kapitel 7 erläutert.
- Kapitel 8 beschäftigt sich mit der Rolle der Organisationskultur bei der Führung von Generationen.

2 Generationen in der Arbeitswelt und ihre Besonderheiten

The old believe everything, the middle-aged suspect everything, the young know everything.

Oscar Wilde (Phrases of Philosophies for the Use of the Young, 1894)

Management Summary

Die alternde Belegschaft ist eine der zukünftigen Herausforderungen in den Industrieländern. Dafür sind neue Ansätze im Umgang mit allen Generationen nötig.

Jede Generation ist in einer Gesellschaft sozial-zeitlich positioniert. Daraus ergibt sich eine bestimmte Identität, die leitend ist für das Denken, Wollen, Handeln oder Fühlen dieser Personen. Derzeit befinden sich — je nach Einteilung — drei bis fünf Generationen in der Erwerbstätigkeit: die Silver Worker, die Babyboomer, Generation X, Generation Y und Generation Z:

- Die Werte der Silver Worker (1945–1955) gelten als traditionell; Fleiß, Sparsamkeit und Pflichtbewusstsein dominieren.
- Babyboomer (1956–1964) haben als Werte eine Ausrichtung auf das Materielle und auf Sicherheit.
- Die Werte der Generation X (1965–1980) sind stärker von dem Streben nach Wohlstand, Karriere und Sicherheit geprägt.
- Wandel und Veränderung ist für die Generation Y (1980–2000) normal, sie schätzen die Vereinbarkeit von Lebensbereichen und finden den klassischen hierarchischen Aufstieg nicht mehr sehr attraktiv.
- Die Generation Z (ab ca. 1995) auch Generation Internet genannt, steht an der Schwelle zum Berufseintritt.

Altersvielfalt oder eine homogene Belegschaft haben verschiedene Auswirkungen auf das Unternehmen und bringen besondere Herausforderungen mit sich. Es gilt, die Führung so zu gestalten, dass die Vielfalt den Nutzen für die Organisation erhöht. Wir brauchen zwischen den Generationen einen nie da gewesenen Dialog, Know-how-Transfer, eine Führung von Altersvielfalt und den Aufbau von einer generationengerechten Kultur mit altersgemischten Teams sowie Ansätze des Lebenslangen Lernens.

2.1 Führung verschiedener Generationen in der Arbeitswelt

Lange Zeit wurde in der Führung dem Umgang mit verschiedenen Generationen oder der Zusammenarbeit zwischen den Generationen wenig Beachtung geschenkt. Das Thema Altersdiversität hat kaum Eingang in die Managementkonzepte oder Führungsliteratur gefunden. Aktivitäten und Programme fokussierten – wenn überhaupt – auf die *aging workforce*, ein unbestritten wichtiger Bestandteil für ein umfassendes Generationen-Management. In Umfragen zur Bedeutung der Altersentwicklung erhielt das Thema lange Zeit kaum oder wenig Bedeutung (vgl. Hübner & Wahse, 2003, sie gehen von 4 % bis 15 % je Studie aus). In neueren Umfragen zur Bedeutung von Themen für das HR-Management zeichnet sich ein steigender Trend für das Thema Generationenmanagement und Führung von Generationen ab. Z.B. wurde in einer Human-Resource-Management-Trendstudie die alternde Belegschaft unter anderem als zukünftige Herausforderung für Führungskräfte und das Human-Resource-Management angegeben[5]. In den letzten

[5] Cachelin, 2013.

Jahren entstand eine Vielzahl an Publikationen, Veranstaltungen, Weiterbildungsangeboten und Forschungsprojekten. Wagt man einen Blick in die Praxis, stellt man fest, dass es eher um die Kompensation von Fähigkeiten oder die Veränderung der Ansprüche älterer Arbeitnehmer (z. B. Altersteilzeit) geht, als um die Vorstellung eines integrativen Generationen-Managements[6]. In Zukunft wird es neue Ansätze brauchen, die den verschiedenen Generationen mit ihren Besonderheiten gerecht werden und diese erfolgreich verbinden.

2.1.1 Altersvielfalt – Fluch oder Segen?

Motivierte und kompetente Mitarbeitende, die sich für die Ziele ihrer Organisation einsetzen sowie eine konstruktive Zusammenarbeit pflegen, sind für eine Organisation sehr wichtig. Verschiedene Generationen in einem Unternehmen haben unterschiedliche Stärken, Ansprüche, einen unterschiedlichen Wissens- und Erfahrungsstand und befinden sich in unterschiedlichen Lebensphasen — auch, was ihre Karrierevorstellungen oder ihre Lebensthemen außerhalb der Arbeit betrifft.

Vielfalt (oder Diversity) in Unternehmen geht weit über die Überlegungen der sozialen Gerechtigkeit und Chancengleichheit und Fairness hinaus. Kunden haben oftmals spezifische Bedürfnisse, zu denen die Mitarbeitenden ähnlicher Altersgruppen besseren Zugang erhalten. Z. B. arbeiten in Online- und Printmedien für Generation-Y-Angehörige zumeist auch nur Angehörige der Generation Y. Senior Bankberater der Babyboomer Generation finden oftmals bei der Geldanlage bei älteren Privatkunden mehr Akzeptanz[7]. Es geht nicht mehr nur um Fairness, sondern auch um den Business Case[8].

Senior Bankberater verbessern die Kundenbeziehungen

In Unternehmen des tertiären Sektors spielt der Umgang mit älteren Arbeitnehmern eine große Rolle. Ältere Arbeitnehmer verbessern die Kundenbeziehungen, pflegen Netzwerke und verbessern die Qualität der Dienstleistungen. Denn nicht nur das Durchschnittsalter der Arbeitnehmer, auch das der Kunden steigt durch die demografische Entwicklung an.
Aus der Psychologie ist bekannt, dass Menschen denjenigen Menschen eher vertrauen, die sich in ähnlichen Lebensumständen befinden. Zwischen einem älteren Kunden und einem gleichaltrigen Berater baut sich so ein Vertrauen

[6] Z. B. Höpflinger u. a., 2006.

[7] Siehe Fallbeispiel; vgl. auch Ely & Thomas, 2001; Froese, Hildisch & Kempter, 2015.

[8] Streuli, 2014.

auf, das dieser Kunde einem 25-jährigen Kundenberater kaum entgegenbringen wird. Dies ist wichtig im Beratungsgeschäft großer Banken und Versicherungen. Die **Raiffeisenbank Aarau (CH)** hat einen Club der alten Hasen ins Leben gerufen, in dem ehemalige Bankfachleute mit Ihrem Wissen und Ihrer Erfahrung Kunden weiter zur Verfügung stehen. Dieser ältere Arbeitnehmerkreis bietet diesen Unternehmen eine riesige Chance. Dies müssen die Banken allerdings auch zu nutzen wissen, indem sie traditionelle Beförderungs-, Ausbildungs- und Lohnpolitik neu gestalten. Die Gestaltung der Vergütungssysteme spielt eine große Rolle. Fragestellungen dabei sind der Verlauf der Lohnkurven und die Intensität der Koppelung an Alter und Erfahrungszuwachs, welcher in den Lohnsystemen üblicherweise am Lebensalter festgemacht wird[9].

Eine homogene oder heterogene HR-Demografie erzeugt unterschiedliche Realitäten. Auch wenn die Arbeit mit einer relativ altershomogenen Arbeitsgruppe auf den ersten Blick Vieles vereinfacht (die Wertesysteme sind eher synchron, die Art der Arbeit und Zusammenarbeit auch), so liegt gerade darin die Krux: Wenn alle gleichzeitig den Schwerpunkt auf Vereinbarkeit von Beruf und dem Leben mit kleinen Kindern legen oder gleichzeitig um die Karrieremöglichkeiten rangeln, kann das anspruchsvoll für die Führung werden. Die demografische Zusammensetzung der Mitarbeitenden in einem Unternehmen hat Einfluss auf verschiedene Themen in der Personalführung[10]:

- **Aufstiegschancen:**
  Je nachdem wie heterogen oder homogen die Zusammensetzung einer Altersgruppe ist, hat das Auswirkungen. V. a. in Unternehmen, bei denen der Aufstieg vorrangig nach dem Senioritätsprinzip erfolgt (dies ist häufig bei Führungspositionen der Fall), führt eine homogene Altersstruktur zum Beförderungsstau. Das Risiko besteht darin, hoch qualifizierte Personen nicht in entsprechende Positionen zu bekommen: diese stufen ihren Aufstieg als unwahrscheinlich ein, weil alle Kolleginnen und Kollegen oder auch die Führungsperson im selben Alter sind.
- **Soziales Klima und Kultur:**
  Gleich und gleich gesellt sich gern. Nimmt der Anteil einer anderen Altersgruppe (gekoppelt mit anderen Fähigkeiten) zu, nehmen normalerweise auch die Ängste, Konflikte und Vorurteile und der Konformitätsdruck innerhalb einer Gruppe zu. Daraus kann die Abnahme der Arbeitszufriedenheit und eine zunehmende der Fluktuation resultieren.

9 Vgl. Stettler, 2009.

10 Vgl. Nienhüser, 1998.

- **Entscheidungsfähigkeit von (Topmanagement-) Gruppen:**
  Die Entscheidungsfähigkeit und Innovationskraft kann ebenfalls abnehmen. Eine längere, gemeinsame Sozialisation und Zusammenarbeit kann dazu führen, dass z. B. Topmanagement-Teams ihre Strategie seltener anpassen[11].
- **Durchsetzbarkeit von Ansprüchen von Arbeitnehmervertretungen:**
  Belegschaften mit großer Altersheterogenität verfügen über weniger Streikfähigkeit. Aufgrund von Generationsunterschieden werden objektiv gleiche Ereignisse anders verarbeitet und gemeinsame Problemsichten oder Interessensvertretungen erschwert.

Ein integrativer Ansatz von Diversity geht von verschiedenen Perspektiven aus. Einige Dimensionen, wie die Zugehörigkeit zu einer bestimmten Altersgruppe, sind vorgegeben (dies ist auch bei Geschlecht, Nationalität etc. der Fall), andere werden im Laufe der Zeit erworben (z. B. Berufserfahrung, Ausbildung, Dauer der Beschäftigung/Dienstalter)[12]. Für verschiedene Aufgaben in Unternehmen werden verschiedene Perspektiven benötigt, die bevorzugt von Angehörigen verschiedener Generationen eingebracht werden. Verschiedene Altersgruppen im Unternehmen bringen unterschiedliche Talente ein, erhöhen den Zugang zu verschiedenen Kundengruppen und bringen unterschiedliche Perspektiven in die Zusammenarbeit ein. Da die verschiedenen Generationen unterschiedliche Lebensschwerpunkte haben, werden auch soziale Konflikte reduziert.

! **WICHTIG**

Vielfalt in der Zusammensetzung der Belegschaft erhöht den Anspruch an die Führung. Verschiedene Kompetenzen, Ansprüche, Erfahrungen und Erwartungen müssen integriert werden. Gelingt es, diese Vielfalt zusammen zu führen, erhöhen sich der Handlungsspielraum und die Möglichkeiten von Organisation und Mensch.

Der Zusammenhang zwischen Diversity und Ergebnissen ist eingebettet in die Organisationskultur, die Unternehmensstrategie und die Richtlinien für Human-Resource-Management und -prozesse. Aus der Vielfalt, zu der auch die demografische Vielfalt gehört, lassen sich bestimmte Unternehmensergebnisse ableiten (z. B. Leistung, Zufriedenheit, Fluktuation). Diese Ergebnisse werden beeinflusst durch die Kommunikation, Konflikte, den Zusammenhalt in der Arbeitsgruppe/im Unternehmen, Information und Kreativität. Die Führungsherausforderung liegt gerade darin, diese Prozesse so zu gestalten, dass die Vorteile der vielfältig zusammengesetzten Belegschaft einen Mehrwert für das Unternehmen erzeugen[13].

11 Z. B. Finkelstein & Hambrick, 1990.

12 Vgl. Gardenswartz & Rowe, 2008.

13 Vgl. Kochan et al., 2003.

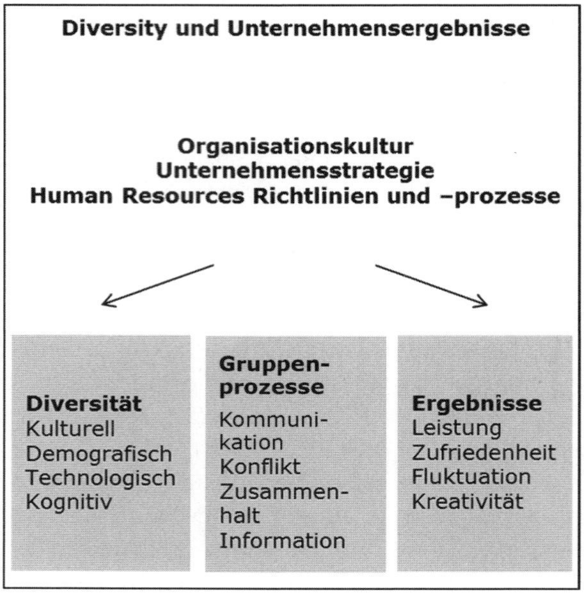

Abbildung 2.1: Diversity und ihr Einfluss auf die Unternehmensergebnisse (aus: Kochan et al. (2003), S. 7)

2.1.2 Generationen und Generationenbeziehungen – was ist damit gemeint?

Generationen zusammen führen setzt bei einem grundlegenden sozialen Thema an, den Generationsbeziehungen. Die Reflexion und Gestaltung des Zusammenlebens von Jung und Alt beschäftigt die Menschheit schon lange. Die Perspektive der Betrachtung von Generationen im Bezug auf Führung hingegen ist recht jung und hat mit den Umbrüchen zu tun, die in der Führung zu beachten sind. Sie definieren die bisherige Abfolge und das Zusammenleben von Generationen neu. Beispielhaft hierfür ist der nicht mehr zwingend ans Lebensalter gebundene Zuwachs an Erfahrung mit Blick auf die neuen Technologien und ihre Anwendung im Arbeitsleben. Mit der Veränderung der HR-Demografie werden neue Karrieremodelle und Entwicklungspfade von jung und alt zum Thema. Ältere Mitarbeitende steigen aus der Führung aus und bekommen jüngere Chefs, jüngere Mitarbeitende werden damit konfrontiert, ältere Mitarbeitende zu führen. Dies weicht von überlieferten Traditionen ab, die mit dem Alter die Seniorität und die Richtung des Lerntransfers definieren. Es gilt also umzudenken und neue Wege zu finden, um dieser Entwicklung gerecht zu werden.

Höpflinger (2008a) hat sich vertieft mit dem Begriff Generation und den verschiedenen Perspektiven der Betrachtung von Generationen im Zusammenspiel gewidmet. Schon in der Antike wurde auf das Spannungsfeld von Generationsbeziehungen verwiesen. Kinder bilden die neue Generation und im Umgang mit Generationen geht es immer um die „Differenzen vor dem Hintergrund menschlicher Gleichheit" (S. 21). Das Generationenetikett oder Generationenbegriffe werden in der Öffentlichkeit vielfältig verwendet, z.B. 68er-Generation (rebellische Jugend um 1968), Generation @ (Kinder der Computerrevolution), Generation Golf (1965–1975 geboren, unpolitisch, spezifisches Konsumverhalten), No-Future-Generation (Jugend in den 1980er), gierige Generation (neue egoistische Rentnergeneration).

Oftmals sind diese Etiketten unscharf, da sie auf Basis von kurzfristigen kulturellen, technischen oder medialen Entwicklungen Menschen zu Generationen zusammenfassen. Dies vereinfacht und ist plakativ. Generationeneinteilungen, bei denen gemeinsame Erlebnisse, Erfahrungen oder Werthaltungen vorhanden sind (z.B. Nachkriegsgeneration) sind hingegen robuster in der Einschätzung von Wahrnehmungen und Handlungen. Die Einteilung in Generationen kann nützliche und hilfreiche Hinweise für die Betrachtung von Phänomenen, Erwartungen und Handlungen liefern. Sie darf gleichwohl nicht überstrapaziert werden, birgt sie doch die Gefahr von nicht-zutreffenden Verallgemeinerungen.

Was ist eine Generation? Wissenschaftlich werden verschiedene Basisdefinitionen unterschieden[14]. Diese Perspektiven fassen wir etwas zusammen und nutzen sie als Arbeitsdefinition für dieses Buch.

Definition: Generation

Generationen werden innerhalb einer Gesellschaft, einem Staat oder einer Familie sozial-zeitlich positioniert. Daraus ergibt sich eine bestimmte Identität, die leitend ist für das Denken, Wollen, Handeln oder Fühlen dieser Personen. Dabei sind die Geburtenjahrgänge und die Zugehörigkeit zu den oben genannten Gruppierungen bedeutend[15].

Die Perspektive der zeitlichen Einordnung einer Generation wird auch bei der Einteilung in Millennials, Generation X und Babyboomer eingenommen. Wenn eine bestimmte Altersgruppe zusammengefasst betrachtet und nicht direkt einer bestimmten Zeitphase zugeordnet wird, reden wir von Kohorten.

14 Vgl. Lüscher & Liegl, 2003; Höpflinger, 2008a.

15 In Anlehnung an Höpflinger, 2008a.

Definition: Kohorte

Als Kohorten werden in den Sozialwissenschaften Gruppen bezeichnet, die bestimmte Lebensphasen oder Ereignisse in einer bestimmten Zeit gemeinsam erlebt haben. So kann man Personen z. B. in Alterskohorten oder Berufskohorten einteilen.

Generationenbeziehungen beziehen sich auf die wechselseitige Beeinflussung und das soziale Lernen zwischen Angehörigen einer Organisation, innerhalb sowie zwischen einer Generation. Wenn z. B. Perspektiven wie junge Chefin/junger Chef und ältere Mitarbeiterin/älterer Mitarbeiter eingenommen werden, dann werden *intergenerationelle* Beziehungen beleuchtet. Geht es um das Kommunikationsverhalten der Millennials untereinander, dann geht es um die Beziehungen innerhalb einer Generation, um *intragenerationelle* Beziehungen. Auch wenn Wertvorstellungen und Einstellungen zwischen Generationen nicht immer übereinstimmen, ist aus den sozialpsychologischen Forschungen bekannt, dass Kontaktdichte und -häufigkeit die Chance erhöhen, Nähe und ein Zugehörigkeitsgefühl zu erzeugen, was für den Aufbau funktionierender Teams – auch über die Generationen hinweg – ein zentrales erfolgskritisches Element ist und durch Führung beeinflusst werden kann.

In der Wissenschaft geht der Anspruch an die Verwendung des Generationenbegriffs noch weiter und umfasst auch die Perspektive der Generationendifferenz. Die Angehörigen einer Generation verbinden gemeinsame „prägende Erfahrungen sowie Umbrüche der Lebens- und Gesellschaftsgeschichte und dementsprechend in Fühlen, Denken, Wissen und Handeln“[16]. Solche prägenden Ereignisse, wie z. B. die gemeinsame Kindheit während des Krieges, bilden bei einer solchen Verwendung des Generationenbegriffs die Grundlage für eine Generation. Auch das Konzept der Generationenordnung ist Teil dieses umfassenden wissenschaftlichen Generationenbegriffs. Dabei wird die Gesamtheit aller Bräuche, Sitten und Regelungen in einer Gesellschaft betrachtet.

Die Einteilung der Generationen in Millennials, Generation X, Babyboomer und Silver Worker oder andere Begriffe setzt bei der zeitlichen und gesellschaftlichen Positionierung an, betrachtet auch die Beziehung innerhalb und zwischen diesen Generationen und kann prägende Umbrüche der Gesellschaftsgeschichte enthalten (z. B. die rapide und umfassende Verbreitung von neuen Medien im Alltag).

Der in diesem Band gewählte Generationenbegriff geht jedoch nicht so weit, dass die betrachteten Generationen der umfassenden, wissenschaftlichen Einteilung in Generationen gerecht werden. Dies wäre kontraproduktiv für die Thematik Ge-

16 Höpflinger, 2008a, S. 23.

nerationen zusammen führen. Die Einteilung in verschiedene Gruppierungen hilft, bestimmte Werte, Erfahrungen etc. zu beleuchten und zu gruppieren. Es bleiben grobe Orientierungen, die nicht die Bedeutung haben wie Generationen, die tatsächlich massive, gemeinsame, einschneidende Erlebnisse hatten. Die erste Einteilung in Millennials, Generation X und Babyboomer helfen zu vereinfachen und den Blick zu schärfen. Bei der Zusammenarbeit von Jung und Alt und der generationenübergreifenden Führung dienen sie zur Orientierung und sind in ihrer Einteilung eher beliebig. Dieser Verweis auf einen groben Bezugsrahmen ist wichtig, wenn wir uns im nächsten Kapitel den psychologischen Phänomenen des Alterns und der Entwicklung von Kompetenzen und Fähigkeiten zuwenden. Es lassen sich über Altersgruppen hinweg bestimmte Phänomene beschreiben und beobachten, aber auch hier kann eine derartige Einteilung keinesfalls dem Individuum gerecht werden.

! **WICHTIG**

Die Beschreibung unterschiedlicher Generationen dient der Orientierung und dem Verständnis für unterschiedliche Schwerpunkte von Personengruppen. Diese Vereinfachung und Kategorisierung hat ihre Grenzen. Für die Führung braucht es eine differenzierte Betrachtung von Mensch und Situation, dabei kann die Beachtung von Generationsspezifika helfen, Handlungen zu verstehen oder Lösungen zu finden.

Die Zuordnung von Mitarbeitenden zu einer Generation hilft, bestimmte Aspekte zu verstehen, die auf die Führung von Mitarbeitenden einen Einfluss haben oder die Führungsbeziehung zwischen Mitarbeiterin/Mitarbeiter und Führungsperson beeinflussen. Es geht um die Betrachtung der „pädagogischen Perspektive" und der „zeitgeschichtlich-gesellschaftlichen" Betrachtung im weiteren Sinne[17].

Die *pädagogische Perspektive* beleuchtet, wie Erziehung und Lernen nach dem Lebensalter aufgeteilt wird. Dabei bilden die Älteren die erziehende und vermittelnde Generation und die Jüngeren sind die Lernenden. Dieses Bild hat viele Jahre auch das Bild von Führung in Organisationen geprägt und ist heute noch in vielen Unternehmen existent. Es ist erkennbar an hierarchischen Ordnungsmustern mit einer größeren Zahl an Führungspersonen (v. a. in Top Management-Positionen), die älter als die Belegschaft sind, oder an kulturellen Elementen einer Organisation, die auf Seniorität aufbauen. Bekannt für eine stringente Orientierung an Senioritätsprinzipien sind etwa japanische Unternehmen. Hier ist der Einfluss der Landeskultur deutlich spürbar, die stark auf Seniorität aufbaut.

17 In Anlehnung an Höpflinger, 2008a.

Schlagworte der postmodernen Entwicklung sind die Abkehr von Traditionen und eine zunehmende Individualisierung. In moderneren Gesellschaften sind in jüngerer Vergangenheit Abweichungen und Veränderungen bezüglich des Senioritätsprinzips erkennbar, was zu Konflikten oder Missverständnissen zwischen erziehender und nachwachsender Generation führen kann. Massiv spürbar ist dies bei der Medienerfahrung und dem Umgang mit neueren Technologien. Das Lebensalter steht nicht mehr im Verhältnis zu den Erfahrungswerten, im Gegenteil: Die jüngere Generation hat häufig längere und umfassendere Erfahrungen mit neuen Technologien und Medien und beide Generationen — die jüngere und die ältere — werden zur lernenden und vermittelnden Generation.

ARBEITSHILFE ONLINE

ARBEITSHILFE 1: Welcher Generation gehöre ich an?

Diesen Fragebogen finden Sie zum Download unter Arbeitshilfen online.

1. Wann sind Sie geboren?

a) 1945–1960
b) 1961–1980
c) 1981–1995
d) nach 1995

2. Welches der nachstehenden Ereignisse war für Sie am prägendsten?

a) Facebook / Social Media / iPhone Markteinführung
b) Fall der Berliner Mauer, Privatfernsehen (RTL)
c) Wiederaufbau, Wirtschaftswunder, Vollbeschäftigung
d) Mondlandung, erste Ölkrise, Teilung von Deutschland in Ost und West

3. Welches Arbeitsmotto passt am besten zu Ihnen?

a) Arbeiten, um zu leben
b) Leben beim Arbeiten
c) Leben, um zu arbeiten

4. Welches ist Ihre Einstellung zur Arbeit?

a) Mir ist Wettbewerb und Karriere wichtig.
b) Ich bin loyal zu meinem Arbeitgeber, aber skeptisch gegenüber Autoritäten.
c) Materielle Werte und Individualismus sind mir wichtig, ich bin ehrgeizig und achte auf meine Work-Life-Balance.
d) Arbeit muss mir Spaß machen und mich fordern, ich bin lernbereit, flexibel und motiviert.

5. Wie wichtig ist Ihnen lernen?

a) Ich lerne fürs Unternehmen.
b) Ich lerne nicht gerne.
c) Ich lerne, wenn die Ausbildung bezahlt wird.
d) Ich lerne für mich.

6. Wie wichtig ist Ihnen Facebook?

a) Ich poste mehrfach im Tag.
b) Facebook ist so was von out!
c) Was bitte ist Facebook?
d) Ich habe ein Facebook Profil, schaue ab und zu mal rein.

7. Das 10-Fingersystem ...

a) ... habe ich auf der Schreibmaschine gelernt.
b) ... wird überbewertet, Hauptsache meine Daumen funktionieren.
c) ... kenne ich dank meines C64 Computers.
d) ... kann ich nicht, ich hatte Tinte und Feder.

8. Die Mondlandung ...

a) ... haben mir meine Eltern erzählt.
b) ... habe ich live im Fernsehen gesehen.
c) ... kenne ich aus Quizduell.
d) ... habe ich auf Youtube geschaut.

Vergeben Sie Punkte für Ihre Antworten mithilfe folgender Auswertungstabelle.

Auswertung

	Punktzahlen			
Frage Nr.	**Antwort a)**	**Antwort b)**	**Antwort c)**	**Antwort d)**
1	1	3	5	7
2	7	5	1	3
3	5	7	1	3
4	1	5	3	7
5	1	3	5	7
6	5	7	1	3
7	3	7	5	1
8	3	1	5	7

Auflösung[18]**:**
Punktzahl: 0–18 Punkte: Sie gehören zur Generation Babyboomer und/oder identifizieren sich damit.
Punktzahl: 19–32 Punkte: Sie gehören zur Generation X und/oder identifizieren sich damit.
Punktzahl: 33–44 Punkte: Sie gehören zur Generation Y oder Millennials oder identifizieren sich damit.
Punktzahl 45–56 Punkte: Sie gehören zu der Generation Z und/oder identifizieren sich damit.

2.2 Generationen in der Arbeitswelt und ihre Besonderheiten

Wir werden in Deutschland, der Schweiz und in ganz Europa gemeinsam älter. Diejenigen, die 2014 ihren 50. Geburtstag feierten, stellen mengenmäßig die größte Population dar. Sie und alle, die 50 Jahre alt und älter sind, sind unsere Babyboomer.

Wir unterscheiden verschiedene Generationen im Unternehmen. Im Folgenden werden die Generationen im Unternehmen ausführlicher dargestellt und werden hinsichtlich ihrer präferierten Werte und vorherrschenden Kompetenzen beleuchtet. Unbestritten bleibt die Tatsache, dass diese Zuordnung eine Orientierungshilfe ist und die Aussagen nicht zwingend für jedes Individuum dieser Generation zutreffen.

Die Babyboomer sind zwischen 1950-1964 geboren (gemeinsame Alterszugehörigkeit) und haben ihre Jugendzeit im geteilten Deutschland, also in der BRD oder DDR erlebt. Sie alle haben den Mauerfall als junge Erwachsene erlebt. Dieses Ereignis haben sie mit anderen Babyboomern gemeinsam. Vorgehende Generationen (z.B. die Nachkriegsgeneration) haben zu diesem Ereignis einen anderen Bezug. Sie erlebten z.B. den Mauerfall im mittleren Erwachsenenalter und ordnen das in ihre Lebensumstände anders ein: von der Kindheit im Kriegsdeutschland, über den Mauerbau bis zum Mauerfall. Eine Generation hat also eine gemeinsame Identität entwickelt.

Neben den Babyboomern sind in Organisationen verschiedene andere Altersgruppen vorzufinden. Alle Generationen im Unternehmen haben ihre Besonderheiten,

[18] In Anlehnung an Schieferli, 2015.

wurden von bestimmten Ereignissen geprägt und bringen sich mit ihren Wertvorstellungen, ihrem Wissen und ihren Erfahrungen ins Arbeitsleben ein. Die heutigen Generationen im Arbeitsleben werden unterschiedlich bezeichnet und oftmals entlang einer Zeitleiste eingeteilt. Die Charakteristika und Besonderheiten verschiedener Generationen und ihre Varianten in der Bezeichnung werden in diesem Kapitel intensiver beleuchtet.

In der heutigen Arbeitswelt sind aktuell mehrere Generationen aktiv. Die am häufigsten vorkommenden Generationen sind:

- die Millennials — auch Generation Y genannt —,
- die Generation X und
- die Babyboomer.

Die Generationen werden — je nach Autor — auch anders benannt oder nochmals in Untergruppen unterteilt (z.B. die Bezeichnung der älteren Babyboomer als Silver Worker). Zudem gibt es die Generation, die inzwischen mehrheitlich im Ruhestand ist, aber noch vereinzelt aktiv am Berufsleben teilnimmt, oder die Generation, die gerade an der Schwelle zum Berufseintritt steht (Generation Internet). Gerade die Silver Worker und die Generation Internet spielen eine wichtige Rolle an den Übergängen des Berufslebens (Eintritt und Austritt) und haben ganz eigene Schwerpunkte und Themenfelder. Es lohnt sich, ab und an auch deren ganz spezifische Führungsthematik zu berücksichtigen.

Die folgende Einteilung der Generationen findet sich in ähnlicher Form in anderen Publikationen wieder[19].

Die heute erwerbstätigen Generationen im Überblick:

- **Silver Worker** (Geburtsjahrgänge 1945–1955), oftmals auch der ältere Teil der Babyboomer
- **Babyboomer** (Geburtsjahrgänge 1956–1965), inklusive Silver Worker (1945–1955)
- **Generation X** (Geburtsjahrgänge 1966–1980)
- **Millennials** oder **Generation Y** (Geburtsjahrgänge 1981–2000)
- **Generation Z** (ab Geburtsjahrgänge 1995); da diese erst an der Schwelle zum Berufseintritt stehen, werden sie häufig noch in die Millennials integriert (bis Geburtsjahrgang 2000).

[19] Die Einteilung und Beschreibung erfolgt in Anlehnung an Murphy, 2011; Klaffke, 2014; Bruch, Kunze & Böhm, 2010; Joester, 2014.

2.2.1 Silver Worker

Die Silver Worker sind die sogenannte Nachkriegsgeneration (Geburtsjahrgänge 1946-1955). Sie sind im geteilten Deutschland oder im Nachkriegs-Europa zur Zeit des Kalten Krieges aufgewachsen. Als Wirtschaftswundergeneration haben sie den gemeinsamen Traum von dauerhaftem und zunehmendem Wohlstand geträumt und erlebt. In Deutschland und in der Schweiz gab es Vollbeschäftigung und durch die Sozialversicherungen soziale Sicherheit. In Südeuropa wurden Arbeitskräfte aktiv angeworben, um das Wirtschaftswachstum zu bewältigen. Die starren gesellschaftlichen Strukturen und Normen wurden durch die 68er Bewegung hinterfragt, ein gesellschaftlicher Wandel hin zu mehr Selbstbestimmung und mehr Mitbestimmung und Partizipation in den Unternehmen fand statt. In den 1970er Jahren, als die heutigen Silver Worker als junge Erwachsene im Arbeitsleben aktiv waren, gab es in Deutschland umfassende Programme zur Humanisierung des Arbeitslebens. Der partizipative Führungsstil wurde zum Führungsstil der Wahl. Die wurde durch diese Generation eingeleitet: sie forderten in ihren Jugendjahren Veränderungen der gesellschaftlichen Strukturen.

Die Werte der Silver Worker gelten als traditionell, Fleiß, Sparsamkeit und Pflichtbewusstsein dominieren. Vorherrschend für diese Generation war das traditionelle Familienmodell, die Frauen waren zuständig für Familie und Haushalt und die Männer für den Unterhalt der Familie. In der Schweiz bekamen die Frauen erst 1971 das Stimmrecht. Die Frauen dieser Generation schieden zumeist mit der Heirat oder Geburt der Kinder aus dem Erwerbsleben aus. Die heutigen Silver Worker heißen auch Generation Beatles. Sie haben ihre Kindheit oftmals am Geburts- oder Heimatort verbracht und Werte vermittelt bekommen wie Vernunft, Recht und Ordnung. Diese Generation gilt als finanziell abgesichert, diejenigen, die noch im Berufsleben sind, befinden sich im fortgeschrittenen Erwerbsalter und haben häufig Führungspositionen und/oder sind anderweitig im Leben angekommen. Diese Generation hat als Lebensaufgabe derzeit die (Doppel-) Belastung von Pflege und Sorge um die eigenen, in die Jahre gekommenen Eltern, teilweise ist die Ausbildung der eigenen Kinder noch nicht abgeschlossen. Die Silver Worker oder Silver Generation befinden sich an der Schwelle zum Übertritt in den Ruhestand, einige von ihnen befinden sich im aktiven Ruhestand mit Freizeitorientierung. Gesundheitliche Einschränkungen bei sich selbst oder dem/der Lebenspartner/-in setzen vermehrt ein oder nehmen zu. Es findet eine Reflexion über die letzte Lebensphase statt und oftmals zeigt diese Generation den Wunsch, aktiv die Gesellschaft bis ins höhere Alter mitzugestalten. Das Credo der Silver Worker lautet: „Das Schwierige wird zuerst erledigt! Erst die Arbeit und dann das Vergnügen!“[20].

[20] Joester, 2014, S. 21.

In Führung und Beratung gelten Silver Worker als statisch und angepasst. Sie setzen auf Bewährtes und gelten Veränderungen gegenüber als weniger offen.

2.2.2 Die Babyboomer-Generation

Die Babyboomer (Geburtsjahrgänge 1945–1965 oder im engeren Sinne 1955–1965) gelten als die Workaholics oder *easy riders*. Quarch und König (2013) nennen sie auch die „unterschätzte Generation", die auf der einen Seite das Gefühl des „Zu-spät-gekommen-Seins" mit sich tragen, weil sie die großen Umbrüche der 1968er Bewegung nicht als Erwachsene erlebt haben. Sie bezeichnen sie aber auch als Generation im Standby-Modus, die sich noch nicht so stark in den gesellschaftlichen Diskurs eingeschaltet hat, wie das möglich wäre. Die Babyboomer folgen in ihrem Fortschrittsglauben und ihren Verlustängsten z. T. ihren Eltern und haben als Werte eine Ausrichtung auf das Materielle und auf Sicherheit. Die Babyboomer bilden die geburtenstärksten Jahrgänge, oftmals wuchsen sie mit mehreren Geschwistern auf, gingen in übervolle Schulklassen. Es bewarben sich immer (zu) viele um die vorhandenen Ausbildungs- und Studienplätze. Sie waren und sind in jeder Lebensphase der Konkurrenz der eigenen Altersgruppe ausgesetzt und haben früh gelernt, sich durchzusetzen, aber auch zu kooperieren. Die Babyboomer verbindet als einschneidendes Lebensereignis die Wiedervereinigung Deutschlands mit all ihren Facetten. Sie wuchsen im Zeitalter des Bewusstseins des Waldsterbens auf und trugen ökologische Überlegungen in die Politik. Die Friedens- und Umweltbewegung wurde von dieser Generation getragen und führte zu größeren Veränderungen im gesellschaftlichen Leben. Zu Beginn ihres Berufslebens erlebten die Babyboomer eine wirtschaftliche Stagnation und die Ölpreiskrise, denen Arbeitslosigkeit, der Verlust von Ausbildungsstellen etc. folgte. Berufliche Unsicherheit und das Gefühl, dass immer viele andere da sind, waren prägende Lebensumstände.

Welche Werte haben die Babyboomer? Teamfähigkeit gilt als Stärke dieser Generation, sie brachten neue Werte ins Arbeitsleben ein, wie Gleichberechtigung und Fairness, und sie gelten als Workaholics mit ausgeprägter Arbeitsorientierung. In ihren frühen Berufsjahren gab es bereits partizipative Formen der Unternehmensführung und eine gewisses Maß an Mitarbeiterorientierung in den Organisationen. Die Rolle der Gewerkschaften war in Deutschland recht stark und die kollektive Arbeitnehmervertretung hatte einen hohen Stellenwert. Die Arbeitswelt war neu geprägt von Ideen des Lean Managements, einem Abbau von Stabilität und Sicherheit in der Arbeitswelt. In den letzten Jahren erlebten sie eine zunehmende Verdichtung von Arbeit. Dennoch wird ihnen die Suche nach persönlicher Erfüllung und sinnvoller Tätigkeit neben einer starken Freizeitorientierung als Wert zugeschrieben. Es geht um Selbstentfaltung und den Drang, Wünsche und Träume zu verwirklichen. Die Babyboomer sind finanziell und technisch hinreichend ausgestattet, um ihrem Motto: „Jeder ist seines Glückes Schmied“[21] zu folgen. Religiöse Inhalte und starke gesellschaftliche Normen haben in dieser Generation an Bedeutung verloren. Sie vertrauen auf ihre subjektive Ansicht und die eigene Autonomie.

Die Babyboomer befinden sich heute in der Lebensmitte und bilanzieren ihr bisheriges Leben. Erfolge und weniger erfolgreich verlaufene Vorgehensweisen werden sichtbar und das persönliche wie berufliche Engagement hat sich zwischenzeitlich ausgezahlt oder es wird klarer, dass bestimmte Dinge nicht mehr erreichbar oder verwirklichbar sind. Im privaten Umfeld sind die Babyboomer die Generation, die den größten Anteil an aktiver Elternpflicht wahrnimmt. Gesundheitlich haben die Meisten noch wenige oder keine physischen oder psychischen Einbußen zu verzeichnen, sie stellen eine der größten Gruppen an Erwerbspersonen und befinden sich kurz vor oder auf dem Höhepunkt der beruflichen Leistungsfähigkeit[22]. Die Babyboomer-Generation ist motiviert und will noch einiges erreichen: beruflich oder im Ehrenamt oder privat. Das Credo der Babyboomer lautet „We are the world — we are the children — wir waren immer (zu) viele!“[23]

Von anderen Generationen werden ihnen unterschiedliche Dinge zugeschrieben. So empfindet die Nachkriegsgeneration die Babyboomer als „überheblich, maßlos und risikosuchend“ mit wenig Respekt vor der Lebensleistung der älteren Generation. Die Generation X hingegen fühlt sich in der eigenen Karriere von den Babyboomern blockiert und von der großen Anzahl an Babyboomern „erschlagen“[24].

2.2.3 Die Generation X

Die Generation X (Geburtsjahr ca 1966–1980) wird auch als Generation Golf oder als die Sorglosen bezeichnet. Sie haben kollektiv die Tschernobyl-Katastrophe erlebt und das Ende der New-Economy-Blase. Der Begriff Generation X leitet sich aus dem Roman von Coupland (1991) „Generation X — Geschichten für eine immer schneller werdende Kultur“ ab. Im Roman wird der Wohlstand der Vorgänger-Generation kritisiert und die Werte eben der Generation X beschrieben. Ebenfalls auf einen Roman[25] geht die Bezeichnung Generation Golf zurück, hier wird von individualistischem Lebensgefühl und behütetem Aufwachsen berichtet.

21 Quarch & König, 2013, S. 225.

22 Vgl. Bruch, Kunze & Böhm, 2010.

23 Joester 2014, S. 21.

24 Ebenda.

25 Illies, 2000.

Vertreter der Generation X haben das Platzen der New-Economy-Blase Ende der 1990er Jahre ebenso erlebt wie steigende Arbeitslosigkeit sowie die Ökonomisierung weiter Teile der Gesellschaft. Zu ihren beruflichen Erfahrungen gehören Lohnsteigerungen und die Zunahme von Arbeitslosigkeit. Die lebenslange Beschäftigung rückt etwas in den Hintergrund, ebenso die Perspektiven der beruflichen Etablierung und Stabilität. Die Werte der Generation X sind stärker von dem Streben nach Wohlstand, Karriere und Sicherheit geprägt und sind damit den Silver Workern ähnlicher als den Babyboomern. Zu ihren Erfahrungen beim Eintritt in das Arbeitsleben gehört die Arbeit mit verschiedenen Formen der Gruppenarbeit, wie Qualitätszirkel, Projektarbeitsgruppen oder auch teilautonome Arbeitsgruppen. Sie arbeiten zunehmend in einer Dienstleistungs- und Wissensgesellschaft, das Lebenslange Lernen gewinnt an Bedeutung und ist für ihren Berufsalltag notwendig. Die Kommunikations- und Informationstechnologien verändern sich rasch und beeinflussen die Arbeitswelt, diese Generation ist bereits sehr vertraut im Umgang mit Neuen Medien.

Die Generation X ist eine Generation, in der häufig beide Eltern berufstätig sind. Sie konnten oftmals behütet und in wirtschaftlich stabilen Verhältnissen aufwachsen. Diese Generation ist gut ausgebildet und teilweise schon international ausgerichtet, sei es durch Sprachkenntnisse oder eigenen Auslandsaufenthalt. Arbeitsmodelle wie flexible Arbeitszeitmodelle oder Homeoffice sind einigen von ihnen vertraut, sie konnten diese Flexibilisierung der Arbeitswelt bereits zu Beginn ihres Berufslebens aktiv erfahren.

Insgesamt gründen sie ihre eigene Familie später als die vorherigen Generationen und gelten im Berufsleben bis zur Familiengründung als sehr zielstrebig. Die Vereinbarkeit von Beruf und Familie stellt eine große Herausforderung dar, die zunehmend dank eines neues Selbstverständnisses der Väter von beiden Partnern getragen wird. Der Schwerpunkt der Herausforderung in der Vereinbarkeit von Beruf und Familie liegt (immer noch) bei den Frauen. Das Thema Vereinbarkeit von Lebensbereichen beschäftigt diese Generation stark, da sie – gut ausgebildet und etabliert – beruflich die tragende Säule und die größte Gruppe im Erwerbsleben darstellen. Sie sind oft in führenden Positionen, teilweise in internationaler Verantwortung und gleichzeitig Eltern von jüngeren Kindern. Die Generation X befindet sich in der Lebensphase der (späten) Familiengründung und ist damit dem hohen Anspruch an Vereinbarkeit von Betreuungspflichten und beruflicher Tätigkeit maximal ausgesetzt. Die Veränderung der Geschlechterrollen und die Tendenz, dass die Kinder bereits ein umfangreiches, eigenes Freizeitprogramm haben führt zu Schwierigkeiten bei der Vereinbarkeit von Lebensbereichen.

Dies wird verstärkt dadurch, dass auch die traditionelle Rolle von Großeltern sich verändert hat: diese kommen immer seltener für Betreuungsaufgaben in Frage. Das Credo der Generation X lautet: „Mach niemals einfach das, was dir ein Erwachsener sagt."[26]

Von der Silver Worker Generation wird die Generation X als konsumorientiert und auf das Lustprinzip ausgerichtet erlebt. Die Babyboomer sind enttäuscht von der eher unpolitischen Ausrichtung dieser Generation.

2.2.4 Die Millennials oder Generation Y

Die Millennials (Geburtsjahrgänge ca. 1981-2000) werden oftmals auch in Anlehnung an die chronologische und alphabetische Reihenfolge Generation Y genannt. Sie sind die jüngste Generation im Arbeitsleben und werden aktuell oft erst noch in den Arbeitsprozess sozialisiert. Sie wuchsen im Deutschland der Wiedervereinigung auf und haben als prägendes Ereignis das Attentat von 9/11 erlebt, das an den Grundannahmen der westlichen Welt wie liberale Demokratie und weltweite Marktwirtschaft rüttelte. Die Millennials sind *digital natives:* sie kennen das Internet von klein auf und bewegen sich souverän in der Welt der Neuen Medien und Kommunikationsmittel. Sie wurden mehrheitlich partnerschaftlich von fürsorglichen Eltern großgezogen und in ihrem Selbstwertgefühl und ihrer Entwicklung bestärkt. In der Familie durften sie als gleichberechtigte Partner in vielen Alltagsdingen mitentscheiden. Sie sind die erste Generation, die parallel zur Entwicklung des Internets aufgewachsen ist, und alle Entwicklungen miterlebt hat. Sich im World Wide Web zu bewegen und digitale Medien zu nutzen, ist für diese Generation eine Selbstverständlichkeit. Die Kommunikation mit Freunden verläuft über soziale Netzwerke und Social Media und wird durch aktive Begegnungen ergänzt oder bereichert. Es ist die *Always-on*-Generation: sie sind 24 Stunden online und auf den verschiedenen Kommunikationskanälen erreichbar. Kaum in der Arbeitswelt angekommen, fordern sie Entwicklungsmöglichkeiten, sinnhafte Arbeit, Mitspracherecht und regelmäßiges Feedback. In den neuen Arbeitswelten, die stark durch die Möglichkeiten des Internets, Cloud Computing etc. geprägt sind, finden sie sich sehr gut zurecht, ebenfalls in dezentralen und stark durch soziale Medien vernetzten Organisationsstrukturen. Wandel und Veränderung ist für sie normal, sie schätzen die Vereinbarkeit von Lebensbereichen und emfinden den klassischen, hierarchischen Aufstieg als nicht attraktiv. Eine Studentin der Betriebswirtschaftslehre (geb. 1983) beschreibt sich und ihre Generation in ähnlicher Weise: „Wir sehen die Arbeit anders, wir haben viele Forderungen an den Arbeitgeber, wir wollen eine

[26] Joester, 2014, S. 22.

gute Karriere, wir sind sehr engagiert und motiviert, wir sind gut und leisten eine gute Arbeit, die älteren Kollegen denken vielleicht: ‚Warum bin ich nicht wie sie, ich habe viele Möglichkeiten verpasst', sie sind ein bisschen eifersüchtig"[27].

Die Millennials sind in einer globalisierten und von Unsicherheit geprägten Welt aufgewachsen. Sie sind mit einer Vielzahl an Optionen und einer guten Ausbildung aufgewachsen. Es geht um Möglichkeiten und die Motivation, etwas Spannendes zu tun oder zu erleben. Es geht aber auch darum, dass die Arbeitswelt sich verändert hat, neue flexible Formen der Beschäftigung entstehen, die weniger Sicherheit und Stabilität und berufliche Aufstiegsperspektiven bieten werden. Damit muss diese Generation klarkommen. Die erste Aussage im Wertsystem der Millennials lautet: Die Arbeitswelt muss im Hier und Jetzt attraktiv sein. Das zeigt auch ein weiteres Zitat einer Vertreterin der Generation Y: „Der Arbeitgeber muss Loyalität verdienen und das kann man nur, wenn man ein guter Arbeitgeber ist. Zu glauben, dass die Ziele des Unternehmens meine Ziele sind, ist falsch – da täuscht man sich selbst (Studentin der Fachrichtung Internationale Beziehungen, geb. 1983)."[28].

Vielfach wird von einem *war for talents* gesprochen, wenn es für Unternehmen um diese jüngste Personengruppe geht, die – trotz des geringen Lebensalters – als die erfahrenste Gruppe im Umgang mit Social Media gilt.

Dem Mythos „Alle warten auf Euch", gepaart mit dem hohen Anspruch an den Arbeitsplatz, den diese Millennials mitbringen, steht in der Realität immer noch die Schwelle eines erfolgreichen Berufseinstiegs gegenüber. Aktuell stehen die Millennials am Einstieg ins Berufsleben. Teilweise leben sie noch zu Hause, in der Ursprungsfamilie, oder sie teilen sich Wohnung, Auto oder Büroarbeitsplatz mit Anderen. Ihre aktuelle Lebensaufgabe besteht oftmals darin, innerhalb von kurzer Zeit beruflich Fuß zu fassen und die eigene Lebens- und Familienplanung zu bewältigen. Das Credo der Generation Y lautet: „We are special, wir müssen nicht mitmachen und wenn doch, dann nur zu unseren Bedingungen."[29].

Die anderen Generationen sehen die Millennials als weniger zuverlässig. Die Millennials orientieren sich an den Aussagen in den sozialen Medien, wie z.B. Whatsapp, Snapchat, Instagram oder Twitter und da sie mit den sozialen Medien vertraut sind, steht ihnen auch alles gleichzeitig zur Verfügung. Sie werden als von sich überzeugt wahrgenommen mit einer stetigen Suche nach Entwicklung und klarer Kommunikation.

27 Parment, 2013, S. 13.

28 Ebenda, S. 14.

29 Joester, 2014, S.22.

2.2.5 Die Generation Z

Die Generation Z oder auch Generation Internet[30] umfasst die nach 1995 Geborenen. Sie sind vollkommen im digitalen Zeitalter aufgewachsen, die neuen Kommunikationsmedien sind für sie selbstverständlich. Fast 90 % verfügen über mindestens ein Social-Media-Profil, die am häufigsten vorkommende Art der Kommunikation ist die Nutzung eines Smartphones. Videoportale werden für die Vernetzung und die Kommunikation aktiv eingesetzt. Die Angehörigen anderer Generationen fühlen sich ihnen gegenüber bezüglich der digitalen Medienkompetenz im Rückstand[31]. Die Generation Z ist noch nicht im Arbeitsleben angekommen, die meisten sind im Kindergarten oder in der Schulausbildung, ältere Mitglieder der Generation Z befinden sich im Berufswahlprozess oder in der Berufsausbildung. Über die gesellschaftlich prägenden Ereignisse dieser Generation können noch keine Aussagen getroffen werden, über ihre Arbeitswelt nur wenige. Die in Kapitel 3 beschriebenen Megatrends werden die Arbeitswelt immer mehr erreichen und mit zunehmender Flexibilisierung, Globalisierung und Digitalisierung werden die Organisationsstrukturen sich noch mehr auflösen, der Anspruch an Orientierung in der medialen Welt wachsen, wie auch der Bedarf an den Kompetenzen, die diese Generation selbstverständlich mitbringt. Die neue Generation App bewegt sich selbstverständlich in den Neuen Medien und im Umgang mit der sich ständig entwickelnden Technologie.

ARBEITSHILFE ONLINE

ARBEITSHILFE 2: Work Value Questionnaire[32]

Diese Arbeitshilfe finden Sie zum Download unter Arbeitshilfen online.
Bitte geben Sie an, wie wichtig es für Sie ist, die folgenden Komponenten in Ihrer Arbeit zu haben.

Work Value Questionnaire

	Frage	Sehr wichtig	Wichtig	Eher wichtig	Eher unwichtig	Unwichtig	Sehr unwichtig
1	Erfolg bei der Arbeit						
2	Aufstieg, Beförderungsmöglichkeiten						
3	Leistungen, Urlaub, Krankheitsurlaub, Pension, Versicherung etc.						

30 Vgl. z. B. Murphy, 2011; Klaffke, 2014.

31 Vgl. Süss u. a., 2014.

32 Vgl. Murphy, 2011.

	Frage	Sehr wichtig	Wichtig	Eher wichtig	Eher unwichtig	Unwichtig	Sehr unwichtig
4	Bei einer Organisation angestellt zu sein, bei der Sie stolz sind für sie zu arbeiten						
5	Beitrag zur Gesellschaft						
6	Angenehme Arbeitszeiten						
7	Kollegen und Mitarbeiter, mit denen es Spaß macht, zu arbeiten						
8	Das Gefühl als Person geschätzt zu werden						
9	Feedback zum Arbeitsresultat						
10	Unabhängigkeit bei der Arbeit						
11	Mitbestimmung in der Organisation						
12	Mitbestimmung bei der Arbeit						
13	Interesse an der Arbeit; etwas zu tun, was Sie interessiert						
14	Jobsicherheit						
15	Status der Arbeit						
16	Sinnvolle Arbeit						
17	Gelegenheiten für persönliche Entwicklung						
18	Gelegenheit, Leute zu treffen und mit ihnen zu interagieren						
19	Bezahlung						
20	Anerkennung für gute Arbeit						
21	Verantwortung						

	Frage	Sehr wichtig	Wichtig	Eher wichtig	Eher unwichtig	Unwichtig	Sehr unwichtig
22	Einen fairen und aufmerksamen Vorgesetzten						
23	Anwendung Ihrer Fähigkeiten und Ihres Wissens bei der Arbeit						
24	Arbeitsumgebung (angenehm und sauber)						
25	Ethik und Integrität						

Tabelle 2.1: Generationen und ihre Merkmale

Generationen und ihre Spezifika	Silver Worker	Babyboomer	Generation X	Millennials
Primäre Werthaltungen	Fleiß, Sparsamkeit und Pflichtbewusstsein, Vernunft, Recht und Ordnung	Ausrichtung auf das Materielle und auf Sicherheit, kompetitiv, diszipliniert, qualitätsbewusst	Streben nach Wohlstand, Karriere und Sicherheit, pragmatisch, flexibel, strukturbedürftig	tolerant, zielorientiert, selbstsicher, individualistisch, optimistisch, bürgerliche Pflichten, umweltbewusst
Lebensphase	in Rente oder kurz davor	Lebensmitte	Lebensphase der (späten) Familiengründung	Einstieg ins Berufsleben
Interaktion und Kommunikation	scheuen Konflikte, wenig Ausdruck, distanziert	Teamplayer, viele Meetings	erfinderisch	partizipativ
Erwartungen an Unternehmen	Respekt, klare Hierarchie, Stabilität, Sicherheit	erwarten gemeinsame Kultur (*corporate culture*), möchten sich als Teil eines ganzen sehen, bevorzugen Einzelbüros	globalen Blick behalten, Image und Qualität sind wichtig, genießen Extras	sinnstiftende Arbeit, keine Beschränkungen, keine Hierarchie, erwarten unmittelbare Rückmeldung, offen für Mentoring

Generationen und ihre Spezifika	Silver Worker	Babyboomer	Generation X	Millennials
Kompetenz-schwerpunkte	loyal, arbeiten gründlich und detailliert, tüchtig	teamfähig	anpassungsfähig, unabhängig, technisch versiert	technikaffin, multitaskingfähig
Werte am Arbeitsplatz	Arbeit vor Vergnügen, Engagement und Aufopferung für das Unternehmen, identifizieren sich mit dem Unternehmen	beziehungs-orientiert, dienstleistungs-orientiert, Prozess wichtiger als das Resultat, wenig Blick auf das Budget	unternehmerisch, lassen sich nicht von Autoritäten einschüchtern, betonen Resultat und nicht den Prozess	Suchen sinnstiftende Arbeit, beharrlich, offen, können überall arbeiten[33], flexibel, Arbeit ist nicht alles
Einsatz von Medien	verwenden gerne Mitschriften. haben Probleme im Umgang mit neuer Technik	nutzen Bücher, Leitfäden und PowerPoint. haben Nachholbedarf mit Neuen Medien	wenden gerne interaktive Medien an	verwenden sofort betriebsbereite Medien in einem multimedialen Umfeld

2.3 Mehrgenerationalität

Ein Individuum kann auch mehreren Generationen angehören, insbesondere jene Jahrgänge, die an der Grenze zu einer neuen Generation liegen. Zudem ändern sich Werte, Einstellungen und Lebensvorstellungen über die Zeit hinweg, sodass die Zuordnung zu einer Generation bzw. zu deren Werten schwanken kann. Die Einteilung der Menschen in Generationen erfolgt nach soziologischen, wissenschaftlichen Gesichtspunkten, die nicht unbedingt auf die Realität eines Einzelnen zutreffen müssen.

Findet sich ein Individuum in mehreren Generationen wieder, können sich soziale und kulturelle Einflüsse vermischen. Daraus können sich schlimmstenfalls Rollenkonflikte ergeben. Geschwister können z.B. elterliche Aufgaben gegenüber jüngeren Geschwistern übernehmen. Ein anders Beispiel ist, wenn die junge Generation aufgrund ihrer Technik- oder Medienkompetenz gegenüber der mittleren und alten Generation gelegentlich die Rolle von Lehrenden einnimmt[34].

[33] D. h. an jedem Ort, aber auch in verschiedenen Unternehmen.

[34] Lüscher et al., 2010.

2.4 Generationen zusammen führen

Generationen zusammen führen beachtet die Besonderheiten der Generationen in der Führung: Es gilt Generationseffekte zu erkennen und proaktiv die Führung so zu gestalten, dass die Vielfalt den Nutzen für die Organisation erhöht und die gesellschaftlichen Veränderungen auch in der Organisation ermöglicht. Wenn das nicht gelingt, wird Führung dem Hier und Jetzt gerecht, aber keinesfalls künftigen Anforderungen. Generationenwechsel gab es schon immer in Organisationen. Folgende geltenden Annahmen verlieren derzeit jedoch ihre Gültigkeit:

1. **Alter = mehr Erfahrung:** Der Erfahrungszuwachs ist neu, teilweise entkoppelt vom Lebensalter. Jüngere Mitarbeitende sind mit neuen Technologien aufgewachsen, sind *digital natives* und haben darin gegenüber älteren Mitarbeitenden einen Erfahrungsvorsprung.
2. **Seniorität als Werthaltung:** Das Prinzip der Seniorität bei Anerkennung, Zuteilung von Aufgaben oder Beförderungen und Entlohnung kann nicht länger als einziges Prinzip verfolgt werden.

Der jetzt stattfindende Generationenwechsel erfolgt unter einem neuen Vorzeichen: Der Erfahrungsvorsprung der jüngeren Mitarbeitenden gegenüber älteren Kolleginnen und Kollegen bezüglich Neuer Medien betrifft nur einen Bereich des benötigten Erfahrungswissens in Unternehmen. Sie haben weniger Erfahrung im Umgang mit Kunden, mit Arbeitsabläufen oder eine andere Art von persönlichem und beruflichem Netzwerk. In ihrem Wertgerüst sind nicht zwingend Werthaltungen wie der Respekt vor Alter, Seniorität und Erfahrung verankert, sondern sie neigen verstärkt zu individualistischer Sichtweise und Erwartungshaltung.

Neu sind also folgende Themen:

- ein grundlegender Wertewandel,
- die rasche technologische Entwicklung und
- die Tatsache, dass für die nächsten 10–15 Jahre mehr Ältere im Unternehmen verbleiben werden, als jüngere Mitarbeitende eintreten.

Unternehmen brauchen einen nie dagewesenen Know-how-Transfer zwischen den Generationen, eine Führung von Altersvielfalt und den Aufbau von altersgemischten Teams, Lebenslanges Lernen in der Organisation, Einführung und Weiterentwicklung neuer Arbeitsformen, altersgerechte flexible Handhabung des eigenen Führungsstils, Aufbau von Führungsstrukturen und -systemen, um diese Arbeit mit den Generationen und generationenübergreifend zu fördern und vieles andere mehr. Es geht um Generationengerechtigkeit und die bestmögliche Förderung aller Generationen, mal spezifisch pro Generation und oft in der Kombination der Generationen, um damit erfolgreich die Gegenwart und die Zukunft der Führung zu gestalten.

Tabelle 2.2: Trainingsansätze für die Generationen[35]

Silver Worker	Babyboomer	Generation X	Generation Y
bevorzugen Klassenzimmer-atmosphäre	bevorzugen Vortrags- und Workshop-atmosphäre	bevorzugen erfahrungsbasiertes Lernen	bevorzugen elektronische Lernumfelder
favorisieren eine strukturierte Umgebung in der ihnen mitgeteilt wird, was sie zu lernen haben	favorisieren eine Umgebung, in der sie gefordert werden und Erfahrungen teilen können	fühlen sich in einer spaßhaften Lern-umgebung wohl	favorisieren eine medienzentrierte Umgebung
verwenden Mitschriften	nutzen Bücher, Leitfäden und PowerPoint	wenden interaktive Lernmethode und Fragenstellen an	verwenden Software, CDs, Videos, Mobile Anwendungen, Blogs, Podcasts, soziale Medien
Lernen basiert auf Gedächtnistechniken und ausgiebigem Studium	wählen Fallstudien und Beispiele zum Lernen	bevorzugen praktische Aktivitäten, Rollenspiele, Spiele	spielen gerne (Rollen-) Spiele und verwenden digitale Medien, um zu lernen

35 Vgl. Sparta, 2009.

BEISPIEL: Praxisbeispiel: Speed-Dating der Generationen

Ausgangslage und Ziel

Vorurteile und Stereotypisierungen von älteren bzw. jüngeren Mitarbeitern verhindern manchmal die erfolgreiche Zusammenarbeit. Wie können diese Gruppen vernetzt werden, um den Austausch zu fördern?

Fallbeispiel

Die Stelle für Diversity und Family Care der **Axa Winterthur** lancierte letztes Jahr ein Projekt, mit dem Ziel, den Austausch, das Verständnis und die Zusammenarbeit der Generationen zu fördern. Je 30 junge Mitarbeitende der Generation Millennials und 30 ältere Babyboomer wurden zu einem *Lunch and Learn* über Mittag eingeladen. Das Event wurde ähnlich wie ein Speed-Dating organisiert. Die Teilnehmenden (jeweils ein junger Arbeitnehmender und ein älterer Arbeitnehmender) saßen sich gegenüber und diskutierten fünf Minuten über eine vorgegebene Frage, z. B. „Wie gehe ich mit sozialen Medien um?“, „Was bedeutet für mich die Pensionierung?“, „Wie bedeutsam sind für mich flexible Arbeitsmodelle?“, „Wie zeigt sich Wertschätzung am Arbeitsplatz?“. Jede/r diskutierte eine Frage nacheinander mit zwei Personen der anderen Generation. Nach dem Gong wurde nach rechts oder nach links zum nächsten Gesprächspartner gewechselt. Latent vorhandene Vorurteile wurden bewusst — teilweise provokativ — thematisiert und erörtert. Nach dem Speed-Dating trafen sich die Gruppen zur gemeinsamen Reflexion, die dann der jeweils anderen Generationengruppe vorgestellt wurde.

Die Erfahrung zeigte, dass sich die Gruppen einander ähnlicher fühlten, als gedacht. Der Dialog wirkte wie eine Brücke zwischen den Generationen, Vorurteile wurden reflektiert und anschließend aufgelöst. Dies ist ein erster Schritt zur Stärkung des Miteinanders der Generationen, so Yvonne Seitz, Leiterin der Abteilung Diversity und Family Care bei der Axa Winterthur. Es sei wichtig, einen organisierten Rahmen zu bieten, die Unterschiede positiv zu nutzen und Spaß am gemeinsamen Dialog zu haben.[36]

[36] Aus: Seitz, 2015.

ARBEITSHILFE ONLINE

ARBEITSHILFE 3: Praxistransfer — Generationen und ihre Besonderheiten

Diese Arbeitshilfe finden Sie zum Download unter Arbeitshilfen online.

Was bedeutet das für die Praxis?

Machen Sie sich über die folgenden Fragestellungen Gedanken und überlegen Sie, welche Bedeutung der Umgang mit Generationen in Ihrer eigenen Organisation hat:

- Für welche Altersgruppen sind Sie ein attraktiver Arbeitgeber? Welche Altersgruppen bewerben sich bevorzugt bei Ihnen? Welche arbeiten hauptsächlich bei Ihnen?
- Welche Vorteile erleben Sie heute durch Altersvielfalt im Unternehmen?
- Wo liegen die Schwierigkeiten in der Zusammenarbeit der verschiedenen Generationen?
- Gibt es potenzielle Leistungsvorteile für das Unternehmen durch eine altersgemischte Belegschaft? Oder durch die Besetzung von Schlüsselpositionen durch Angehörige bestimmter Altersgruppen?
- Welche Veränderungen erleben Sie in Ihrem Unternehmen aufgrund der besseren Nutzung von Social Media und anderen Technologien der Mitarbeitenden? Gibt es aufgrund dieser Veränderungen andere Bedürfnisse für die Führung? Welche Führungsthemen kommen in diesem Zusammenhang auf die Führung zu?

Zusammenfassung und Kernaussagen des Kapitels

Jede Generation ist innerhalb der Gesellschaft sozial-zeitlich positioniert. Daraus ergibt sich eine bestimmte Identität, die leitend ist für das Denken, Wollen, Handeln oder Fühlen dieser Personen. Dabei sind die Geburtsjahrgänge und die Zugehörigkeit zu diesen Gruppierungen bedeutend. Diese Perspektive der zeitlichen Einordnung einer Generation wird auch bei der Einteilung in Millennials, Generation X und Babyboomer eingenommen.

Wir gehen aktuell von mindestens drei Generationen von Mitarbeitenden im Unternehmen aus: Babyboomer (ca. 1945–1964), Generation X, auch Generation Golf genannt, (ca. 1965–1980) und Generation Y, die oft auch als Millennials bezeichnet werden (ca. 1981–2000). Die Silver Worker (ca. 1946–55) werden bei manchen Autoren in die Generation der Babyboomer integriert. Die Werte der Silver Worker gelten als traditionell, Fleiß, Sparsamkeit und Pflichtbewusstsein dominieren. Babyboomer haben als Werte eine Ausrichtung auf das Materielle und auf Sicherheit.

Die Werte der Generation X sind stärker von dem Streben nach Wohlstand, Karriere und Sicherheit geprägt. Wandel und Veränderung ist für die Generation Y normal, sie schätzen die Vereinbarkeit von Lebensbereichen und finden den klassischen, hierarchischen Aufstieg nicht attraktiv. Die Generation Z (nach ca.

1995), auch Generation Internet genannt, steht an der Schwelle zum Berufseintritt.
Die Einteilung von Menschen in Generationen ist lediglich eine Orientierungshilfe, die nicht zwingend auf jede Einzelperson zutrifft. Generationseinteilungen, bei denen gemeinsame Erlebnisse, Erfahrungen oder Werthaltungen vorhanden sind (z.B. Nachkriegsgeneration) sind robuster in der Einteilung und Einschätzung von Wahrnehmungen und Handlungen als eine Einteilung auf Basis kurzfristiger Entwicklungen.
Altersvielfalt oder eine altershomogene Belegschaft haben verschiedene Auswirkungen auf Unternehmen. So verhindert z.B. eine homogene Belegschaft eher Aufstiegschancen und vereinfacht in der Regel den Anspruch an die Führung. Führung von Altersvielfalt bedeutet, Menschen unterschiedlicher Generationen mit unterschiedlichen Kompetenzen, Erfahrungen und Werten zu verbinden und den Wissenstransfer sicher zu stellen, damit sich insgesamt der Handlungsspielraum der Unternehmung vergrößert und erweitert. Es liegt allerdings eine besondere Aufgabe darin, Vielfalt so einzusetzen, dass sie dem Unternehmen einen Mehrwert bringt. Es gilt, Generationeneffekte zu erkennen und die Führung proaktiv so zu gestalten, dass die Vielfalt den Nutzen für die Organisation erhöht.
Unternehmen brauchen einen nie dagewesenen Dialog zwischen den Generationen, Know-how-Transfer, eine Führung von Altersvielfalt und den Aufbau einer altersgerechten Unternehmenskultur, Kompetenzen für die Führung von altersgemischten Teams sowie Ansätze des Lebenslangen Lernens.
Es gab immer schon Herausforderung im Zusammenleben und -arbeiten von Generationen. Neu ist aber eine partielle Abkehr vom Senioritätsprinzip. Das bedeutet, dass erstmals nicht in allen Themen die nachkommende, jüngere Generation an Erfahrung und Wissen der älteren Generation unterlegen ist. Der Umgang mit Neuen Medien und der Wertewandel hin zu mehr Individualisierung erfordert eine neue Betrachtung der Generationen miteinander.

3 Demografische Entwicklung und die Zukunft der Führung

Alle müssen sich auf eine ältere und zahlenmäßig kleinere Erwerbsbevölkerung einstellen; wenn wir heute nicht anfangen, werden wir es immer schwerer haben, auf die Veränderungen zu reagieren.

Angela Merkel (24.04.2012)

Management Summary

Die demografische Entwicklung in Deutschland und der Schweiz zeigt eine massive Veränderung der ständigen Wohnbevölkerung. Während für Deutschland ein Bevölkerungsrückgang prognostiziert wird, geht die Schweiz von einem Anstieg der ständigen Wohnbevölkerung aus. In beiden Ländern stellen die etwa 50-Jährigen die größte Bevölkerungsgruppe. Die 20- bis 30-Jährigen (entspricht Millennials) bilden mit Blick auf die drei beschriebenen Generationen die zahlenmäßig kleinste Gruppe an Personen im Erwerbsalter. Die 30- bis 50-Jährigen (entspricht Generation X) bilden die größte Gruppe im erwerbsfähigen Alter. In den nächsten 10–15 Jahren wird die Anzahl an Personen zwischen 50 und 65 Jahren (Babyboomer) nahezu den Umfang der Generation X erreichen, danach erreichen die geburtenstarken Jahrgänge das Pensionierungsalter. In Abhängigkeit von der Erwerbsquote der Altersgruppe der Babyboomer wird die Anzahl älterer Mitarbeitender in den Unternehmen in den nächsten Jahren massiv zunehmen, während die Anzahl an Millennials konstant niedrig bleibt.

Unternehmen und Regierungen ergreifen viele Maßnahmen, um dem demografischen Wandel zu begegnen und ältere Mitarbeitende länger in der Berufstätigkeit zu halten. Generationen zusammen führen wird von der demografischen Entwicklung und von Megatrends beeinflusst, die unser Erleben und Verhalten in allen Lebensbereichen tangieren. Einen großen Einfluss auf die Führung verschiedener Generationen haben die Megatrends Individualisierung, Flexibilisierung und demografische Entwicklung.

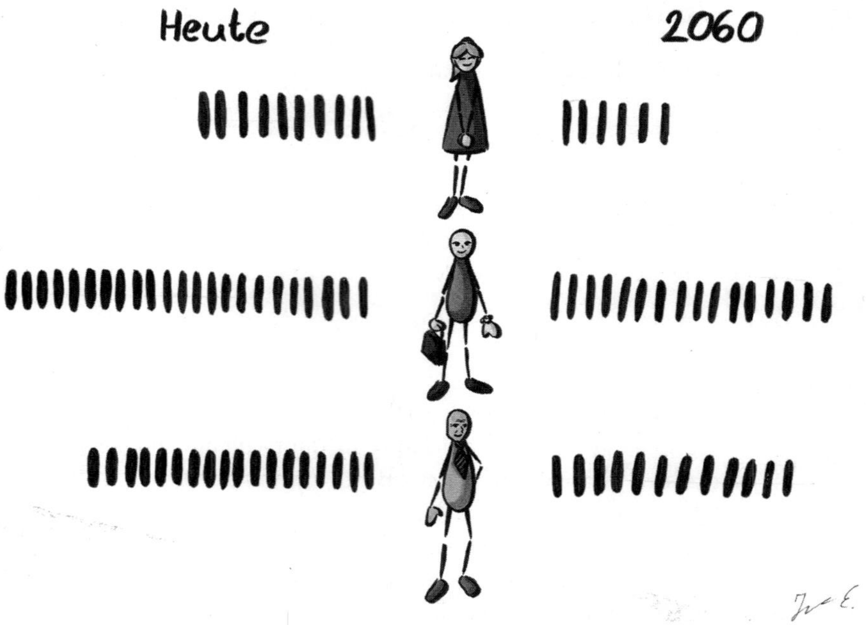

3.1 Der demografische Aufbau der Bevölkerung

In nahezu allen Industrieunternehmen ist derzeit eine demografische Entwicklung zu beobachten, die zu massiven Veränderungen im Bevölkerungsaufbau führt. Auslöser hierfür sind die seit Ende der 1960er Jahre niedrige und sinkende Geburtenrate und eine höhere Lebenserwartung. Damit verbunden ist eine sich ändernde Zusammensetzung der Generationen im Unternehmen zugunsten einer insgesamt älteren oder älter werdenden Belegschaft.

Zeitgleich mit dem Rückgang der Geburtenrate ist eine Verlängerung der Lebensdauer zu beobachten. Eine Einflussgröße auf die Entwicklung der Erwerbsbevölkerung hat die Zuwanderung, die sich aus der Bilanz der Zuzüge und Wegzüge entwickelt. Hierfür wird in Deutschland wie auch in der Schweiz – wie auch bei der Geburtenrate und Lebenserwartung – von unterschiedlichen Szenarien ausgegangen.

Definition: Erwerbspersonenpotenzial

Das Erwerbspersonen- oder Arbeitskräftepotenzial ist die Grundgesamtheit derjenigen Personen, die im erwerbsfähigen Alter sind und damit dem Arbeitsmarkt potenziell zur Verfügung stehen. Das Erwerbspersonenpotenzial ergibt sich aus allen erwerbstätigen Personen, allen arbeitslosen Personen und der stillen Reserve. Letztere sind Personen, die derzeit für den Arbeitsmarkt nicht zur Verfügung stehen, unter bestimmten Bedingungen aber bereit wären, eine Beschäftigung anzunehmen[37].

Das Erwerbspersonenpotenzial ergibt sich zunächst aus der Geburtenrate, der Lebenserwartung und der Zuwanderung. In ganz Europa und speziell in den hier näher betrachteten deutschsprachigen Ländern Deutschland und Schweiz kam es in den 1960er Jahren zu einem massiven Einbruch der Geburtenrate. In Deutschland und der Schweiz ist das Geburtsjahr 1964 das geburtenstärkste, danach ging die Geburtenrate zurück und die vorher gleichförmig verlaufende Bevölkerungsentwicklung (pro Lebensjahr nimmt die Bevölkerung langsam ab) hat sich massiv verändert.

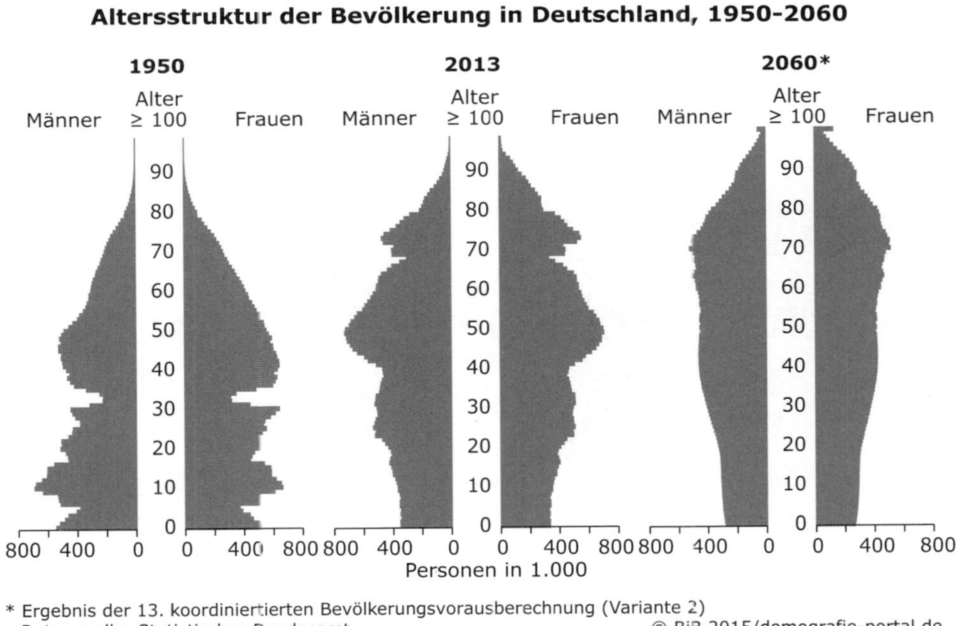

Abbildung 3.1: Bevölkerungsaufbau in Deutschland 1950, 2013 und 2060 (entnommen aus: demografie-portal, Datenquelle Statistisches Bundesamt)

[37] Vgl. auch Gabler Wirtschaftslexikon, 2015.

2013 visualisiert die Zwiebelform den aktuellen Bevölkerungsaufbau. Die stärkste Bevölkerungsgruppe in Deutschland und der Schweiz (und vielen anderen Industrienationen) bildet die Gruppe der +/50-jährigen Personen. Abbildung 3.2 zeigt einen Überblick über die Ursachen der Veränderung der Geburtenhäufigkeit in der aktuellen Altersstruktur der deutschen Bevölkerung. Der Altersaufbau in der Schweiz zeigt ein vergleichbares Muster auf.

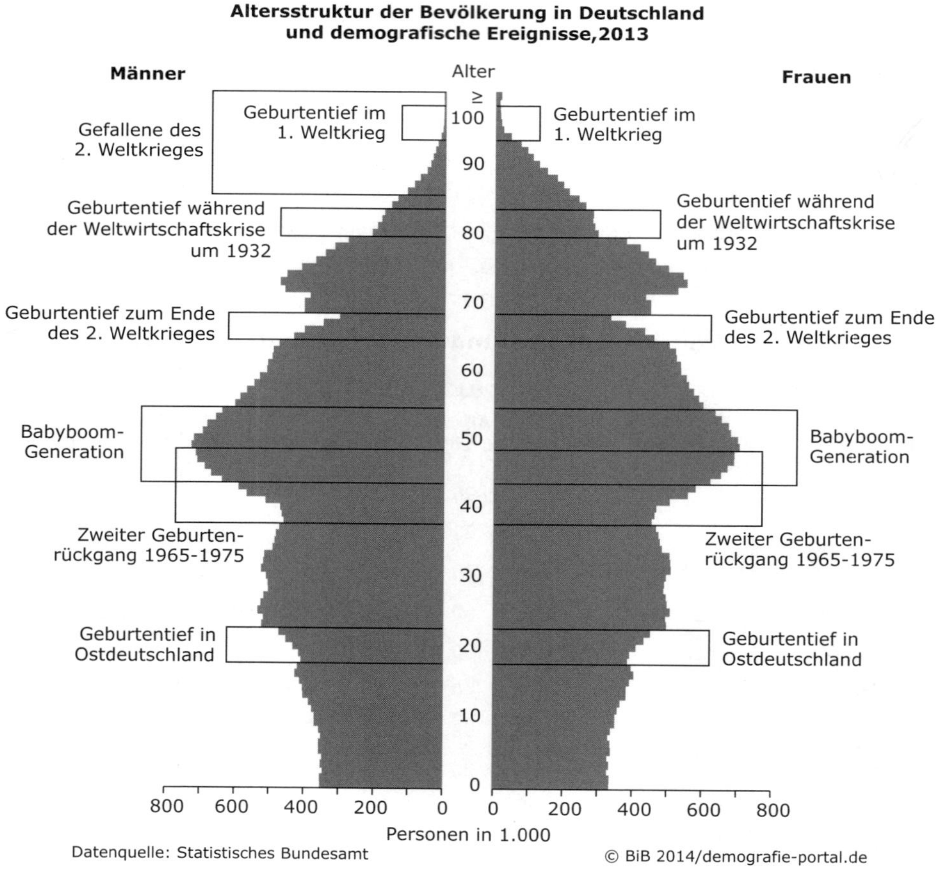

Abbildung 3.2: 100 Jahre Bevölkerungsgeschichte: Die Altersstruktur der Bevölkerung in Deutschland (entnommen aus: demografie-portal, Datenquelle Statistisches Bundesamt)

3.2 Szenarien der Bevölkerungsentwicklung

Deutschland hatte in den Jahren 2003–2010 eine besonders starke Nettozuwanderung zu verzeichnen, dennoch wird davon ausgegangen, dass die Ursachen des Bevölkerungsrückgangs weiterhin bestehen und sich langfristig noch stärker auswirken. Die Bevölkerungszahl von 80,8 Millionen Einwohnerinnen und Einwohnern 2013 wird je nach Ausprägung der Nettozuwanderungsrate noch fünf bis sieben Jahre zunehmen, danach langfristig abnehmen. Bei einer stärkeren Zuwanderung geht das (deutsche) Statistische Bundesamt im Jahr 2060 von 73,1 Millionen, bei einer schwächeren Zuwanderung von 67,6 Millionen Einwohnerinnen und Einwohner aus. Dabei wird die Bevölkerung im Erwerbsalter von dieser Entwicklung stark betroffen sein, mengenmäßig ist von einer Schrumpfung und Alterung auszugehen[38].

Die Schweiz hatte in den vergangenen Jahren eine hohe Nettozuwanderungsrate zu verzeichnen und damit einhergehend ein Wachstum der ständigen Wohnbevölkerung in der Schweiz. In ihren neuen Szenarien zur Bevölkerungsentwicklung geht das (schweizer) Bundesamt für Statistik davon aus, dass die schweizer Bevölkerung in den kommenden Jahrzehnten deutlich altern wird, die Bevölkerungsstruktur in Bezug auf ihre Bildung eine tief greifende Veränderung erfahren wird und die zukünftige Bevölkerungsentwicklung fast ausschließlich vom Ausmaß der Wanderungsbewegungen beeinflusst wird. Letztere werden durch politische Rahmenbedingungen, wie die Umsetzung der Masseneinwanderungsinitiative stark beeinflusst. Als Referenzszenario für die Bevölkerungsentwicklung wird in der Schweiz von einem Anstieg von 8,3 Millionen Personen mit ständigem Wohnsitz in der Schweiz im Jahr 2015 auf insgesamt 10,2 Millionen im Jahr 2045 ausgegangen[39]. Abbildung 3.3 gibt einen Überblick über die aktuellen Erwerbsquoten der Bevölkerung im erwerbsfähigen Alter in Deutschland und der Schweiz.

38 Statistisches Bundesamt, 2015, S. 6.

39 Vgl. ebenda.

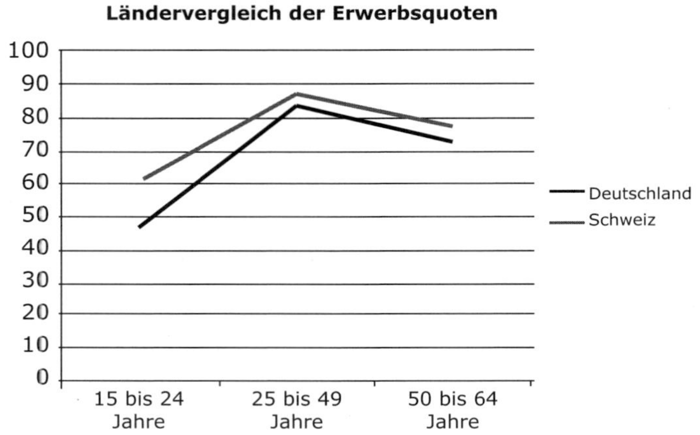

Abbildung 3.3: Anteil Erwerbspersonen pro Altersgruppen (eigene Darstellung; Angaben Eurostat 2014)

Die politischen Entwicklungen gehen in Deutschland, der Schweiz und generell in den Industrienationen in Richtung Verlängerung der Lebensarbeitszeit (z. B. durch Erhöhung des Renteneintrittsalters, den Rückgang/Verzicht auf Frühpensionierungen, Maßnahmen zur Erhöhung der Erwerbsbeteiligung älterer Arbeitnehmerinnen und Arbeitnehmer). Ein Fachkräftemangel ist prognostiziert und das Arbeitskräftepotenzial muss in den nächsten 10–15 Jahren vermehrt aus verschiedenen Altersgruppen rekrutiert werden. Danach sind die heutigen Babyboomer pensioniert.

! **WICHTIG**

Je nach wirtschaftlicher und technologischer Entwicklung verändert sich der Bedarf an Arbeitskräften in der Zukunft. Die heutigen Babyboomer sind in ca 15 Jahren pensioniert und die Anzahl an verfügbaren Erwerbspersonen reduziert sich. Bereits heute sind Anstrengungen im Bereich von Gesundheitsförderung, Lebenslangem Lernen und generationenübergreifender Führung erforderlich, um einem Fachkräftemangel aktiv entgegen zu wirken.

In den nächsten Jahren wird sich der Wettbewerb um qualifizierte Fachkräfte verschärfen. Es gilt also, die Gesundheit und Arbeitsfähigkeit der Mitarbeitenden zu erhalten und diese an das Unternehmen zu binden. Alt und Jung sollten ihre Stärken einbringen und den Wissenstransfer ihres unterschiedlichen Erfahrungswissens wechselseitig pflegen. Für die kommenden Jahre wird eine Verschiebung der Altersstruktur der Bevölkerung im Erwerbsalter erwartet. Bemerkenswert sind die nächsten Jahre, in denen die Babyboomer die nahezu stärkste Gruppe der Arbeitnehmer im Unternehmen stellen.

Die Bevölkerungsvorausberechnung für Deutschland (2013–2060) geht davon aus, dass — ausgehend von der Altersstruktur der potenziellen Mütter — bis zum Jahr 2020 die Geburtenrate einigermaßen stabil bleibt. Anschließend geht sie zurück, da die folgenden Mädchenjahrgänge zahlenmäßig kleiner sind als die ihrer Mütter. Im Gegenzug nimmt die Zahl der Sterbefälle — trotz höherer längerer Lebenserwartung — zu, da die starken Jahrgänge ins hohe Alter kommen. Die Bevölkerung im Erwerbsalter (im Alter von 20–64) wird stark von Schrumpfung und Alterung betroffen sein. Das Ausmaß dieser Entwicklung wird von der Zuwanderung beeinflusst, diese kann schwächer oder stärker ausfallen[40]. Die Bevölkerungsvorausberechnung geht von verschiedenen Szenarien aus. Unter der Annahme von Kontinuität bei schwächerer Zuwanderung hat Deutschland im Jahr 2013 80,8 Millionen Einwohnerinnen und Einwohner, wovon 49,2 Millionen im erwerbsfähigen Alter zwischen dem 20.–64. Lebensjahr sind. 2030 werden auf 79,2 Millionen Einwohnerinnen und Einwohner 43,7 Millionen Personen im erwerbsfähigen Alter kommen und für 2060 werden 67,6 Millionen Einwohner mit 34,3 Millionen potenziellen Erwerbspersonen prognostiziert. Das Szenario mit einer stärkeren Zuwanderung erhöht die prognostizierten Werte entsprechend. Abbildung 3.4 gibt einen Überblick über die Entwicklung der verschiedenen Altersgruppen im erwerbsfähigen Alter im Szenario schwächerer Zuwanderung.

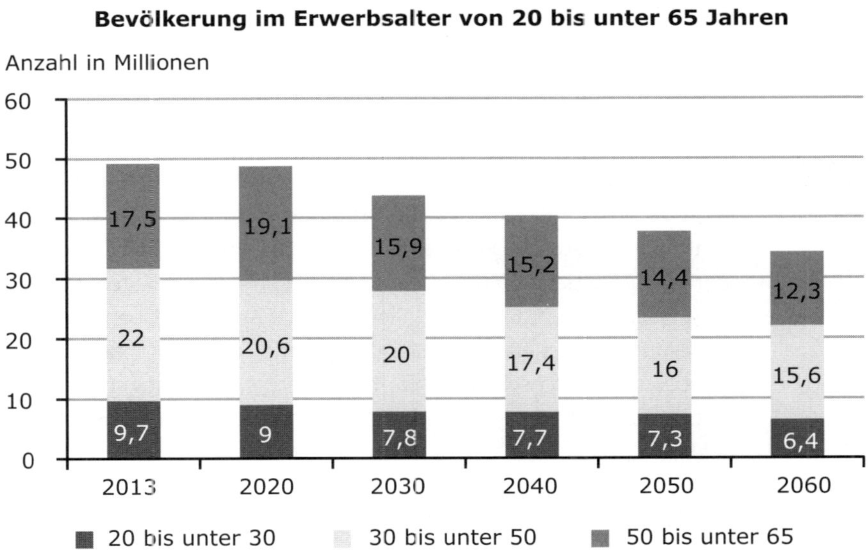

Abbildung 3.4: Szenario Bevölkerungsentwicklung im Erwerbsalter von 20–64 Jahre nach Altersgruppen (eigene Darstellung; Daten entnommen aus Statistisches Bundesamt, 2015, S. 55)

40 Vgl. ebenda.

In Deutschland gilt als Renteneintrittsalter inzwischen das 67. Lebensjahr (für alle Jahrgänge 1964 und später) oder Renteneintritt nach 45 Beitragsjahre in die gesetzliche Rentenversicherung.

Definition: Altersquotient

Der Altersquotient ist der Anteil von Personen ab 65 Jahren auf 100 Personen zwischen 20 und 64 Jahren.

Definition: Jugendquotient

Der Jugendquotient ist der Anteil an Personen unter 20 Jahren auf 100 Personen zwischen 20 und 64 Jahren[41].

Der Jugendquotient schwankt im Zeitraum bis 2060, liegt aber stets bei ca 30 %. Der Altersquotient hingegen nimmt im Betrachtungszeitraum stark zu. Bis in die Mitte der 2030er Jahre findet der größte Anstieg des Alterquotienten statt. Bei wenig Zuwanderung und prognostizierter Bevölkerungsentwicklung steigt der Altersquotient von aktuell 64 % auf 90 % im Jahr 2037 und erreicht 2060 mit 97 % nahezu Gleichstand: Auf jede Person im Ruhestand kommt ca. eine Person im erwerbsfähigen Alter[42].

Für die Schweiz liegen Szenarien zur Bevölkerungsentwicklung von 2015–2045 vor. Die Entwicklung des Erwerbspersonenpotenzials hängt stark von der Entwicklung der ständigen Wohnbevölkerung und im engeren Sinne von der Zuwanderungsrate ab. Es liegen drei Grundszenarien vor, die in einer Kombination von Bildungsniveau, Arbeitsmarkt und Bevölkerungswachstum Annahmen treffen. Das Referenzszenario geht davon aus, dass der Anteil der Bevölkerungsgruppe ab dem 65. Lebensjahr kontinuierlich steigt. Der Altersquotient liegt im Jahr 2015 bei 29,1 % und wird im Jahr 2030 bereits bei 39,6 % und im Jahr 2045 bei 48,1 % liegen. Die Erwerbsbevölkerung wächst von 4,82 Millionen im Jahr 2014 auf 5,33 Millionen im Jahr 2045 wobei das Bildungsniveau massiv ansteigt. Während im Jahr 2000 Personen mit einem Tertiärabschluss (Hochschulen und höhere Berufsausbildungen) ein Viertel der Bevölkerung ausmachten, waren es 2014 40 % und ab 2027 wird es die Mehrheit sein[43].

41 Statistisches Bundesamt 2015; Bundesamt für Statistik, 2015.

42 Vgl. Statistisches Bundesamt, 2015.

43 Vgl. Bundesamt für Statistik, 2015.

BEISPIEL: Initiative: Die schweizer Fachkräfteinitiative[44]

Nicht nur die deutsche Bundesregierung, auch die schweizer Politik rüstet sich für den demografischen Wandel. Die Fachkräfteinitiative hatte zum Ziel, das inländische Fachkräftepotenzial auszuschöpfen. Dazu hat der Bundesrat fünf Handlungsfelder beschlossen.

- Die Höherqualifizierung soll vorangetrieben werden, v. a., jedoch nicht ausschließlich in den MINT-Fächern und den Gesundheitsberufen. Durch ein Matching-Projekt sollen Angebot und Nachfrage auf dem Lehrstellenmarkt besser aufeinander abgestimmt werden, um dadurch die Zahl der unbesetzten Lehrstellen zu senken. Die Vereinbarkeit von Studium, Berufsausbildung und Militärdienst soll verbessert werden.
- Das zweite Handlungsfeld hat zum Ziel, die Arbeit älterer Menschen besser zu gestalten und Rahmenbedingungen für eine Erwerbstätigkeit über die Pensionierung hinaus zu prüfen.
- Drittens sollen Beruf und Familie besser miteinander vereinbar sein, einerseits durch steuerliche Änderungen, andererseits durch den Ausbau von Kinderbetreuungsangeboten.
- Innovationen sollen gefördert werden. Im Gesundheitssektor sollen Effizienz- und Qualitätssteigerungen dazu beitragen ansteigende Gesundheitskosten zu bremsen. Durch technische Innovationen soll die Produktivität älterer Arbeitnehmer gesteigert werden.
- Das letzte Handlungsfeld umfasst die Koordination und Grundlagenarbeiten wie Monitoring und Projektfinanzierung, zu denen der Bundesrat konkrete Schritte beschlossen hat.

BEISPIEL: Initiative: Plattform Arbeitsmarkt 45plus – schweizerischer Arbeitgeberverband

Parallel zu den Initiativen der Regierung reagieren auch die schweizer Arbeitgeber: Die Schweiz hat einen hohen Fachkräftebedarf und geht von einem weiterhin hohen Bedarf für die Zukunft aus. Aufgrund der demografischen Entwicklung und einem durch Volksabstimmung erwünschten künftigen Rückgang der Migration wird von einem Defizit an qualifizierten Arbeitskräften ausgegangen. Ein strategisches Ziel des schweizer Arbeitgeberverbandes ist es, dem drohenden Fachkräftemangel durch die gezielte Nutzung des inländischen Arbeitskräftepotenzials zu begegnen. Ein Schwerpunkt wurde auf die Beschäftigung und Integration älterer Arbeitnehmer gelegt. Im Jahr 2014

[44] Kommunikationsdienst des Eidgenössischen Departements für Wirtschaft, Bildung und Forschung WBF, 2015.

wurde die Initiative Arbeitsmarkt 45plus gegründet, die 2015 in das Programm Arbeitsmarkt Schweiz integriert wurde.
Ziel der Initiative ist es, Unternehmen, Angehörige von Verbänden, Arbeitsmarkt-, Sozialversicherungs- und Bildungsbehörden zusammenzubringen und den aktiven Austausch zur Problematik der über 45-Jährigen (45plus) zu pflegen. Dieses informelle und praxisbezogene Austauschforum erarbeitet unter dem Patronat des schweizerischen Arbeitgeberverbandes Positionen zu wichtigen Themen. Arbeitgeber werden durch konkrete Umsetzungsvorschläge für die Beschäftigung älterer Arbeitnehmer unterstützt und Best-Practice-Beispiele vermittelt. Es geht um die Bearbeitung aktueller Fragestellungen und die Erarbeitung konkreter Umsetzungsinitiativen für Arbeitgeber[45].

Für ein konstantes Wirtschaftswachstum und die Aufrechterhaltung des heutigen Wohlstandes wird angenommen, dass künftig Arbeitskräfte im heutigen Umfang benötigt werden und dass ein „massiver Gruppenwechsel" von der jungen zu der „alten Erwerbstätigengeneration stattfindet"[46]. Es treten weniger jüngere Erwerbspersonen in den Arbeitsmarkt ein, als ältere Arbeitnehmer im Arbeitsmarkt bleiben (oder bleiben sollen). Um dem Arbeitsmarkt genügend Arbeitskräfte zur Verfügung zu stellen, müssen andere Personengruppen (z.B. Frauen oder ältere Mitarbeitende) motiviert werden, sich im Berufsleben zu engagieren. Ältere Mitarbeitenden erhalten mit ihrem mengenmäßigen Anstieg in den nächsten 10–15 Jahren eine Art Schlüsselrolle auf dem Arbeitsmarkt. Die Anzahl der Mitarbeitenden 55plus müsste sich in den Unternehmen aufgrund des demografischen Wandels „mehr als verdoppeln, um auch künftig ein ausreichendes Maß gesellschaftlichen Wohlstands garantieren zu können[47]. Die Entwicklung im Zeitablauf zeigt, dass ohne ein entsprechendes Umdenken hinsichtlich der Wertschätzung älterer Arbeitnehmer binnen der nächsten zehn Jahre die gesamtwirtschaftliche Entwicklung in Deutschland (der Schweiz und anderen Industrienationen) nachhaltig gefährdet wird. Mit Blick auf die älteren Mitarbeitenden wird es notwendig sein, flexibler zu werden, was den Zeitpunkt des Berufsausstiegs betrifft. So werden nicht nur Frühpensionierungen abnehmen, sondern auch die freiwillige Fortsetzung des Arbeitsverhältnisses über die Pensionierungsgrenze sollte eine Möglichkeit des flexiblen Übergangs in den Ruhestand darstellen.

Nicht nur das Durchschnittsalter wird in den Unternehmen ansteigen, sondern ebenso die Altersheterogenität[48]. Mit der Altersheterogenität steigt der Anspruch an die Führung von Vielfalt, an die Integration junger Generationen ins Berufsleben.

45 Schweizerischer Arbeitgeberverband, 2013.

46 Vgl. Ehrentraut & Fetzer, 2007, S. 32.

47 Vgl. ebenda.

48 Vgl. Dychtwald, Erickson & Morison, 2004; Tempest, Barnatt & Coupland, 2002.

Der *war for talents* um die immer knapper werdenden, jungen Nachwuchsmitarbeiter wird ansteigen und die Frage der Arbeitgeberattraktivität *employer of choice* für bestimmte Personengruppen nimmt zu. Durch Führung kann dieser Aspekt aktiv beeinflusst werden, Führungskräfte benötigen jedoch ein Bewusstsein dafür, dass Vielfalt oder Heterogenität Chancen und Herausforderungen bieten. Nach einer erfolgreichen Gewinnung jüngerer Mitarbeitender geht es um deren Integration und Sozialisation in das Unternehmen. Dieser Prozess muss aktiv vorangetrieben werden.

BEISPIEL: Praxisbeispiel: Alternsgerechtes Management

Der Winterdienstleister **Dornseif** aus Münster (D) hat das Projekt Dreamwork ins Leben gerufen, um Maßnahmen wie eine angenehme Arbeitsatmosphäre, Chancengleichheit, Wertschätzung und Vereinbarungsmöglichkeiten von Familie und Beruf zu koordinieren. Im Fokus stehen Gesundheits- und Arbeitsschutz, Personalentwicklung, altersgerechtes Management, Diversity sowie ein Work-Life-Angebot.

So erhalten z.B. Angehörige pflegebedürftiger Menschen durch eine Kooperation mit Spezialisten eine Anlaufstelle für Beratung und Unterstützung. Das Unternehmen setzt auf flexible Arbeitszeiten und bietet Homeoffice-Lösungen an. Wenn sich die private Situation ändert (z.B. der Todesfall eines Angehörigen) bietet das Unternehmen sogenannte Schnupperteilzeit an, bei der die Beschäftigten so lange in Teilzeit arbeiten, wie sie benötigen, um später wieder in Vollzeit weiterzuarbeiten.

Die Mitarbeiter können ein Lebenslagen-Coaching in Anspruch nehmen, um sich ihrer Situation bewusst zu werden und Unterstützung zu erhalten. Die Relevanz dieser Themen für das Unternehmen stellte dieses mit der Unterzeichnung der Charta der Vielfalt im Frühjahr 2011 klar.

BEISPIEL: Praxisbeispiel: Charta der Vielfalt

„Die Charta der Vielfalt ist eine Unternehmensinitiative zur Förderung von Vielfalt in Unternehmen und Institutionen. Bundeskanzlerin Dr. Angela Merkel ist Schirmherrin. Die Beauftragte der Bundesregierung für Migration, Flüchtlinge und Integration, Aydan Özoğuz, unterstützt die Initiative. Die Initiative will die Anerkennung, Wertschätzung und Einbeziehung von Vielfalt in der Unternehmenskultur in Deutschland voranbringen. Organisationen sollen ein Arbeitsumfeld schaffen, das frei von Vorurteilen ist. Alle Mitarbeiterinnen und Mitarbeiter sollen Wertschätzung erfahren — unabhängig von Geschlecht, Nationalität, ethnischer Herkunft, Religion oder Weltanschauung, Behinderung, Alter, sexueller Orientierung und Identität.“[49]

[49] Charta der Vielfalt e. V. , 2011.

3.3 Erwerbsbeteiligung der Generationen

Die Erwerbsbeteiligung wird von unterschiedlichen Faktoren beeinflusst. Grundsätzlich kann über den Aufbau der Bevölkerung abgeschätzt werden, wie viele Personen im erwerbsfähigen Alter potenziell dem Arbeitsmarkt zur Verfügung stehen[50].

Je nach ökonomischen und politischen Rahmenbedingungen erhöht oder verringert sich der Anteil an Personen, die im entsprechenden Alter (in der Regel zwischen 15–65 Jahren) dem Arbeitsmarkt zur Verfügung stehen. Politische Rahmenbedingungen waren in der Vergangenheit z. B. die teilweise staatlich oder durch die Sozialversicherungen mitfinanzierte Möglichkeit zur Frühpensionierung[51] oder staatlich geförderte Elternzeit.

Gesellschaftliche Werte und Lebensmodelle beeinflussen ebenfalls die Erwerbsneigung, wie etwa die Unterbrechung des Arbeitslebens oder die Reduktion des Beschäftigungsgrades wegen Kinderbetreuungszeiten oder der Pflege älterer Angehöriger.

Die Situation am Arbeitsmarkt wird u. a. durch die persönlichen Perspektiven und Lebensmodelle beeinflusst. So steht bei ungünstiger Arbeitsmarktlage oftmals eine kleinere Anzahl potenzieller Erwerbspersonen dem Arbeitsmarkt zur Verfügung, weil diese sich aus dem Arbeitsmarkt zurückziehen. Diese Personen machen z. B. eine Aus- oder Weiterbildung, nehmen Elternzeit oder scheiden früher aus dem Erwerbsleben aus.

Generationen zusammen führen findet im Kontext dieser demografischen Entwicklung statt. Im Folgenden wird in den verschiedenen Alterskategorien der Anteil der Personen betrachtet, der aktuell erwerbstätig ist. Der Vergleich verschiedener europäischer Länder verdeutlicht, wie stark diese Erwerbsquote pro Altersgruppe auch von den arbeitsmarktlichen Gegebenheiten abhängt.

! **WICHTIG**

Dem Arbeitsmarkt steht eine bestimmte Anzahl an potenziellen Arbeitskräften zur Verfügung, diese ergeben sich aus dem Erwerbspersonenpotenzial. Wie viele Menschen davon tatsächlich einer Beschäftigung nachgehen, hängt von ökonomischen, rechtlichen und persönlichen Faktoren ab.

50 Leichte Variationen ergeben sich pro Land, da die Länge der Schulpflicht und das offizielle Pensionierungsalter variieren.

51 Diese wird faktisch derzeit auch in Ländern, in denen das weit verbreitet war, zurückgenommen oder abgeschafft.

3.3.1 Die jüngste Generation im Arbeitsleben (junge Millennials)

Beim Thema Generationen zusammen führen wird oft plakativ davon ausgegangen, dass die Millennials, da zahlenmäßig wesentlich weniger als andere Altersgruppen, sehr begehrt und gefragt sind in den Unternehmen und ein *war for talents* stattfindet oder stattfinden wird. Der Blick auf die Eurostat-Statistiken (2014) zeigt, dass sie faktisch nur zu einem kleinen Teil im Arbeitsleben stehen und dass die jungen Erwachsenen eher Mühe mit dem Eintritt ins Berufsleben haben. Sie erhalten somit völlig widersprüchliche Botschaften: einerseits heißt es: „Ihr seid begehrt" und: „Die Welt braucht euch und wartet auf euch.", statistisch gesehen haben sie es jedoch schwer, den Berufseinstieg tatsächlich erfolgreich zu bewältigen.

Bei der statistischen Erfassung der Erwerbstätigen werden alle Personen ab 15 Jahren erfasst, die in der Berichtswoche mindestens eine Stunde lang gegen Entgelt gearbeitet haben oder einen Arbeitsplatz hatten. Besonders niedrig ist die Erwerbsbeteiligung in den südeuropäischen Ländern, dort ist der Arbeitsmarkt sehr angespannt und es herrscht eine hohe Jugendarbeitslosigkeit. Aber auch in Deutschland und der Schweiz liegt die Erwerbsbeteiligung der unter 25-Jährigen aktuell in Deutschland bei ca. 45 % (Männer: 48,7 %, Frauen: 44 %) und in der Schweiz bei knapp 60 % (Männer: 63,5 % und Frauen: 58,2 %). Dieser Unterschied ist auf den höheren Stellenwert der beruflichen Lehre in der Schweiz zurückzuführen, während in Deutschland in den letzten Jahren eine stärkere Verlagerung von der dualen Ausbildung hin zum Studium zu beobachten ist.

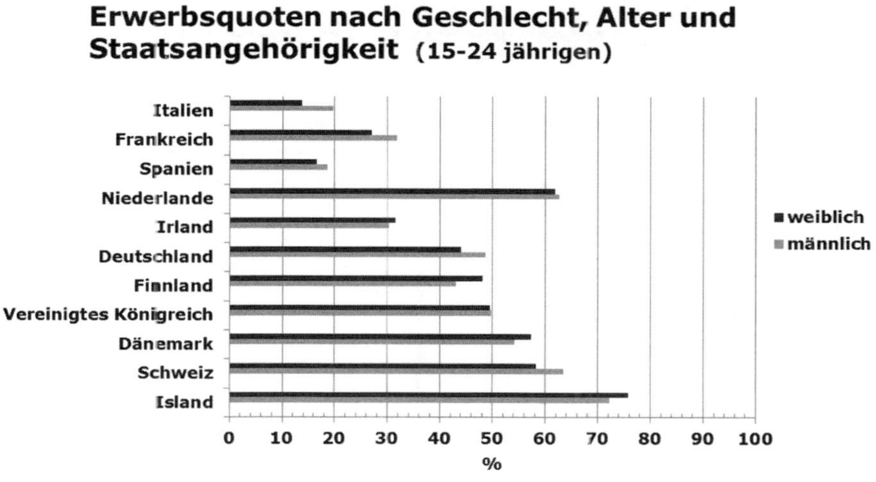

Abbildung 3.5: Anteil der 15–24 jährigen Erwerbspersonen in den Industrienationen (eigene Darstellung; Daten Eurostat 2014)

3.3.2 Die mittlere Generation im Arbeitsleben (Generation X inklusive ältere Millennials)

Die höchste Erwerbsbeteiligung weist die Altersgruppe der 25- bis 49-Jährigen auf. Auch hier sind über die Länder hinweg betrachtet arbeitsmarktliche Einflüsse zu beobachten. In dieser Lebensphase ist das Thema Vereinbarkeit von Beruf und Familie am stärksten relevant und die Unterschiede bei der Erwerbsbeteiligung zwischen Männern und Frauen gehen zu großen Anteilen auf die klassischen Geschlechterrollen zurück. Frauen unterbrechen ihre Erwerbstätigkeit häufiger zugunsten von Familienzeit oder reduzieren ihre Arbeitszeit. Diese klassischen Familien- und Geschlechterollen sind einem starken Umbruch unterworfen und nicht mehr so stark verbreitet wie in früheren Generationen. In Deutschland und der Schweiz sind rund 80 % der Frauen (78,7 % in Deutschland 81,6 % in der Schweiz) und 90 % der Männer (88,7 % in Deutschland 92,1 % in der Schweiz) in der mittleren Lebensphase berufstätig. Bei einer Unterscheidung nach Vollzeit- und Teilzeit-Tätigkeit ist der Anteil der erwerbstätigen Frauen in Vollzeit in dieser Lebensphase wesentlich geringer.

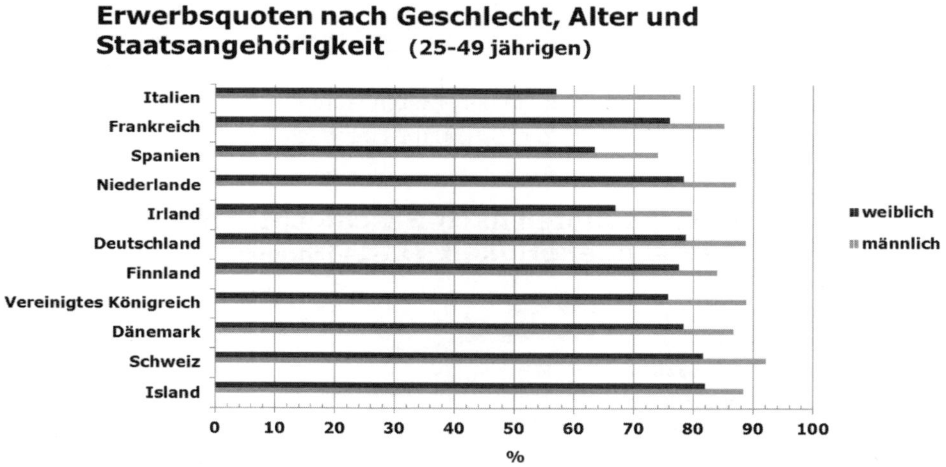

Abbildung 3.6: Anteil der 25- bis 49-jährigen Erwerbspersonen in den Industrienationen (eigene Darstellung; Daten Eurostat 2014)

3.3.3 Die ältere Generation im Arbeitsleben (Babyboomer)

Die demografische Entwicklung oder das Phänomen des kollektiven Alterns, wie wir das am zwiebelförmigen Aufbau der Bevölkerung sehen können, wirkt sich auch auf die Anzahl älterer Arbeitnehmerinnen und Arbeitnehmer aus. In Europa wird derzeit nahezu überall das Pensionsalter erhöht oder darüber diskutiert. Die Zeit der (arbeitsmarktpolitisch motivierten) Frühpensionierungen ist vorbei. Gleichwohl scheiden ca. zehn Jahre vor dem offiziellen Pensionierungsalter in Deutschland und in der Schweiz ungefähr ein Drittel der Mitarbeitenden vorzeitig aus dem Arbeitsleben aus.

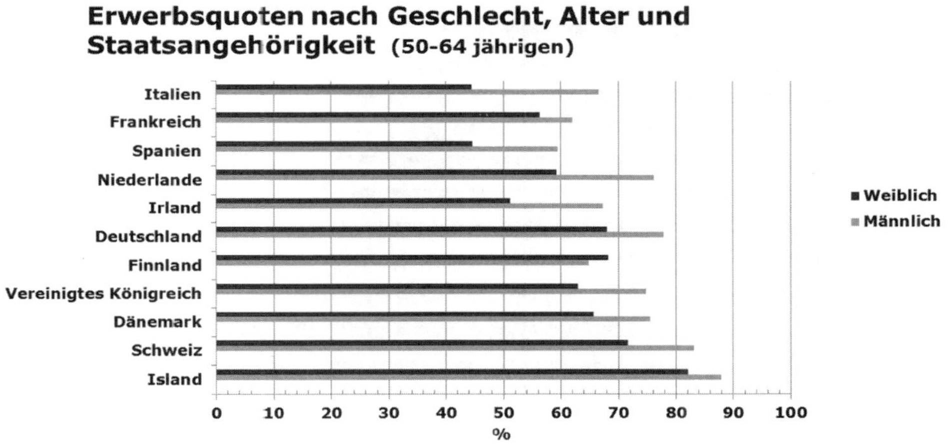

Abbildung 3.7: Anteil der 50- bis 64-jährigen Erwerbspersonen in den Industrienationen (eigene Darstellung; Eurostat 2014)

Das frühzeitige Ausscheiden hängt von arbeitsmarktlichen Gegebenheiten, der Situation im Unternehmen/am Arbeitsplatz sowie von der persönlichen Situation ab. Die Erhöhung der Lebenserwartung und das *down-aging* (die heute 65-Jährigen wirken jünger und sind oftmals gesünder als die 65-Jährigen früherer Generationen) führte auf politischer und gesellschaftlicher Ebene zu einer Diskussion um die Entlastung der Rentenversicherungen durch die Erhöhung der Pensionierungsgrenze und dem Verzicht auf die Förderung von Frühpensionierungen.

Aufgrund der demografischen Entwicklung haben viele Länder angefangen, die Erwerbsquote der 55- bis 64-Jährigen zu erhöhen. In Folge der Erhöhung der Pensionierungsgrenze erhöht sich auch das Alter des vorzeitigen Ausscheidens aus dem Erwerbsleben. Eine Erhöhung des Anteils an 55- bis 64-Jährigen im Arbeitsleben kann auch erreicht werden, wenn finanziell abgesicherte Vorruhestandsfinanzierungen abgeschafft werden und/oder die Bereitschaft zur Beschäftigung älterer Mitarbeiterinnen und Mitarbeiter zunimmt. Abbildung 3.8 zeigt anhand der Erwerbsbeteiligung in den letzten zehn Jahren vor Erreichen der Pensionierungsgrenze, wie sich in nahezu allen Industrienationen in nur fünf Jahren (2009–2013) der Anteil der älteren Mitarbeitenden im Erwerbsleben stark erhöht hat. Ausnahme bilden die Länder mit sehr hohen Arbeitslosenquoten

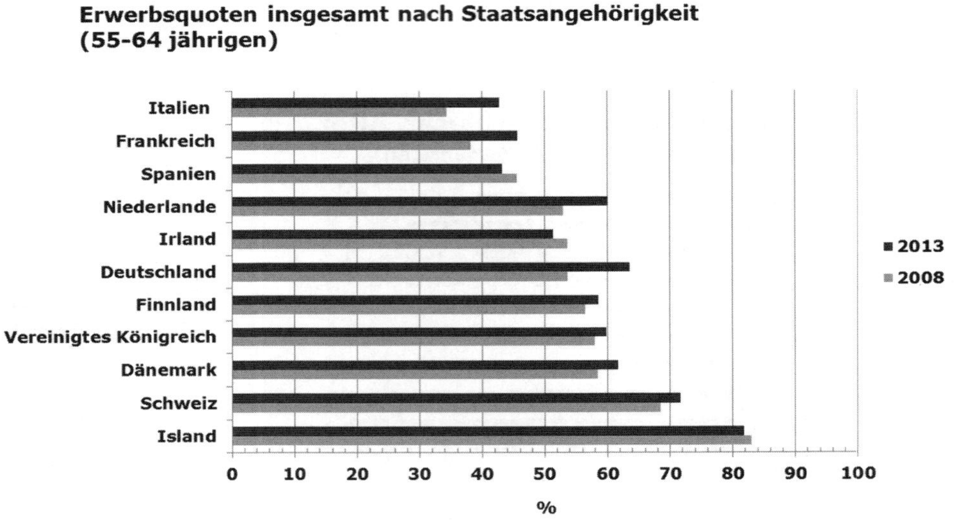

Abbildung 3.8: Anteil der 55- bis 64-jährigen Erwerbspersonen in den Industrienationen (eigene Darstellung; Angaben: Eurostat 2008/2013).

BEISPIEL: Initiative: Die Demografiestrategie der Bundesregierung[52]

Um der demografischen Entwicklung aktiv zu begegnen, hat die deutsche Bundesregierung Vorbereitungen, Konzepte und Maßnahmen entwickelt und diese 2012 in der sogenannten Demografiestrategie zusammengefasst. Die Konzepte beziehen sich auf sechs Bereiche (A–F) und bilden die Grundlage für ein demografiegerechtes Handeln:

- **Bereich A** befasst sich mit der Stärkung der Familien. Die Vereinbarkeit von Familie und Beruf soll erhöht werden und die Arbeitswelt familienfreundlicher werden. Auch das Studium soll eine erhöhte Familienorientierung erhalten. Außerdem werden der Ausbau der Kinderbetreuung vorangetrieben und ungewollt kinderlose Paare besser unterstützt.

[52] Angelehnt an Mitteilungen des Presse- und Informationsamtes der Bundesregierung, 2015.

- **Bereich B** erfasst Maßnahmen für die Arbeitsplatzgestaltung, um möglichst motiviert, qualifiziert und gesund arbeiten zu können. Riskante Arbeitsbedingungen sollen vermieden werden, altersgerechte Arbeitsplätze gefördert werden. Zudem soll die lebenslange Weiterbildung ausgeweitet werden. Die Rahmenbedingungen für ein längeres Arbeiten sollen geschaffen werden und die Bevölkerung für eine Kultur des längeren Arbeitens sensibilisiert werden. Ferner soll die Vereinbarkeit von Berufstätigkeit, Kindererziehung und Pflege leichter werden.
- Damit das Leben auch im Alter selbstbestimmt bleibt, befasst sich **Bereich C** mit Konzepten, um ein Leitbild der sorgenden Gemeinschaft zu etablieren. Gesellschaftliche Teilhabe soll allen Generationen ermöglicht werden. Die Pflegeberufe sollen weiterentwickelt werden und es soll eine Nationale Allianz für Menschen mit Demenz entstehen.
- Da von der demografischen Entwicklung die Regionen Deutschlands unterschiedlich stark betroffen sind, befasst sich **Bereich D** mit Maßnahmen in Regionen. So sollen Regionen mit besonderen Herausforderungen speziell unterstützt werden. Ein Leben in ländlichen Räumen soll attraktiv bleiben, was durch gesicherte Mobilität und Kommunikation unterstützt werden soll (Breitbandausbau). Auch die Städte sollen lebenswert und integrativ gestaltet werden.
- Um Wachstum und Wohlstand zu sichern, lauten die Maßnahmen des **Bereichs E**: Die Fachkräftebasis soll gesichert werden, auch durch Zuwanderung gut qualifizierter ausländischer Fachkräfte (Willkommenskultur). Der Mittelstand soll unterstützt werden und das Forschungs- und Innovationssystem gestärkt werden (Hightech-Strategie 2020).
- Um trotz geänderter gesellschaftlicher Aufstellung ein handlungsfähiger Staat zu bleiben, ist das Ziel des **Bereichs F**, solide Staatsfinanzen zu gewährleisten. Dazu soll die öffentliche Verwaltung des Bundes modernisiert werden, um langfristig leistungsfähig zu bleiben.

Was sind die Gründe für ein vorzeitiges Ausscheiden aus dem Arbeitsmarkt? In der Schweiz nehmen gesundheitsbedingte Austritte aus dem Erwerbsleben ab dem 50. Lebensjahr zu. Ab dem 60. Lebensjahr kommen zunehmend persönliche und familiäre Gründe dazu[53]. Knapp ein Drittel der Frühpensionierten verliert den Job aufgrund von Umstrukturierungen der Organisation. Es ist ein offenes Geheimnis, dass die Jobsuche (50plus) weit anspruchsvoller ist, als in jüngeren Lebensjahren. Aber auch in Deutschland liegen die Hauptgründe für das Austreten aus dem Berufsleben für die 55- bis 64-Jährigen im Bereich Gesundheit, gefolgt von Altersruhestand und Vorruhestand sowie persönlichen Gründen und Entlassung[54].

53 Vgl. Egger, Moser & Thom, 2007.

54 Morschhäuser 2006, basierend auf Microzensus-Daten 2005.

BEISPIEL: Initiative Arbeit 50Plus[55]

Für den besseren Erhalt der Arbeitsfähigkeit der älteren Generation bis ins Pensionierungsalter hat die deutsche Bundesregierung schon vor Längerem die Initiative Arbeit 50Plus aktiviert. Diese Initiative umfasst drei große Felder und sieht sich in Ergänzung zur unternehmerischen Herangehensweise als gesellschaftspolitischen Ansatz.
Die drei Felder bezeichnen die drei gesamtgesellschaftlichen Lebenslagen Erwerb im Alter, Übergang in die Pensionierung und Nacherwerbsphase. In allen drei Phasen bietet die Initiative Beratungsangebote durch zertifizierte Berater an.
In der ersten Phase sieht die Initiative ein lebensphasenorientiertes Personalmanagement vor, das die Unternehmen selbst gestalten müssen. In der Übergangsphase soll das Know-how der Mitarbeiter/-innen möglichst genutzt werden können, damit kein Wissen beim Austritt des Arbeitnehmenden der Organisation verloren geht. Die Nacherwerbsphase beabsichtigt Aktionen zur Prävention von Altersarmut sowie eine Stärkung des ehrenamtlichen Engagements älterer Menschen.

3.4 Zukunft der Arbeitswelt und ihr Einfluss auf das gemeinsame Führen von Generationen

Megatrends sind großflächige Veränderungen in den kommenden Jahrzehnten mit globalem Charakter und Einfluss auf alle Lebensbereiche. Sie betreffen Entwicklungen im sozialen, ökonomischen, politischen und technologischen Bereich. Megatrends haben Einfluss auf nahezu alle Lebensbereiche und dauern über eine längere Zeitperiode an (Kotler, Keller & Bliemel, 2007). Bei Megatrends wird von einer Entwicklung ausgegangen, die über 30–50 Jahre anhält (Beispiel: Globalisierung)[56].

Gürtler (2013) hat die drei Megatrends Individualisierung, Flexibilisierung und demografische Entwicklung (im Kontext der westlich geprägten Industrienationen) beschrieben und Auswirkungen für die zukünftigen Führungsanforderungen abgeleitet. Eberhardt und Majkovic (2015) haben zwei weitere Trends ergänzt (soziale Verantwortung und Nachhaltigkeit und rasche ökonomische und soziale Veränderung) und in Expertengesprächen mit Top-Führungspersonen und Führungsexperten in Forschung und Beratung die künftigen Auswirkungen für die Führung erfragt. Im Folgenden werden drei Trends und Impulse zu den künftigen Führungs-

[55] Bundesverband Initiative 50Plus e. V. ,2006.

[56] Horx, Huber, Steinle & Wenzel, 2009.

herausforderungen mit dem Fokus auf generationengerechte Führung dargelegt und um Zitate ausgewählter Interviewpartner ergänzt.

Individualisierung

In den Industrienationen nehmen Werthaltungen zu, die sich an den persönlichen Wünschen und Zielen, an Eigenverantwortung und Selbstbestimmung orientieren. Gleichzeitig werden Unternehmen individueller, die klassischen Organisationsstrukturen werden durch neue und unterschiedliche Formen der Zusammenarbeit ergänzt und ersetzt. Je nach Aufgabe oder Projekt ist die Person mal Mitarbeiterin oder Mitarbeiter oder findet sich in einer Leitungsaufgabe wieder. Unternehmen werden sich wie eh und je oder mit Blick auf die demografische Entwicklung mehr denn je der Herausforderung stellen müssen, Menschen für das Unternehmen zu gewinnen, die vielfältige Potenziale haben und einbringen und sich für auch längerfristig ans Unternehmen binden lassen. Klassische Hierarchien werden zunehmend abgelehnt und netzwerkartige Organisationsformen ergänzen die klassischen Organisationsstrukturen.

In der Führung wird es darum gehen, diese neuen, flexibleren Organisationsformen (z.B. mehr Matrixorganisation, mehr ergänzende Projektorganisation) zu gestalten und die stärker zunehmenden individuellen Vorstellungen zu verstehen und zu integrieren, ohne dabei die Anforderungen der Organisation aus dem Blick zu verlieren. Gerade den jüngeren Generationen wie den Millennials wird ein wesentlich stärkerer Individualismus zugeschrieben, als den älteren Generationen. Generationen zusammen führen wird bedeuten, Mitarbeitende in neue und ungewohnten Arbeitsformen einzusetzen (Fokus Babyboomer) und individualistische Positionen einzufangen (Fokus Millennials). Hilfreich sind hierfür der Aufbau von Vertrauen, der Einsatz von Coaching- und Mentoring-Fähigkeiten, die Fähigkeit, sich in Netzwerken und flexiblen Arbeitsformen zu bewegen und auf die verschiedenen Stärken der Generationen zu setzen. Carole Robin, die Verantwortliche der Führungsweiterbildungsprogramme in Stanford sagt: *„Leadership is going to become more and more about being good at influencing others.“*[57]

Flexibilisierung

Flexible Formen der Arbeitsorganisation und soziale Netzwerke wie LinkedIn, Xing oder Facebook beeinflussen Beziehungen innerhalb und außerhalb der Organisation und lösen die Grenze des Unternehmens auf. Mitarbeitende sind vielfältig vernetzt und informiert, die Führung muss vermehrt Orientierung statt Informationen

57 Robin in: Eberhardt & Majkovic, S. 57.

liefern. Diese großen Netzwerke führen zu einem Erleben von weniger Verlässlichkeit in Beziehungen, zu instabileren Formen der Zusammenarbeit. Gleichzeitig werden durch die digitale Vernetzung und größere verfügbare Datenmengen zunehmend datenbasierte Führungsentscheidungen vorausgesetzt. Und doch ist der Mensch — auch als Führungsperson — im Umgang mit Mehrdeutigkeit, Menge und Komplexität mit Grenzen konfrontiert, er ist hingegen erfolgreich bei Bauchentscheidungen und vertraut oftmals seiner Intuition.

Genau hier gibt es große Unterschiede zwischen den Generationen. Millennials sind *digital natives*, sie wachsen mit Social Media auf und sind höchstwahrscheinlich vielfältig vernetzt und informiert. Babyboomer und Generation-X-Mitarbeitende haben diese Fähigkeiten erst nach und nach erworben, für sie sind andere Medien selbstverständlicher. Diese unterschiedlichen Präferenzen und Kompetenzen bedeuten für die Führung, in virtuellen Umgebungen und mit vielfältig vernetzten und informierten Mitarbeitenden zusammen zu arbeiten. Es bedeutet auch, dass es Mitarbeitende geben wird, die wesentlich weniger selbstverständlich und routiniert mit Neuen Medien umgehen und in der Folge andere Erwartungen an die Art der Information, Kommunikation und Zusammenarbeit haben. Wir befinden uns in einer Umbruchphase. Um Generationen zusammen zu führen, braucht es Übersetzungsleistung und Achtsamkeit, um über verschiedene Medien und Arbeitsformen unterschiedliche Generationen zu erreichen. Die technologischen Entwicklungen ermöglichen schnelleren, asynchronen und direkten Kontakt, die Führungsbeziehung muss neu definiert werden. Virtuelle Beziehungen benötigen eine Ergänzung im direkten und persönlichen Kontakt, um die Vielfalt der menschlichen Interaktion und Kommunikation zu erfassen. Datenmanagement und statistisches Wissen nimmt an Bedeutung genauso zu, wie die klare Kommunikation von Zielen und Erwartungen im virtuellen komplexen Umfeld. Jeffrey Pfeffer, Professor an der Stanford University bringt die Führungsherausforderung folgendermaßen auf den Punkt: „*I think there is an issue of focus with all of these new communication technologies. Everybody checking their Facebook page every minute or their e-mail has made focus much more difficult. So it's become a difference in degree rather than kind, but the leaders still need to keep people focused on what they need to be doing, and the people need to keep themselves focused of what they need to be doing.*"[58]

Demografische Entwicklung

Der demografische Wandel führt zu mehr Generationenvielfalt in den Unternehmen, zu einem höheren Anteil älterer Arbeitnehmer, einem *war for talents* um die

[58] Pfeffer, in: ebenda, S. 68.

Millennials und zu einer Auseinandersetzung mit generationsspezifischen Bedürfnissen, Kompetenzen, Arbeitsformen und Werthaltungen. Generationen zusammen führen bedeutet, den Besonderheiten der jeweiligen Altersgruppen gerecht zu werden und gleichzeitig die Zusammenarbeit über die Generationen hinweg zu stärken. Demografische Entwicklung bedeutet auch eine Zunahme von Frauen in Fach- und Führungspositionen, auch im Top Management, und damit einen veränderten Umgang mit Rollenbildern und geschlechtsspezifischer Kommunikation.

Führung von Vielfalt bedeutet, die Besonderheiten und Stärken der jeweiligen Altersgruppe und Generationen bestmöglich einzusetzen, den Wissenstransfer der unterschiedlichen Kompetenzen wie den Umgang mit digitalen Medien oder langjähriges Erfahrungswissen zu fördern und eine generationenübergreifende Zusammenarbeit sicher zu stellen. Ebenso gehört es zu den vielfältigen Führungsaufgaben, das Thema Gesundheit zu fördern und Lebenslanges Lernen sicherzustellen. Geschlechtsspezifische Muster in der Führung und Zusammenarbeit, Beförderungspraxis von Männern und Frauen prüfen, Vereinbarkeit von Beruf und Familie fördern, die Förderung weiblicher Rollenmodelle und die Vernetzung von Frauen durch Mentoring und Netzwerkanlässe sind ebenfalls Facetten der Führung von Vielfalt. Ravi, Venture Capitalist aus Palo Alto empfiehlt: *„If you are not taking the best elements and best resources that are available you are hurting your own ability to run a great organization. You're limiting yourself.“*[59]

Weitere Megatrends wie Globalisierung oder soziale Verantwortung fokussieren die immer stärkeren Auswirkungen einer globalisierten Wirtschaftswelt und den wachsenden Anspruch an die interkulturelle Führung und Zusammenarbeit. Die soziale Verantwortung der Unternehmen wird — wie auch die ökologische Verantwortung — zunehmend eingefordert, auch über die Unternehmensgrenzen hinweg. Diese beinhaltet seitens der Gesellschaft v. a. auch den Anspruch an die Unternehmen und speziell an die Führungspersonen einerseits jungen Menschen den Berufseinstieg zu eröffnen (z.B. durch ein Lehrstellenangebot oder die Einstellung von Berufsanfänger) andererseits Babyboomern den Verbleib im Berufsleben bis zum Erreichen des Rentenalters zu ermöglichen (z.B. durch die Neueinstellung älterer Mitarbeitender). Führungspersonen werden gefordert sein, sich über die Wirkungen ihres Handelns bewusst zu werden und entsprechend verantwortungsvoll zu handeln. Da das Verhalten von Führungspersonen und Organisationen oftmals kurzfristigen Anforderungen entsprechen muss, ist ein Umdenken gefordert, das durch die Unternehmensspitze eingeleitet werden sollte: *„Top-down always is the only way you can begin a cultural change.“*[60]

59 Ravi, in: ebenda, S. 69.

60 Schein, in ebenda, S. 75.

! **WICHTIG**

Führung der Zukunft bedeutet, Menschen verschiedener Kulturen, Altersstufen, Geschlechter und Persönlichkeiten miteinander zu vernetzen, zusammen zu führen und zusammenzuführen!
Führung bedeutet, Zukunft zu gestalten. Dafür nutzen wir die Herangehensweisen, Erfahrungen und Modelle, die uns heute bekannt sind. Reicht das aus oder was kommt neu auf uns zu? Führung ist vielfältig, findet unter unterschiedlichsten Rahmenbedingungen statt und lebt u. a. von der Art und Weise, wie Führungskräfte diese Aufgabe als Person bewältigen und die Beziehungen zu den verschiedensten Menschen pflegen. In Wirtschaft und Gesellschaft finden derzeit große Umbrüche und Veränderungen statt, die massiven Einfluss auf die Arbeitsrealität in Organisationen nehmen und damit grundlegend die Anforderungen und Herausforderungen für Führungspersonen beeinflussen.

ARBEITSHILFE ONLINE

ARBEITSHILFE 4: Übung: Reflexionsfragen Megatrends

Diese Arbeitshilfe finden Sie zum Download unter Arbeitshilfen online.

Impuls

Megatrends beeinflussen unser gesellschaftliches, berufliches und privates Leben und haben Einfluss auf die Zukunft der Führung. Individuen möchten mehr in ihrer Eigenheit beachtet werden, Organisationsstrukturen verändern sich kontinuierlich, *big data* stehen zur Verfügung und unterschiedlichste Informationen sind jederzeit verfügbar. Kontakte sind flexibel und via Social Media vermittelt, wir werden gemeinsam älter, der Frauenanteil im Berufsleben erhöht sich, der Anspruch der Männer an Teilhabe am Familienleben nimmt zu. Die Globalisierung führt zu erhöhten Ansprüchen an interkulturelle Kommunikation und die Frage nach der Verantwortungsübernahme für die daraus entstehenden Folgen wird thematisiert.

Reflexionsfragen

- Welche Ansprüche sehe ich auf mich als Führungsperson zukommen, wenn ich über diese Megatrends (insgesamt) nachdenke?
- Welche Veränderungen erwarte ich für meine Führungsrolle und für meine Führungsaufgaben?
- Wenn ich über das Thema demografische Veränderung nachdenke (Alter und Gender), welche Führungsthemen kommen auf mich zu?
- Welche Fragestellungen beschäftigen mich?
- Was brauche ich persönlich / was stärkt mich, damit ich diesem künftigen Anspruch gerecht werden kann?

ARBEITSHILFE ONLINE

ARBEITSHILFE 5: Praxistransfer – Demografische Entwicklung und Zukunft der Führung

Diese Arbeitshilfe finden Sie zum Download unter Arbeitshilfen online.

Was bedeutet das für die Praxis?

Machen Sie sich über die folgenden Fragen Gedanken und überlegen Sie, welche Bedeutung die demografische Entwicklung in Ihrer Organisation hat:

- Wie sieht die Altersstruktur für Ihre Branche aus? Gibt es Prognosen der einschlägigen Verbände? Gibt es Hinweise für bestimmte Altersauffälligkeiten von Berufsgruppen (z.B. eine bevorstehende Pensionierungswelle ganzer Berufsstände oder ein massiver Nachfragerückgang bei den Lehrstellenangeboten etc.)
- Welche Demografie hat Ihr Unternehmen? Wie verteilen sich die Mitarbeitergruppen auf die Generationen Millennials, Generation X und Babyboomer?
- Welche weiteren Herausforderungen bringen die Megatrends für Ihren Führungsbereich und Ihr Unternehmen mit sich?

Zusammenfassung und Kernaussagen des Kapitels

Die **Entwicklung der Bevölkerung** wird in den nächsten 30–45 Jahren in Deutschland und der Schweiz zu einer massiven Veränderung der demografischen Zusammensetzung der Bevölkerung führen. Während Deutschland von einer Schrumpfung der Wohnbevölkerung ausgeht, prognostiziert die Schweiz ein Wachstum. Gemeinsam ist beiden Ländern die Zunahme des Anteils älterer Arbeitnehmerinnen und Arbeitnehmer und ein geringerer Anteil der jüngeren Generationen an der Wohnbevölkerung.

Die größte Bevölkerungsgruppe in Deutschland und der Schweiz sind Personen um die 50 Jahre. In den Unternehmen verändert sich die Zusammensetzung der Belegschaft zugunsten eines höheren Anteils älterer Mitarbeitender und weniger Mitarbeitende im mittleren Erwerbsalter. Der Anteil jüngerer Mitarbeiterinnen und Mitarbeiter bleibt weiterhin klein. Es besteht ein großes gesellschaftliches und unternehmerisches Interesse, ältere Mitarbeitende länger im Unternehmen zu halten; der Anteil Mitarbeitender, die in den letzten zehn Jahren vor dem Erreichen des Rentenalters noch im Unternehmen sind, wurde in den letzten fünf Jahren massiv gesteigert. Der Anspruch an Unternehmen zur Beschäftigung älterer Arbeitnehmer steigt.

Als Begründung für ein vorzeitiges Ausscheiden aus dem Unternehmen geben ältere Mitarbeitende oftmals gesundheitliche Gründe, private Lebensplanung oder Restrukturierungen an. Die mittlere Generation von Arbeitnehmerinnen und -nehmern (25–49 Jahre) weist von allen Generationen die höchste Beteiligung am Arbeitsleben auf, wobei die Babyboomer in den nächsten Jahren mengenmäßig nahezu den Anteil der Generation X erreichen werden. Wenn also der Anteil älterer Mitarbeiter wie prognostiziert steigt, wird sich die mächtigste und einflussreichste Gruppe im Unternehmen zu gleichen Teilen auf die beiden Generationen Generation X und Babyboomer verteilen. Die jungen Arbeitnehmerinnen und Arbeitnehmer (15–24 Jahre) weisen (im Vergleich zu den anderen Generationen) eine verhältnismäßig niedrige Beteiligungsquote am Arbeitsleben auf. Für diese Gruppe wird postuliert, dass um sie ein *war for talents* entsteht. Möglicherweise gibt es diesen allerdings nicht in dem Umfang, wie mit Blick auf die demografische Entwicklung häufig postuliert. Junge Arbeitnehmende werden mit anderem Know-how, v. a. bei den neuen Medien, und anderen Werthaltungen ins Arbeitsleben eintreten und die Führung muss sie mit den anderen Generationen verbinden, damit diese knappe Ressource nicht wieder abwandert.

Es gibt **Megatrends**, die das Führen von Generationen in Zukunft stark bestimmen werden, exemplarisch betrachten wir hier die Individualisierung, die Flexibilisierung und die demografische Entwicklung. Der Trend zur **Individualisierung** kennt zwei Facetten. Einerseits werden die Organisationsformen individueller: zur klassischen Aufbauorganisation kommt ergänzend eine Vielzahl an anderen Arbeitsformen in Projekten, zusammen mit Kunden oder der Konkurrenz u. v. m. Die Herausforderungen an die Zusammenarbeit in unterschiedlichen Rollen und Kooperationsformen dürfte von den jüngeren Generationen leichter bewältigt werden. Andererseits wird ein Wertewandel hin zu vermehrtem Einfordern von Eigeninteressen und individuellen Vorstellungen postuliert. Dieser Wertewandel wird stark mit der Generation Millennials verknüpft. Der Anspruch an das Zusammenführen verschiedener Generationen wird künftig also herausfordernder.

Beim Trend **Flexibilisierung** geht es um die Verfügbarkeit von Big Data und den Kompetenzen diese schnellstmöglich zu erfassen, zu strukturieren und konstruktiv für sich zu nutzen. Es geht aber auch um die immer stärkere Vernetzung in Sozialen Netzwerken wie LinkedIn, Xing oder Facebook. Damit wird der Anspruch an Information der Mitarbeiter (eine häufig vorkommende traditionelle Forderung gegenüber Vorgesetzten; Fokus Generation X und Babyboomer) ergänzt durch die Herausforderungen bei der Führung von gut informierten, mit vielfältigen Kontakten ausgestatteten Millennials. Der künftige Anspruch liegt hier vermehrt in der Vorgabe von Orientierung und Strukturierung als in der Information. Generationen zusammen führen bedeutet, beides zu berücksichtigen und parallel und aufeinander abgestimmt zu bedienen.

Der Trend **demografische Entwicklung** postuliert die Beachtung verschiedener Geschlechter, Generationen und Kulturen als eine der der zentralen Führungsherausforderungen der Zukunft.

4 Alter und Älter werden – was bedeutet das?[61]

Man ist so alt, wie man sich fühlt.

Sprichwort

Management Summary

Bei der Altersbezeichnung kann zwischen chronologischem, biologischem, funktionalem und subjektivem Alter unterschieden werden. Die Unterscheidung orientiert sich an verschiedenen Kriterien, z.B. an der Anzahl gelebter Jahre oder wie jemand im Umfeld zurecht kommt im Vergleich zu anderen im selben Lebensalter oder am Zustand verschiedener körperlicher und geistiger Funktionen im Vergleich zum Lebensalter. Das subjektive Alter bezieht sich darauf, wie alt man sich fühlt und kann die Einstellung zur Arbeit besser vorhersagen als das chronologische Alter (Anzahl gelebter Lebensjahre), da es direkt vom Selbst-Konzept der individuellen Person abhängt.

In der Arbeitswelt kommen drei große, altersbezogene Entwicklungsphasen vor: junges, mittleres und spätes Erwachsenenalter. Diese Phasen sind mit zentralen Entwicklungsthemen im privaten Umfeld und am Arbeitsplatz verbunden. Die kognitive Entwicklung über die Lebensspanne im Erwachsenenalter zeigt auf, dass es arbeitsplatzrelevante Fähigkeiten gibt, die im Alterungsprozess zunehmen, gleichbleiben oder abnehmen. Auch die körperliche Entwicklung und die Entwicklung des Gesundheitszustands zeigt altersspezifische Besonderheiten.

Im Bezug auf das Thema Alter bestehen viele Stereotype und Vorurteile, die handlungsleitend werden können gegenüber bestimmten Altersgruppen. Es gilt, die eigene Wahrnehmung am Bild der Wirklichkeit kritisch zu betrachten.

61 Dieses Kapitel ist in Co-Autorenschaft mit Tamara Garcia entstanden.

4.1 Modellvorstellungen vom Altern – Chronologisches, funktionales, biologisches und subjektives Alter

Alter und Altern wird unterschiedlich beschrieben und Alternsvorgänge können biologisch, psychologisch oder auch philosophisch betrachtet werden. Die Berücksichtigung von Alter in der Mitarbeiterführung beachtet das Alter der Mitarbeitenden ebenso wie die Zuordnung zu einer Generation, der diese Person angehört[62].

Alternsvorgänge verändern den Mensch in seiner körperlichen Leistungsfähigkeit, die Fähigkeiten und Kompetenzen verändern sich und auch die Motivation unterliegt bestimmten Alterungsprozessen. Beeinflusst werden diese Entwicklungen von diversen Faktoren, dabei spielen die gesundheitliche Situation und die Lernerfahrungen eine wichtige Rolle.

Bei der Altersbezeichnung kann zwischen chronologischem, biologischem, funktionalem und subjektivem Alter unterschieden werden.

62 Vgl. Lehr, 2003.

Definition: Chronologisches Alter

Als kalendarisches, chronologisches Alter wird die Anzahl an Lebensjahre bezeichnet[63]. Das chronologische Alter startet mit der Geburt und endet mit dem Tod[64].

Abbildung 4.1: Das chronologische Alter der beiden Frauen ist gleich (entnommen aus Poethig, 2008)

ARBEITSHILFE ONLINE

ARBEITSHILFE 6: Altersquiz — Facts on Aging[65]

Diese Arbeitshilfe finden Sie zum Download unter Arbeitshilfen online.
Im Folgenden finden Sie eine Reihe von Aussagen, die *wahr*, *eher wahr*, *eher falsch* oder *falsch* sein können. Die meisten Aussagen basieren auf alltäglichen Überzeugungen. Testen Sie sich, um zu sehen, wie gut Sie Fakten von Annahmen unterscheiden können.

	Wahr	Eher wahr	Eher falsch	falsch
1. Die Mehrheit (über 50 %) der älteren Erwachsenen wird im Alter senil werden (mangelnde Merkfähigkeit, Desorientierung, Demenz).				
2. Die meisten älteren Erwachsenen haben kein Bedürfnis oder die Leistungsfähigkeit für sexuelle Beziehungen, mit anderen Worten: Die meisten älteren Erwachsenen sind sexuell enthaltsam.				
3. Das chronologische Alter ist die entscheidendste Bestimmungsgröße für das Alter einer Person.				

[63] Vgl. Fischer, 2003.

[64] Vgl. Ilmarinen, 2001.

[65] Vgl. Woolf, 2015.

	Wahr	Eher wahr	Eher falsch	falsch
4. Die meisten älteren Erwachsenen haben Schwierigkeiten, sich Veränderungen anzupassen, mit anderen Worten: Sie tendieren dazu, starr und beschränkt zu sein.				
5. Körperliche Einschränkungen sind die primären Faktoren, die die Aktivitäten älterer Erwachsener begrenzen.				
6. Alle fünf Sinne verschlechtern sich normalerweise im Alter.				
7. Ältere Menschen sind unfähig, neue Informationen zu verarbeiten („*you can't teach an old dog new tricks*").				
8. Körperliche Stärke nimmt im Alter eher ab.				
9. Intelligenz nimmt im Alter eher ab.				
10. Die Mehrheit der älteren Menschen sagt, dass sie die meiste Zeit glücklich sind.				
11. Die große Mehrheit der älteren Erwachsenen wird an einem bestimmten Punkt in ein Pflegeheim gelangen.				
12. Über 80 % der älteren Menschen sagen, sie sind gesund genug, um ihre normalen Tagesaktivitäten unabhängig durchzuführen.				
13. Die meisten älteren Erwachsenen werden von ihren Kindern abgelehnt.				
14. Generell sind sich die meisten älteren Erwachsenen ziemlich ähnlich.				
15. Die Mehrheit der älteren Menschen sagt, sie sind einsam.				
16. Das Alter kann oft als eine zweite Kindheit charakterisiert werden.				
17. Die meisten älteren Menschen sind mit Gedanken an den Tod beschäftigt.				
18. Die meisten älteren Menschen haben Einkommen unter der Armutsgrenze.				
19. Menschen tendieren zu mehr Religiosität, wenn sie älter werden. Das ist oft die Folge des Bewusstwerdens der eigenen Sterblichkeit.				
20. Schmerzen sind ein natürlicher Teil des Alterns.				

	Wahr	Eher wahr	Eher falsch	falsch
21. Die Mehrheit der älteren Erwachsenen sagt, dass sie sich die meiste Zeit gereizt oder verärgert fühlen.				
22. Nur ganz selten erbringt eine Person über 65 Jahren ein großes Kunstwerk oder eine wissenschaftliche Entdeckung.				
23. Mit dem Alter kommt Weisheit.				
24. Die Babyboomer, d.h. die heute 40- bis 50-Jährigen stellen den größten Anteil an Personen in der Bevölkerung.				
25. Die Generation Y sucht mehr Prestige und Status bei der Arbeit als die Babyboomer.				
26. Ab dem 50. Lebensjahr bezeichnet die WHO-Mitarbeitende als „ältere Mitarbeitende".				
27. Die Schweiz ist im europäischen Umfeld führend, was den Anteil an Erwerbspersonen im Alter von 55–64 Jahren betrifft.				
28. Wie gut jemand im Alter sein Leben bewältigen kann, hängt vom Lebensalter ab.				
29. Je positiver Führungspersonen ihr eigenes Älterwerden wahrnehmen, desto positiver wird die Entwicklung der Fähigkeiten der Mitarbeitenden wahrgenommen.				

Auflösung

1. Falsch, 2. Falsch, 3. Falsch, 4. Falsch, 5. Falsch, 6. Eher richtig, 7. Falsch, 8. Richtig, 9. Eher Falsch, 10. Richtig, 11. Falsch, 12. Richtig, 13. Falsch, 14. Falsch, 15. Falsch, 16. Falsch, 17. Falsch, 18. Falsch, 19. Falsch, 20. Falsch, 21. Falsch, 22. Falsch, 23. Eher Falsch, 24. Richtig, 25. Falsch, 26. Falsch, 27. Richtig, 28. Falsch, 29. Richtig.

Die Weltgesundheitsorganisation WHO liefert uns Definitionen für die einzelnen kalendarischen, chronologischen Lebensspannen des Alterns. So sind z.B. Mitarbeitende im Alter von 45+ „ältere Arbeitnehmer". Menschen zwischen 51–60 Jahren (die Babyboomer) gelten als alternde Menschen und die Silver Worker gehören zur Gruppe der älteren Menschen (per Definition sind das die 61–75 Jahre alten Menschen).

Beispiele für den Umgang mit dem kalendarischen Alter sind[66]:

- Ich habe Kenntnis von meinem Alter und kann mir vorstellen, wozu ich körperlich und geistig in 10 Jahren fähig sein werde.
- Ich kann meinen Alterungsprozess managen und kann einschätzen welche Fähigkeiten ich habe.
- Ich sehe einen Sinn darin, mein Alter zu beobachten und kreativ zu gestalten.

Definition: Funktionales Alter

Das funktionale Alter gibt an, wie gut es jemanden gelingt, im sozialen Umfeld zu funktionieren[67].

Menschen altern auf unterschiedliche Weise. Das funktionale Alter umfasst das biologische Alter, das subjektive Alter, das psychologische Alter und die psychologische Bewertung des Alters. Es lässt sich lebenslang positiv und negativ beeinflussen und ist zugleich ein Maß für Gesundheit, Leistungsfähigkeit und Vitalität[68].

Definition: Biologisches Alter

Das biologische Alter setzt den eigenen Alterungsprozess in Vergleich zu Menschen mit demselben chronologischen Alter. Beim biologischen Alter wird gefragt: Bin ich im Vergleich zu Gleichaltrigen schnell oder langsam gealtert? Sind meine Organe, meine Stoffwechselfunktionen u.a. im Vergleich zu Gleichaltrigen schnell oder langsam gealtert?[69]

Das biologische Alter kann sich je nach Lebensstil recht deutlich vom chronologischen Alter eines Menschen unterscheiden. Ein Beispiel liefert der Automobilhersteller BMW. BMW startete einen Pilotprojekt und bot den Mitarbeitenden die Möglichkeit, ihr biologisches Alter zu ermitteln. Nach der Umfrage waren einige Mitarbeitende sehr überrascht und hätten nicht vermutet, dass ihr Verhalten so viel Einfluss auf ihr Alter und ihre Lebens- und Gesundheitserwartung hat. Diese Erkenntnisse nutzte das HRM, um Folgeprojekte im Bereich der Gesundheitsförderung von Mitarbeitenden zu starten[70]. Dieses und andere Beispiele zeigen, dass Alternsvorgänge sich individuell sehr unterscheiden können und von mehreren Faktoren abhängen, wie z.B. vom Lebensstil, vom sozioökonomisches Umfeld, von

[66] Fischer, 2003, S. 31.

[67] Vgl. Fischer, 2003.

[68] Vgl. Poethig, 2008.

[69] Vgl. Fischer, 2003.

[70] Caiña-Andree, 2015.

genetische Faktoren usw. Die persönliche Einstellung gegenüber dem Älterwerden und wie alt man sich im Allgemeinen fühlt, können ebenfalls den Alterungsprozess beeinflussen. In diesem Zusammenhang spricht man von subjektivem Alter.

Definition: Subjektives Alter

Das subjektive Alter ist das Alter, das ich als mein Alter empfinde[71].

Wie alt empfinde ich mich? Beim subjektiven Altersempfinden werden Vergangenheits-, Gegenwarts- und Zukunftsaspekte beachtet.

Charakteristische Fragen zur Bestimmung des subjektiven Alters sind[72]:

- Was habe ich geleistet und erlebt? (Vergangenheitsbezug)
- Bin ich privat, beruflich, finanziell zufrieden? (Gegenwartsbezug)
- Welche Wünsche und Ziele habe ich? Was werde ich aus meinem Leben künftig machen? (Zukunftsbezug)

Das subjektive Alter ist abhängig vom Selbst-Konzept der Person und weist oftmals einen besseren Erklärungswert von altersbezogenem Handeln auf, als das chronologische Alter. Das subjektive Alter kann z. B. besser die Einstellung zur Arbeit vorhersagen als das chronologische Alter. Es wird empfohlen, bei altersspezifischen Programmen, wie z. B. Mentoring-Programmen, eine Einschätzung des subjektiven Alters vorzunehmen und auf dieser Basis die Zuteilung vorzunehmen[73].

Interessantes aus der Forschung

In einer Längsschnittstudie, die 1994–2004 mit 7.000 Teilnehmenden durchgeführt wurde, wurde ein Zusammenhang zwischen dem subjektiven Alter und dem psychischen Wohlbefinden nachgewiesen. Dazu wurden die Einstellungen der Teilnehmenden gegenüber dem Älterwerden erfasst. Negative Einstellungen gegenüber höherem Alter beeinflussten das psychische Wohlbefinden negativ, während eine positive Einstellung gegenüber höherem Alter auch eine höhere Lebenszufriedenheit mit sich bringt[74].

Das subjektive Alter ist bei der Arbeit relevanter als das chronologische Alter[75].

71 Vgl. Fischer, 2003.

72 Ebenda.

73 Vgl. Rioux & Mokounkolo, 2013.

74 Mock und Eibach, 2011.

75 Rioux und Mokounkolo, 2013.

! **WICHTIG**

Alter, Alterungsvorgänge und -prozesse sind zu einem großen Teil subjektiv geprägt. Viele Personen fühlen sich häufig jünger oder älter als ihr chronologisches Alter tatsächlich angibt. Dies hängt mit der persönlichen Entwicklung und den Einstellungen gegenüber dem Alter und dem Älterwerden zusammen.

4.2 Entwicklung im Lebenslauf

Betrachten wir den Lebenslauf als Ganzes — von der Geburt bis zum Tod — stellt sich die Frage, ob die unterschiedlichen Lebensläufe von Menschen eine gemeinsame zeitliche Struktur aufweisen und ob sich generelle Verlaufsmuster und Phasen der Entwicklung erkennen lassen. Aus den Versuchen, den Lebenslauf in seiner Gesamtheit zu beschreiben, sind zahlreiche Modelle hervorgegangen. Ein klassisches Modell des subjektiven Lebenslaufs, lieferte Charlotte Bühler[76]:

1. Phase: Kindheit und Jugend (0–15 Jahre). Die Daseinsweise ist noch ohne Bestimmung, d.h. die grundsätzliche Frage nach dem Sinn des Lebens wird noch nicht gestellt.
2. Phase: Der erste Übergang erfolgt, wenn erstmals die Frage „Wofür lebe ich?" gestellt wird oder man zum ersten Mal eigenständig für etwas einsteht. Diese erste selbstständige Entscheidung, bei der auch erstmals Verantwortung übernommen wird, leitet die nächste Phase ein, bei der die Lebensbestimmung noch unspezifisch und provisorisch ist (15–30 Jahre).
3. Phase: In dieser Phase wird die Lebensbestimmung spezifisch und definitiv, der Mensch konzentriert sich auf das, was er im Leben erreichen und verwirklichen will. Es entstehen in der Regel Bindungen fürs Leben und die ersten Verpflichtungen werden eingegangen. Diese Phase dauert etwa vom 30. bis zum 45. Lebensjahr.
4. Phase: Diese Phase ist gekennzeichnet davon, dass die Ergebnisse einer Bestimmung nun zu voller Bedeutung gelangen, d.h. Erfolge oder Misserfolge, Leistungen oder Versäumnisse werden deutlich und betrachtet. Das Leben neigt sich dem Ende zu, ob gelungen oder misslungen. Diese Phase dauert in etwa vom 45. Lebensjahr bis zum 60. Lebensjahr.
5. Phase: In der letzten Phase steht das Leben unter dem Thema der Vorbereitung auf das Ende. Die älteren Menschen blicken auf das vergangene Leben zurück oder versuchen, Versäumtes nachzuholen.

[76] Charlotte Bühler 1933; in: Faltermaier, Mayring, Saup & Strehmel, 2014.

Dieses Modell betont psychologisch die Zielgerichtetheit im Lebenslauf: Das Individuum ist aktiver Gestalter seiner eigenen Entwicklung. Je nach Phase rücken verschiedene Entwicklungsthemen und Bedürfnisse in den Vordergrund, welche in den folgenden Abschnitten thematisiert werden. Dabei sollen gezielt auch die persönlichen Lebensbereiche betrachtet werden, denn sie haben einen direkten oder indirekten Einfluss auf die Berufstätigkeit.

4.2.1 Zentrale Entwicklungsthemen im *frühen* Erwachsenenalter – Fokus Millennials und Frühphase Generation X

Das frühe Erwachsenenalter wird oft zwischen dem 20. und 40. Lebensjahr angesiedelt, es lässt sich jedoch keine absolute Altersgrenze festlegen. Die Millennials und jungen Angehörigen der Generation X sind diesem frühen Erwachsenenalter zuzuordnen. In der Regel investieren junge Erwachsene viel Energie, um ihren Platz in der Gesellschaft zu finden, weshalb diese Phase oft als sensibel angesehen wird. Sie sind die Altersgruppe mit dem größten innovativen Potenzial für die Weiterentwicklung einer Gesellschaft. Der junge Erwachsene entwickelt sich in der Regel auf drei Ebenen[77]:

- **Psychisch** verschiedene Komponenten des Selbst wahrnehmen (Interessen, Meinungen, Fähigkeiten, Werte, Wünsche und Begabungen).
- **Interpersonal**: Partnerschaft, Konkurrenz mit anderen Erwachsenen.
- **Gesellschaftlich-kulturelle Erwartungen**: Gründung einer Familie und Aufbau der beruflichen Karriere.

Als zentrale Lebensthemen des jungen Erwachsenen werden oft die Weiterentwicklung der Identität, die Entwicklung intimer Beziehungen, die Sozialisation in die zentralen Rollen von Beruf und Familie, die Auseinandersetzung mit Übergängen und kritischen Lebensereignissen, sowie die Entwicklung von bedeutsamen Lebenszielen genannt. Typische Aufgaben für das frühe Erwachsenenalter sind:

- Eine/n Lebenspartner/in finden,
- das Zusammenleben in einer engen Beziehung lernen,
- eine Familie gründen,
- Kinder erziehen,
- den eigenen Hausstand führen,
- den Einstieg in einen Beruf zu schaffen,
- öffentliche Verantwortung zu übernehmen und
- eine passende soziale Gruppe zu finden[78].

---

[77] Bocknek, 1986

[78] Vgl. Havinghurst, 1972.

Im Folgenden soll kurz auf den zentralen Lebensbereich des frühen Erwachsenenalters, den Beruf, eingegangen und die Bedürfnisse der jungen Erwachsenen in dieser Lebensphase betont werden.

4.2.1.1 Junge Erwachsene im Beruf

Die Persönlichkeitsentwicklung junger Erwachsener vollzieht sich zu einem großen Teil durch ihre Arbeit. Fähigkeiten, Motivation und Verhaltensweisen verändern sich in und durch die Arbeit, die Lerngelegenheiten und Möglichkeiten zum Kompetenzerwerb bietet. Die Bedingungen und Anforderungen bei der Arbeit stecken damit den Rahmen für die Entwicklungsmöglichkeiten der Person im Beruf ab. Die Möglichkeiten für berufliche Entwicklungsprozesse stehen in Abhängigkeit von den gesellschaftlichen Rahmenbedingungen der Arbeit. Der gesellschaftliche Wandel schlägt sich in den Entwicklungsverläufen junger Erwachsener verschiedener Generationen nieder[79]. Die Rahmenbedingungen von Arbeit verändern sich durch die Globalisierungsprozesse und die weltweite Vernetzung. Von jungen Erwachsenen wird eine hohe Flexibilität und Mobilität erwartet, was durch Veränderungen und Unterbrechungen im Lebenslauf gekennzeichnet ist. Es werden neue berufliche Orientierungen und ständige Lernprozesse erforderlich, die mit einer Unsicherheit in der Lebensplanung verbunden sind, denn eine geringe Planbarkeit im beruflichen Kontext tangiert auch Entscheidungen in Partnerschaft und Familie. Entwicklungsaufgaben in Beruf und Familie führen noch immer v. a. bei Frauen zu Konflikten. Als günstige Arbeitsbedingungen für junge Erwachsene gelten solche mit einem hohen Anteil an selbstständiger und schöpferischer Tätigkeit sowie mit vielfältigen Anforderungen und Lerngelegenheiten. Die Arbeitsaufgaben müssen bewältigbar und fordernd sein. Die Arbeit sollte so gestaltet werden, dass die Mitarbeitenden in ihrer personalen Entwicklung gefördert und gesundheitliche Beeinträchtigungen vermieden werden[80]. Für die persönliche Entwicklung ist v. a. die Möglichkeit der Selbstbestimmung im Arbeitsprozess wichtig[81]. Große inhaltliche Komplexität der Tätigkeit, ein hohes Maß an Selbstständigkeit und Eigenverantwortung und wenig Routinetätigkeit fördern die intellektuelle Flexibilität und beeinflussen das Selbstkonzept positiv.

---

79 Faltermaier et al., 2014.

80 Ulich, 1994.

81 Vgl. Kohn & Schooler, 1993.

4.2.1.2 Lebensphase Elternschaft

Welchen Einfluss die Elternschaft auf die persönliche Entwicklung hat, hängt von materiellen, lebensweltlichen und sozialen Bedingungen ab. Das Erziehen von Kindern wirkt sich ähnlich prägend auf die Entwicklung aus wie die Berufsarbeit. Mütter und Väter erleben einerseits intensive Gefühle zu ihrem Kind, sie können an der Verantwortung wachsen, Sinnhaftigkeit erfahren und im Zusammensein mit dem Kind neue Fähigkeiten und Kräfte aufbauen. Auf der anderen Seite erfahren sie Verluste und Einschränkungen. Die Einstellungen von Männern und Frauen zur Arbeitsteilung in der Familie, Kinderversorgung und Berufstätigkeit haben sich angenähert, doch die Voraussetzungen für eine Vereinbarkeit von Familie und Beruf sind nach wie vor nicht günstig. Für die Realisierung neuer Modelle der Elternschaft fehlt es an gesellschaftlichen Gelegenheitsstrukturen, insbesondere an flexibleren Arbeitsmarktstrukturen und bedarfsgerechten Kinderbetreuungsmöglichkeiten.

Elternschaft kann insofern die Sicht auf die Welt verändern und zukunftsrelevante Entwicklungen stärker in den Vordergrund rücken, wie z.B. die Mütter-gegen-Atomkraft-Bewegung, die sich 1986 nach dem Reaktorunfall in Tschernobyl zusammengeschlossen hat.

4.2.2 Zentrale Entwicklungsthemen im *mittleren* Erwachsenenalter – Fokus Babyboomer und Spätphase Generation X

Das mittlere Erwachsenenalter ist oft von der bekannten *midlife crisis* gekennzeichnet. Es können vier Perioden unterschieden werden[82]:

- **40–45 Jahre: Der Übergang zur Lebensmitte**
  Die bisherige Lebensgestaltung und -struktur werden grundsätzlich in Frage gestellt. „Was habe ich aus meinem Leben gemacht?" „Was gebe ich, was bekomme ich von meiner Frau/meinem Mann, meinen Kindern, Freunden, Beruf? „Was will ich noch erreichen?"
- **45–50 Jahre: Der Eintritt ins mittlere Erwachsenenalter**
  Das Leben ist neu taxiert, neue Wege gesucht und Entscheidungen getroffen. Das bisherige Leben kann noch in Frage gestellt werden, aber es ist nun an der Zeit, eine neue Struktur aufzubauen.

[82] Nach Levinson, 1979.

- **50–55 Jahre: Der Übergang in die 50er-Jahre**
  In dieser Zeit wird die bisherige Lebensstruktur weiter modifiziert. Diejenigen, die sich im Übergang zur Lebensmitte zu wenig verändert haben, werden nun eine Krise erleben.
- **55–60 Jahre: Der Höhepunkt des mittleren Erwachsenenalters**
  Es wurde eine neue modifizierte Lebensstruktur entwickelt und diese führt nun in eine stabilere Lebensphase, die die Vollendung dieses Lebensabschnittes darstellt.

4.2.2.1 Typische Entwicklungsaufgaben im mittleren Erwachsenenalter

Für das mittlere Erwachsenenalter können fünf typische Entwicklungsaufgaben definiert werden[83]:

1. Eltern müssen ihre Kindern dabei unterstützen, emotional selbstständige, reife, verantwortungsvolle und glückliche Erwachsene zu werden. Dazu ist es wichtig, ein positives Vorbild zu sein und auch Einsicht in das eigene emotionale Leben zu geben.
2. Das Engagement als Bürger im sozialen und politischen Raum ist eine Hauptaufgabe im mittleren Erwachsenenalter, d. h. die Übernahme sozialer und politischer Verantwortung ist wichtig, letztlich auch für die Demokratie.
3. Die berufliche Entwicklung soll zur eigenen Zufriedenheit gestaltet werden. Das heißt, den Höhepunkt der Karriere erreichen oder bewahren.
4. Es geht darum, Freizeitaktivitäten zu entfalten, die dem mittleren Erwachsenenalter entsprechen und befriedigend sind, die den eigenen Interessen entsprechen und bis ins hohe Alter aufrecht erhalten werden können.
5. Lernen, mit physiologischen Veränderungen im mittleren Erwachsenenalter umzugehen. Erste Anzeichen einer Leistungsabnahme auf den verschiedenen Gebieten (Sehen, Hören), hormonelle Veränderungen (v. a. bei Frauen), aber auch die ersten grauen Haare werden sichtbar.

[83] Vgl. Havinghurst, 1972.

4.2.2.2 Veränderungen im beruflichen Bereich

Die Arbeitsplatzstruktur und -gestaltung in westlichen Industrienationen ist vorwiegend auf das frühe Erwachsenenalter ausgerichtet. Die Zuordnung eines Menschen zur Gruppe der älteren Mitarbeiter bedeutet oft, zu den Leistungsschwächeren zu gehören und das zu Unrecht. Arbeitgeber assoziieren mit zunehmendem Alter

- eine sinkende Arbeitsproduktivität,
- eine höhere Unfallhäufigkeit,
- höhere Fehlzeiten infolge Krankheit,
- einen Rückgang intellektueller und körperlicher Fähigkeiten,
- geringere Bereitschaft zur Weiterbildung,
- geringeres Selbstvertrauen, Mangel an Dynamik und Initiative.

Diese Einschätzungen konnten durch gerontologische Studien widerlegt werden[84]. Das berufliche Leistungsvermögen nimmt mit dem Alter nicht grundsätzlich ab. Es gibt zwar abnehmende Fähigkeiten (z. B. die Bewältigung komplexer neuer Lernaufgaben unter Zeitdruck), eine Reihe beruflicher Fähigkeiten verbessert sich jedoch im Alter wie z. B. das Beurteilen von Situationen aufgrund von Erfahrungen, das Vermeiden von Risiken u. a. Dennoch ist das negative Stigma des älteren Mitarbeiters relativ stabil. Die Chancen auf dem Arbeitsmarkt sind gering, was am Anfang der Laufbahn nicht investiert wurde, kann nur schwer nachgeholt werden. Der berufliche Bereich stellt im mittleren Erwachsenenalter eine Phase der kritischen Bilanzierung, der Stigmatisierung und der Auseinandersetzung mit Abbauprozessen dar[85].

4.2.3 Zentrale Entwicklungsthemen im *späten* Erwachsenenalter – Fokus Silver Worker

Entwicklungsaufgaben im Alter werden in der Literatur oft als Anpassungsnotwendigkeit an die sich verändernden Lebensumstände beschrieben. So nennt Havinghurst[86] folgende Entwicklungsaufgaben im Alter:

- Anpassung an die abnehmende körperliche Leistungsfähigkeit und Gesundheit.
- Gewöhnung und Anpassung an den Ruhestand und das damit verbundene verminderte Einkommen.

[84] Lehr, 1981.

[85] Faltermaier et al., 2014.

[86] Havinghurt 1972; Faltermaier et al. 2014.

- Evtl. Anpassung an den Verlust des Partners (z.B. Kompensation durch intensiverer Kontakt zu Kindern oder Freunden).
- Zugehörigkeit zu der älteren Altersgruppe akzeptieren.
- Veränderung des Rollenrepertoires (z.B. neue familienbezogene Rollen wie Großeltern).

Als kritisches Lebensereignis im späten Erwachsenenalter wird oft der Eintritt in den Ruhestand gesehen, mit dem Veränderungen der Alltagsgestaltung (zeitliche Organisation des Tagesablaufs, soziale Kontakte) einhergehen. Oft kommt es zu einer abrupten Abnahme der Leistungsanforderungen und die üblichen Anregungen und Anforderungen des beruflichen Umfeldes fehlen plötzlich. Ob und welche psychischen Folgen der Eintritt in den Ruhestand mit sich bringt, ist schwer zu beantworten. Nur ein Drittel der Betroffenen klagt nach der Pensionierung über Probleme wie Einsamkeit, Langeweile, Sinnverlust u.a. Das Ausscheiden aus dem aktiven Berufsleben beinhaltet aber auch die Möglichkeit zur persönlichen Weiterentwicklung, da keine Notwendigkeit mehr besteht, Dienstleistungen gegen Bezahlung oder gesellschaftliche Anerkennung zu erbringen. Diese Lebensphase bietet die Möglichkeit, Tätigkeiten auszuführen, die Spaß machen und die als intrinsisch belohnend empfunden werden[87].

! **WICHTIG**

Jede Lebensphase im Erwachsenenalter hat vorherrschende Entwicklungsaufgaben. Diese haben Einfluss auf die Berufstätigkeit und die Ansprüche an Entwicklung, Verantwortung und Vereinbarkeit von Lebensbereichen und beeinflussen somit die Erwartungen und Ansprüche an die Führung.

4.2.4 Kognitive Entwicklung und Leistungsfähigkeit im Alter

Mit dem Lebensalter nimmt auch der Gesundheitsstatus kontinuierlich ab. Besonders deutlich ist die Abnahme ab dem 50. Lebensjahr[88]. Ausgehend von den körperlichen Entwicklungen, die ab einem bestimmten Lebensalter mit einem Abbau wichtiger Funktionen einhergeht, wurde zunächst auch im kognitiven oder geistigen Bereich von einem Abbau ausgegangen.

Gerontologische und kognitionspsychologische Untersuchungen widerlegten in der der zweiten Hälfte des 20. Jahrhunderts das bis dahin dominierende defizi-

[87] Faltermaier et al., 2014.

[88] Brandenburg & Domschke, 2007.

torientierte Altersbild in den Sozialwissenschaften, welches des Alternsprozess hauptsächlich als Abbau- und Verlustprozess beschrieb. Das neue, sozialwissenschaftliche Altersbild betonte verstärkt die Ressourcen und die Individualität[89]. Inzwischen ist bekannt, dass kognitive Verluste in einem Bereich — meist der als *fluide* bezeichnete Anteil der Intelligenz — wie etwa Reaktionsgeschwindigkeit oder Kurzzeitgedächtnis mit dem mittleren Erwachsenenalter abnehmen. Dafür nehmen andere Fähigkeiten — die meist als *kristallin* bezeichnete Intelligenz — (erfahrungsbasiertes Wissen, vernetztes Denken; umgangssprachlich auch Altersweisheit) zu. In anderen Bereichen sind Ältere durch ihr lebenspraktisches Erfahrungswissen zu überdurchschnittlichen Leistungen fähig[90]. Die umfassende Lebenserfahrung älterer Mitarbeitender macht diese hinsichtlich ihrer beruflichen Leistungsfähigkeit konkurrenzfähig zu ihren jüngeren Kolleginnen und Kollegen[91].

Die Unterscheidung zwischen Leistung und Fähigkeit (*performance* vs. *competence*) sind bedeutsam, wenn Altersunterschiede in Intelligenzmessungen festgestellt werden. Kognitive Leistungen werden durch eine Reihe von Faktoren, wie Gesundheit, Motivation, Testerfahrung und Reaktionsgeschwindigkeit, beeinflusst. Allgemein kann aber gesagt werden, dass die kognitiven Fähigkeiten unterschiedlichen Alterungsprozessen unterliegen:

- Fluide Intelligenz (z. B. Schnelligkeit des Denkens, Reaktionszeit) nimmt im Alter ab
- Kristalline Intelligenz (z. B. Wortschatz, Allgemeinwissen, Erfahrung) bleibt intakt oder nimmt zu / kompensiert die Abnahme fluider Intelligenz.

Definition: Fluide und kristalline Intelligenz

Fluide Intelligenz bezieht sich auf die Fähigkeit, logisch zu denken und Probleme zu lösen.
Kristalline Intelligenz umfasst Fähigkeiten, die von Wissen und Erfahrung abhängen[92].

89 Baltes & Baltes, 1989; Schaie, 2005.

90 Baltes, 1993; zit. nach Schmidt & Tippelt, 2009, S. 75.

91 Lahn, 2003.

92 In Anlehnung an Cattells Faktorenmodell der Intelligenz (1971).

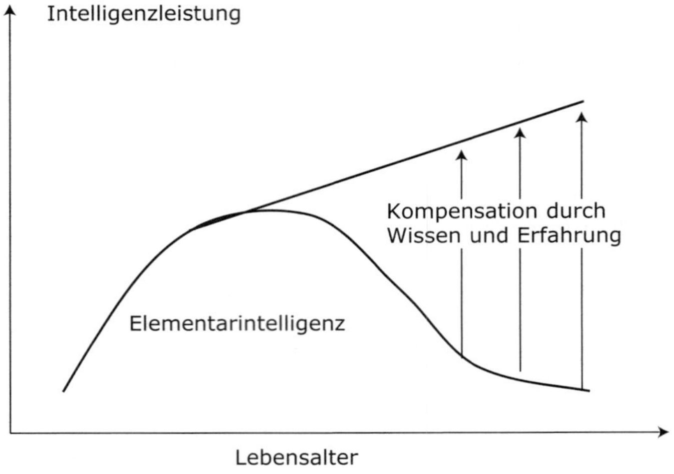

Abbildung 4.2: Entwicklung von Intelligenz im Alter (Quelle: Schlick und Mütze-Niewöhner 2009/2010, S. 15)

Bestimmte Fähigkeiten verändern sich im Altersverlauf stark, z.B. die Lerngeschwindigkeit, die Merkfähigkeit oder das Arbeitstempo nehmen deutlich ab. Erfahrungsbasierte Fähigkeiten nehmen im Altersverlauf eher zu. Allerdings sind die Unterschiede zwischen einzelnen Menschen — v. a. im fortgeschrittenen Erwachsenenalter — größer als die Unterschiede zwischen den Altersgruppen. Dies bedeutet, dass Altern sehr individuell verläuft und bei den einen schon früh zu einem Abbau führt, während andere sich weiterentwickeln und die vom Abbau betroffenen Fähigkeiten mehr als kompensieren. Grundsätzlich gilt, dass sich kein allgemeiner Leistungsabbau im Alter erkennen lässt[93]. Hinzu kommt ein *Down-Aging*-Effekt: Die gegenwärtig 60-Jährigen sind nach Angaben von Epidemiologen und Demografen biologisch etwa fünf Jahre jünger als die 60-Jährigen der vorherigen Generation[94].

Bei neuen kognitiven Anforderungen, bei denen keine vorhergehende Erfahrung genutzt werden kann, ist ab dem mittleren Lebensalter ein Leistungsabbau zu verzeichnen. Der Prozess des Lernens verändert sich mit dem Alter, die Lernfähigkeit steht bis ins höhere Alter außer Frage. Den Abbauerscheinungen lässt sich mit Arbeitskontexten, welche die kognitive Leistungsfähigkeit kontinuierlich herausfordern, entgegenwirken[95].

Unterschiede in den kognitiven Fähigkeiten lassen sich nicht eindeutig auf Alterungsprozesse zurückführen. Historische Veränderungen (wie z.B. Verbesserung

[93] Bruggmann,

[94] Staudinger & Baumert, 2007, S. 240ff.

[95] Ebd. S. 240–249

des Bildungssystems, Umbrüche in der Lebens- und Arbeitswelt) beeinflussten die Entwicklung von Intelligenz in den verschiedenen Generationen. Es bestehen große individuelle Unterschiede des Intelligenzverlaufs im Erwachsenenalter, manche zeigen schon früh Abbauerscheinungen, andere erhalten ihr Leistungsvermögen bis ins hohe Alter. Diese positiven oder negativen Entwicklungen hängen vom gesundheitlichen Zustand, von der sozioökonomischen Umwelt und von der Art der Persönlichkeit im mittleren Erwachsenenalter ab. Es gilt somit: Je geistig anregender die Umwelt ist (z. B. komplexe Anforderungen im Beruf, stimulierende Familie und Umfeld) und je flexibler der Lebensstil eines Erwachsenen ist, desto leistungsfähiger wird er im Alter sein. Unsere geistige Leistungsfähigkeit entwickelt sich somit ganz nach dem Prinzip: *use it or loose it*[96]. Führungspersonen wird empfohlen, ihre Mitarbeitenden ein Berufsleben lang entwicklungsförderliche Arbeitsbedingungen zu ermöglichen und durch altersgemischte Teamarbeit die ganze Bandbreite an Kompetenzschwerpunkte zu nutzen.

Die Entwicklung der Fähigkeiten wird in verschiedenen Studien umfassend dokumentiert[97]. Die folgende Tabelle gibt eine Übersicht über die Entwicklung unterschiedlicher Fähigkeiten im Alternsverlauf.

Tabelle 4.1: Entwicklung arbeitsplatzrelevanter Fähigkeiten im Alternsverlauf[98]

zunehmend	gleichbleibend	abnehmend
Erfahrung, d. h. Lebens- und Berufserfahrung, betriebsspezifisches Wissen, berufliche Routine und Geübtheit, Verantwortungsbewusstsein, Pflichtbewusstsein, Genauigkeit, Qualitätsbewusstsein, Zuverlässigkeit, Gelassenheit, Fähigkeit zum Perspektivenwechsel, Fähigkeit, eigene Grenzen realistisch einzuschätzen, Beurteilungsvermögen.	Fähigkeit zur Informationsverarbeitung allgemein, Sprachkompetenz, kurze Aufmerksamkeitsspannen, einfache Reaktionsanforderungen, Merkfähigkeit im Langzeitgedächtnis, Reaktionsgeschwindigkeit hinsichtlich verbaler Äußerungen auf einen Reiz (z. B. Antworten geben), Bearbeitung sprach- und wissensgebundener Aufgaben.	Muskelstärke und Muskelkraft, Schnelligkeit der Bewegungen, Seh- und Hörvermögen, Geschwindigkeit der Informationsverarbeitung, des Denkens und Lernens, Daueraufmerksamkeit und Langzeitgedächtnis, Reaktionsgeschwindigkeit, Merkfähigkeit im Kurzzeitgedächtnis, Dauerbelastbarkeit.

96 Faltermaier, Mayring, Saup & Strehmel, 2014.

97 Adenauer, 2002b; Fercher et al., 2009; Winkler, 2008; Bruggmann, 2000.

98 In Anlehnung an Adenauer, 2002a, S. 29–30) und Bruggmann, 2000, S. 25.

Im Rahmen einer Befragung von ca. 640 Führungspersonen aus Deutschland, der Schweiz, Finnland und Italien wurden untersucht, wie diese ihre eigene Fähigkeitsentwicklung und die ihrer Mitarbeiterinnen und Mitarbeiter mit zunehmendem Alter einschätzen[99]. Die folgenden Übersichten zeigen eine Zusammenfassung der Ergebnisse aus dieser Befragung.

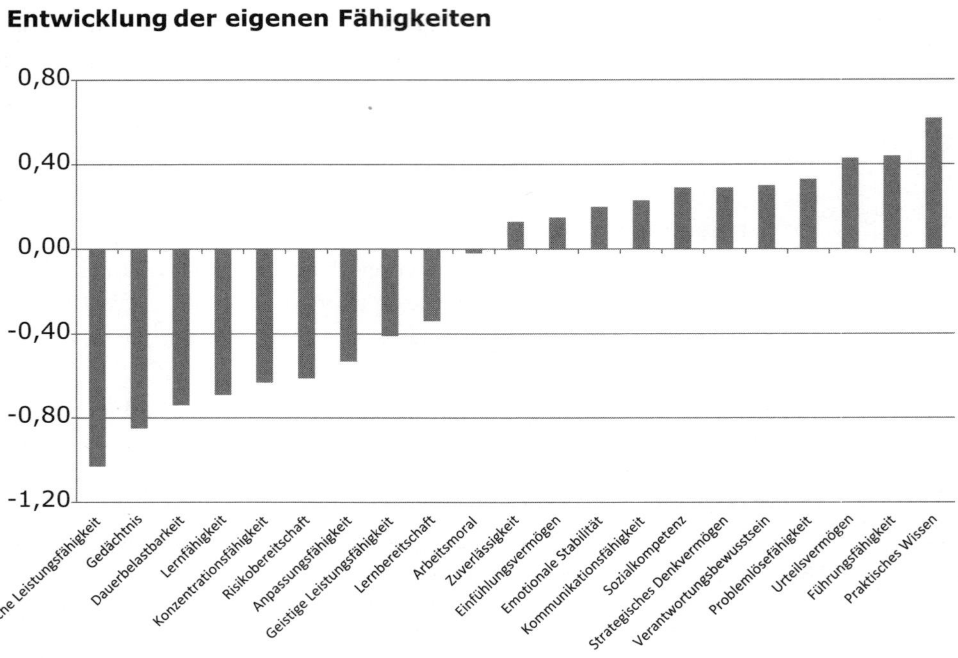

Abbildung 4.3: Entwicklung der eigenen Fähigkeiten

99 Vgl. Eberhardt u. a. 2013.

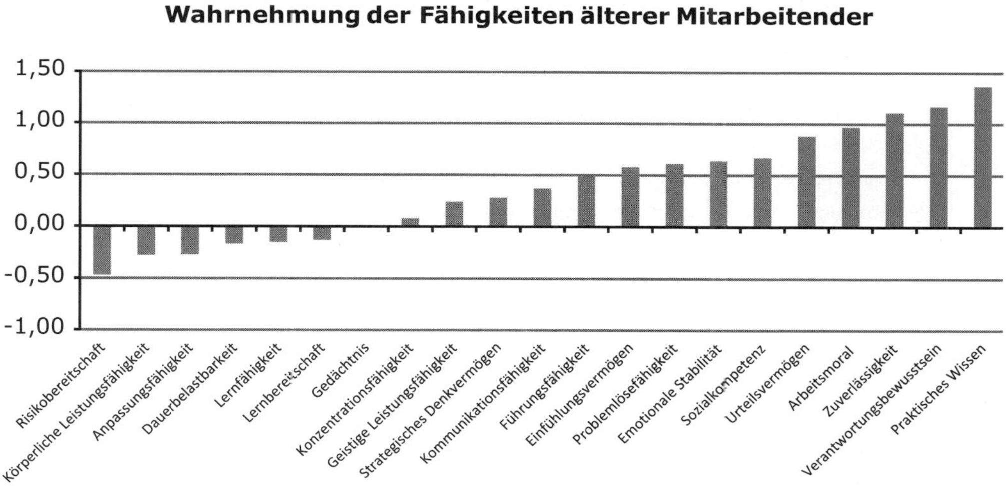

Abbildung 4.4: Entwicklung der Fähigkeiten der Mitarbeitenden

Interessanterweise schätzen Führungspersonen die Entwicklung der Fähigkeiten sehr realistisch ein, so wie es auch Forschungsstudien belegen. Sie sind strenger mit sich selbst als mit ihren Mitarbeitenden: Während bei den Mitarbeitenden die meisten Fähigkeiten mit dem Alter im Bereich der Zunahme liegen, werden die eigenen Fähigkeiten ausgewogener beurteilt. Was bedeutet dies? Einerseits können die Führungspersonen relativ realistisch einschätzen, welche Fähigkeiten zu und welche abnehmen; das hilft bei der Selbstwahrnehmung. Andererseits sehen sie bei älteren Mitarbeitenden eher einen Zugewinn an Fähigkeiten; das hilft in der wertschätzenden Haltung gegenüber älteren Mitarbeitenden.

Generell besteht kein Zusammenhang zwischen Alter und Arbeitsleistung. Ältere Arbeitnehmerinnen und Arbeitnehmer können zwar einige für die Arbeit positive Eigenschaften einbüßen, sie gewinnen jedoch häufig neue Eigenschaften hinzu oder kompensieren Verluste durch eine andere Leistungsdimension[100].

Der für die Studie eingesetzte Fragebogen, kann als Tool zur Selbsteinschätzung der Fähigkeitsentwicklung bei Führungspersonen und Mitarbeitenden genutzt werden. Wie realistisch sind Ihre Einschätzungen?

[100] Semmer & Richter, 2004.

ARBEITSHILFE ONLINE

ARBEITSHILFE 7: Übung: Selbsteinschätzung Fähigkeitsentwicklung[101]

Diese Arbeitshilfe finden Sie zum Download unter Arbeitshilfen online.

Älterwerden ist ein individueller Prozess, der höchst unterschiedlich erlebt werden kann. Welche Veränderungen verbinden Sie mit Ihrem eigenen Älterwerden? Bitte geben Sie für die genannten Eigenschaften an, ob diese bei Ihnen *eher abnehmen*, *gleich bleiben* oder *zunehmen*.

		eher abnehmend	gleich bleibend	eher zunehmend
1	Risikobereitschaft			
2	körperliche Leistungsfähigkeit			
3	Anpassungsfähigkeit			
4	Dauerbelastbarkeit			
5	Lernfähigkeit			
6	Lernbereitschaft			
7	Gedächtnis			
8	Konzentrationsfähigkeit			
9	geistige Leistungsfähigkeit			
10	strategisches Denkvermögen			
11	Kommunikationsfähigkeit			
12	Führungsfähigkeit			
13	Einfühlungsvermögen			
14	Problemlösefähigkeit			
15	emotionale Stabilität			
16	Sozialkompetenz			
17	Urteilsvermögen			
18	Arbeitsmoral			
19	Zuverlässigkeit			
20	Verantwortungsbewusstsein			
21	Praktisches Wissen			

[101] In Anlehnung an Eberhardt & Meyer, 2011.

ARBEITSHILFE ONLINE

ARBEITSHILFE 8: Übung: Fremdeinschätzung Fähigkeitsentwicklung[102]

Diese Arbeitshilfe finden Sie zum Download unter Arbeitshilfen online.

Älterwerden ist ein individueller Prozess, der höchst unterschiedlich erlebt werden kann. Welche Veränderungen verbinden Sie mit dem Älterwerden Ihrer Mitarbeitenden? Bitte geben Sie für die genannten Eigenschaften an, ob diese bei Ihren Mitarbeitenden im Alterungsprozess *eher abnehmen*, *gleich bleiben* oder *zunehmen*.

		eher abnehmend	gleich bleibend	eher zunehmend
1	Risikobereitschaft			
2	körperliche Leistungsfähigkeit			
3	Anpassungsfähigkeit			
4	Dauerbelastbarkeit			
5	Lernfähigkeit			
6	Lernbereitschaft			
7	Gedächtnis			
8	Konzentrationsfähigkeit			
9	geistige Leistungsfähigkeit			
10	strategisches Denkvermögen			
11	Kommunikationsfähigkeit			
12	Führungsfähigkeit			
13	Einfühlungsvermögen			
14	Problemlösefähigkeit			
15	emotionale Stabilität			
16	Sozialkompetenz			
17	Urteilsvermögen			
18	Arbeitsmoral			
19	Zuverlässigkeit			
20	Verantwortungsbewusstsein			
21	Praktisches Wissen			

[102] In Anlehnung an Eberhardt & Meyer, 2011.

Interessantes aus der Forschung

Ein Ausblick in das hohe Erwachsenenalter, also die Zeit nach der Pensionierung, liefert eine in ihrer Art einmalige und umfangreiche Studie, die Berliner Altersstudie (BASE). BASE ist eine multidisziplinäre Untersuchung alter Menschen im Alter von 70 bis über 100 Jahren, die im ehemaligen Westteil Berlins lebten. Es wurden 516 Personen in 14 Sitzungen hinsichtlich ihrer geistigen und körperlichen Gesundheit, ihrer intellektuellen Leistungsfähigkeit und psychischen Befindlichkeit sowie ihrer sozialen und ökonomischen Situation untersucht. Die Studie wurde als Längsschnittstudie weitergeführt und überlebende Teilnehmer sieben Mal nachuntersucht. Die Studie wurde 2009 abgeschlossen, lieferte damals ein erstes Bild über die Alterswelten in Deutschland und setzte international Maßstäbe: Sie war weltweit einzigartig in ihrer Breite und hat das Bild des Alterns grundlegend revidiert. Zahlreiche Vorurteile über das hohe und höchste Alter, z.B. dass alle Fähigkeiten grundsätzlich abnehmen, konnten entkräftet werden.
Schon die Auswertung von BASE I zeigte, dass nicht alle Hirnfunktionen gleichermaßen von altersbedingten Abbauprozessen beeinflusst werden. Manche sind bis ins hohe Alter sogar erstaunlich stabil. Dazu zählen z B. Allgemeinwissen und Vokabular, während die Wahrnehmungsfähigkeit, aber auch das Merken von neuen Informationen eher abnehmen. BASE II ist eine Weiterentwicklung der ersten Erhebung. Die Untersuchungen zeigen, dass sich im Gehirn einer älteren, aber körperlich sehr aktiven Person bestimmte Strukturen weiterhin verändern können. Diese Veränderung, d.h. die Zunahme von Strukturen durch körperliche Aktivität, steht auch im Zusammenhang damit, dass kognitive Tätigkeiten stärker ausgeprägt sind. Welchen Einfluss Lebensstil-Faktoren wie Bewegung, Ernährung oder soziale Kontakte auf das kognitive Altern haben, ist bis jetzt noch nicht wissenschaftlich nachgewiesen[103].

Im nächsten Abschnitt betrachten wir die zentralen Entwicklungsthemen im Erwachsenenalter und die verschieden Bedürfnisse und Entwicklungsaufgaben im Lebenslauf.

4.2.5 Erfolgreiches Altern – wie kann das gefördert werden?

Für die Produktivität sind nicht nur kognitive Faktoren zu berücksichtigen, emotionale und motivationale Aspekte sowie die Persönlichkeit sind von ebenso großer Bedeutung. Im Durchschnitt nimmt die Ausprägung der Persönlichkeitsmerk-

[103] Lindenberger, Smith, Mayer & Baltes, 2010.

male wie Zuverlässigkeit und Umgänglichkeit zu und Neurotizismus ab, was als zunehmende soziale Anpassungsfähigkeit oder auch soziale Reife interpretiert wird. Gleichzeitig nimmt die Offenheit für neue Erfahrungen ab. Noch ist unklar, ob sich der letztere Prozess beeinflussen lässt und welche Auswirkungen das auf den Arbeitsplatz hat[104].

Die Unterschiede in Wahrnehmungs-, Denk- und Gedächtnisleistungen nehmen im Laufe des Erwachsenenalters kontinuierlich zu. Altern kann sowohl mit Erhalt als auch Verlust der geistigen Leistungsfähigkeit einhergehen[105].

Erfolgreiches Altern wurde von Paul und Margret Baltes als das geglückte Zusammenspiel von Selektion, Optimierung und Kompensation definiert (1990). Selektion bedeutet Handlungsoptionen auszuwählen. Optimierung beschreibt die Investition von Ressourcen, um Gewinne zu erzielen, und Kompensation bezeichnet Versuche, das Funktionsniveau bei abnehmenden Ressourcen aufrecht zu erhalten. Im besten Fall wird älteren Menschen so ermöglicht, ein ausreichend hohes Leistungsniveau zu erhalten. Dies lässt sich mit technischen Hilfsmitteln unterstützen. Ein anschauliches Beispiel ist Arthur Rubinstein, der das Geheimnis seines Erfolges als Pianist im hohen Erwachsenenalter folgendermaßen erklärte: „Ich wähle weniger Klavierstücke für mein Repertoire aus (Selektion), übe diese intensiv und ausdauernd (Optimierung) und schlussendlich spiele ich die langsamen Passagen langsamer, damit das im Verhältnis zu den schnellen Passagen wieder stimmt (Kompensation).“

ARBEITSHILFE ONLINE

ARBEITSHILFE 9: Das SOC-Modell in der Führung

Diese Arbeitshilfe finden Sie zum Download unter Arbeitshilfen online.
Das SOC-Modell können Sie in ihrem eigenen Führungsbereich für sich und Ihre Mitarbeitenden anwenden. Dabei hilft Ihnen das folgende Tool:

Zur Erinnerung: die Komponenten des SOC-Modells

S (Selektion): Die Limitierung der Ressourcen (z.B. Zeit, Energie), die in der menschlichen Natur liegt, erfordert die Selektion von Zielen.
O (Optimierung): Um optimale Ergebnisse in den selektierten Zieldomänen zu erreichen, muss man interne und externe Ressourcen bündeln und aufbereiten (z.B. Ausdauer, Kompetenztraining).

104 Staudinger & Baumert, 2007, S. 249–250.

105 Lindenberger, 2007, S. 220.

C (Kompensation): Wenn man mit Verlust oder Abnahme konfrontiert wird, sind kompensatorische Prozesse nötig (z. B. Aktivierung ungenutzter Fähigkeiten, erhöhte Zeitbereitstellung).

Selbsteinschätzung

Denken Sie an ihre momentane Rolle und beschreiben Sie mindestens fünf Charakteristika Ihres Jobs. Notieren Sie ein paar Stichworte zur Ihrer konkreten Situation. Wie kann Ihre persönliche Situation und die Zusammenarbeit mit Ihren Mitarbeitenden positiv gestaltet werden? Wie kann das SOC-Modell ein Hilfsmittel für Sie sein?
S =...
O =...
C =...

Fremdeinschätzung

Denken Sie an die Rolle einer Mitarbeiterin/eines Mitarbeiters und beschreiben Sie mindestens fünf Charakteristika ihres/seines Jobs. Notieren Sie ein paar Stichworte zur konkreten Situation der Mitarbeitenden. Wie kann die Zusammenarbeit mit ihr/ihm und wie kann die persönliche Situation positiv gestaltet werden? Wie kann das SOC-Modell ein Hilfsmittel für ältere Mitarbeitende sein?
S =...
O =...
C = ...

Interessantes aus der Forschung

In einer kleineren qualitativen Studie wurde die Entwicklung der Fähigkeiten bei den Führungspersonen selbst überprüft: Die Forscher fanden heraus, dass die Stärken der älteren Führungspersonen z. B. im Umgang mit Menschen, im Überliefern der Organisationsgeschichte und -kultur, in der Vermittlung von Sicherheit und Kontinuität, der Delegation von Aufgaben und im Abschätzen von Risiken liegen. Jüngere Führungspersonen können v. a. auf aktuelles fachliches und technisches Wissen zurückgreifen, sind flexibel und veränderungsbereit und nehmen mit spielerischer Begeisterung ihre Führungsaufgabe wahr. Alter spielt auf der kognitiven Ebene eine Rolle, wird aber nicht als verhaltensrelevant eingestuft[106].

[106] Vgl. Götz und Hilse, 1999.

4.3 Altersstereotypen und Altersbilder

Bei der Beschreibung und Bewertung von Anderen orientiert sich der Mensch automatisch an den typischen Erwartungen und Mustern einer Lebensphase. Lebensereignisse und Altersabschnitte werden unweigerlich kategorisiert, was mit bestimmten Erwartungen an ein Verhalten einhergeht. Stereotypisierungen sind Überzeugungen über die typischen Merkmale, wie eine soziale Gruppe — z.B. die Babyboomer — ist. Solche Kategorisierungen nutzen wir, um die komplexen und undurchsichtigen Zusammenhänge unserer Umwelt zu vereinfachen, für uns handhabbar zu machen.

Altersbilder sind kognitive Repräsentationen von Informationen über Lebenswirklichkeit alter Menschen und von eigenen Erfahrungen im Umgang mit Menschen. Sie entwickeln sich oft zu verfestigten inneren Bewertungskategorien, die sich auf das Beurteilen von Menschen und entsprechend auch das Verhalten ihnen gegenüber auswirken können. Sie dienen als Schemata der Orientierung in komplexen sozialen Situationen des Alltags und des Berufslebens, in denen Handlungsdruck besteht und wir uns ein Bild von anderen machen müssen. Es besteht die Gefahr, nur bestimmte (negative oder positive) Seiten des Alters oder alter Menschen zu sehen, dann kommt es zur Typisierung bis hin zur Festigung von Altersstereotypen[107].

Definition: Stereotype

Stereotypisierungen sind Überzeugungen über die typischen Merkmale einer sozialen Gruppe. Diese Kategorisierungen werden genutzt, um unsere Umwelt in ihrer Komplexität zu reduzieren[108].

Literatur und Praxis zeigen, dass Altersstereotype in der Arbeitswelt weit verbreitet sind. Insbesondere ältere Arbeitskräfte erleben im Alltag oft Zuschreibungen und Vorurteile aufgrund ihres Alters. Oft betreffen die Stereotypisierungen die Lernbereitschaft, Leistungsfähigkeit sowie den allgemeinen Zustand älterer Mitarbeiter. Ein weiteres Stereotyp bezieht sich auf die Annahme, ältere Arbeitnehmer seien neuen Konzepten gegenüber unaufgeschlossen und wenig motiviert, sich weiter zu entwickeln. Basierend auf dieser Überzeugung bekommen ältere Mitarbeiter von ihren Führungskräften weniger entwicklungsförderndes Feedback und sie trauen ihnen anspruchsvolle Aufgaben seltener zu. Auch positive Altersstereotype werden älteren Mitarbeitenden zugeordnet, wie z.B. Erfahrung und Loyalität gegenüber dem Unternehmen, höheres Verantwortungsbewusstsein und Weisheit[109].

107 Rothermund und Wentura, 2007.

108 Ebenda.

109 Nübold & Maier, 2012.

Das Alter einer Person an sich ist eine weitgehend ungeeignete Kategorisierung, um ihre Arbeitsleistung vorherzusagen[110]. Ältere Mitarbeitende schätzen neue Herausforderungen und Weiterentwicklungsmöglichkeiten ebenso wie jüngere. Dennoch werden z.B. ältere amerikanische Arbeitnehmer auf dem Arbeitsmarkt systematisch gegenüber jüngeren Arbeitnehmern benachteiligt[111]. Auch im deutschsprachigen Raum wird immer wieder in Presseberichten von einer Benachteiligung älterer Mitarbeiter berichtet. Negative Altersstereotypen können sich auf die Gesundheit und das Wohlbefinden der betroffenen Mitarbeitenden auswirken[112].

4.3.1 Altersdiskriminierung im Beruf als Folge der Altersstereotype

Ältere Mitarbeiter können als Folge der Altersstereotype berufliche Benachteiligungen erfahren[113]. Ältere schneiden z.B. in Auswahlinterviews oft schlechter ab als jüngere Personen, obwohl sie die gleichen Qualifikationen vorweisen können. Die negativen Auswirkungen von Altersbildern oder Stereotypen können sich direkt oder indirekt auch über selbsterfüllende Prophezeiung zeigen.

Definition: Sich selbsterfüllende Prophezeiung

Die sich selbst erfüllende Prophezeiung ist eine zu Beginn falsche Erwartung, Besorgnis, Überzeugung oder ein Verdacht, dass die Dinge so und nicht anders verlaufen werden. Diese Erwartung ruft ein neues Verhalten hervor, das die ursprünglich falsche Sichtweise richtig werden lässt (...) Die ursprünglich falsche Angst verwandelt sich in eine völlig berechtigte Befürchtung. Die Prophezeiung des Ereignisses führt also zum Ereignis der Prophezeiung.[114]

Das bedeutet, dass z.B. Führungskräfte oder auch andere nur jenes Verhalten der älteren Mitarbeiter wahrnehmen, welches ihre implizite Annahme oder Vorurteile bestätigt[115]. Sich selbst erfüllende Prophezeiungen können auftreten, wenn ältere Personen z.B. denken, sie hätten bestimmte Fähigkeiten nicht (oder nicht mehr) aufgrund ihres Alters (z.B. „Ich bin zu alt um diese neue Technologie zu verstehen und anzuwenden“).

110 Ng & Feldman, 2008.
111 McCann & Giles, 2002.
112 Schalk et al. 2010.
113 Roth, Wegge & Schmidt, 2007.
114 Merton 1995, Watzlawick 2000.
115 Nübold und Maier, 2012.

PRAXISBEISPIEL/INITIATIVE: Hintergründe und Praxis der Beschäftigung älterer Mitarbeitender

Die OECD-Zahlen zeigen, dass im OECD-Durchschnitt die Arbeitslosenquote bei den 55- bis 64-Jährigen im Jahr 2012 (6 %) unter der Gesamtarbeitslosenquote (8 %) lag. Die Schweiz ist hier mit besonders niedrigen Arbeitslosenquoten sowohl bei den 55- bis 64-Jährigen als auch bei den 15- bis 64-Jährigen (3,1 % und 4,3 %) keine Ausnahme. Die Arbeitslosenquote der 55- bis 64-Jährigen ist in der Schweiz seit der Krise stabil geblieben, anders als in vielen OECD-Ländern, die einen allgemeinen Anstieg der Arbeitslosigkeit auch in dieser Altersgruppe zu verzeichnen hatten (siehe Abbildung 2.3). Wie in fast allen OECD-Ländern haben es jedoch auch in der Schweiz ältere Arbeitslose besonders schwer wieder Arbeit zu finden. Im Jahr 2012 waren in der Schweiz 59 % der über 55-jährigen Arbeitslosen Langzeitarbeitslose (d. h. länger als ein Jahr), was über dem OECD-Durchschnitt von 47 % liegt. Gemäß OECD sind diese Zahlen auch auf die altersbedingte Diskriminierung bei der Anstellung zurückzuführen, was in der Schweiz gesetzlich (noch) nicht verboten ist. Das Diskriminierungsverbot (gegen Alter, Geschlecht, Ethnie) ist zwar in der Schweizer Bundesverfassung festgeschrieben, derartige Bestimmungen finden bei der Einstellung jedoch nicht automatisch Beachtung. Es existiert kein konkretes Gesetz, das Diskriminierung verhindert. Der Schweizer Nationalrat hat im September 2009 eine parlamentarische Initiative zur Einführung eines Gesetzes gegen Diskriminierung aufgrund des Geschlechts, der ethnischen Herkunft, der Religion, der Weltanschauung, der sexuellen Orientierung, einer Behinderung oder des Alters abgelehnt. In der Praxis ist es nicht verboten, in Stellenanzeigen eine Altersgrenze anzugeben. So hat z. B. ein Ingenieur- und Architektenbüro in einer Stellenanzeige, die im November 2013 in einer Schweizer Tageszeitung veröffentlicht wurde, für eine Stelle als Vermesser und eine Stelle als Ausführungsarchitekt war eine obere Altersgrenze von 40 Jahren angegeben.

Die OECD hat einige Praktiken schweizer Unternehmen im Umgang mit Alter bei Neueinstellungen beschrieben:

- Im Fall eines Verkehrsunternehmens mit 430 Beschäftigten sollen durch die Beschäftigung älterer Mitarbeitender die internen Wechsel begrenzt werden, wobei die Erwartungen der älteren Arbeitnehmenden im Hinblick auf Beförderung und Karriere weniger hoch sind.
- Ein Verkehrsunternehmen am Genfer See stellt jüngere Mitarbeitende wegen der sehr langen Dauer der innerbetrieblichen Ausbildung ein, was auch ein Grund dafür ist, dass das Unternehmen bemüht ist, seine Mitarbeitenden solange wie möglich zu behalten. Die Saisonarbeit von Rentnern als Kapitäne ist üblich.
- Bei einer großen Versicherungsgesellschaft gibt es so gut wie keine Rekrutierung von über 60-Jährigen. Als Grund wird angeführt, der Aufbau eines

Netzwerks sei für einen Berater von entscheidender Bedeutung und wegen des erforderlichen Zeitaufwands nach 60 Lebensjahren nicht mehr möglich. Die Einarbeitungszeit dauere insgesamt zwei bis drei Jahre.

- Ein großes internationales Unternehmen im Bereich der Herstellung von Verbrauchsgütern hat einen sehr großen internen Arbeitsmarkt. Das Unternehmen verfolgt eine Strategie der Rekrutierung junger Menschen, die dann in dem Unternehmen ihre Karriere machen. Ältere Arbeitnehmende werden nur eingestellt, wenn ihre Erfahrung einem bestimmten Anforderungsprofil entspricht.
- Eine große Universitätsklinik mit 10.000 Mitarbeitern auf 7.000 Arbeitsstellen in 120 Berufen verfolgt keine altersbezogene Einstellungsstrategie. Bei der Einstellung gewinnt die Suche nach sehr spezifischen Kompetenzen jedoch immer größere Bedeutung. Der Anteil der über 55-jährigen Mitarbeitenden liegt in dieser Klinik bei 13 % und die durchschnittliche Betriebszugehörigkeitsdauer beträgt 12,5 Jahre. Die Branche ist v. a. bemüht, die Gesundheitsberufe für junge Menschen attraktiver zu machen.
- Eine große Einzelhandelsgenossenschaft hat eine Altersstruktur, die sie mit einem Anteil der 55- bis 64-Jährigen von 12 % und einem Durchschnittsalter von 39 Jahren für ausgewogen hält. Das Unternehmen hat eine Strategie der Diversität und des Altersmanagements entwickelt. Es stellt Personen, die dies möchten, nach der Pensionierung wieder ein. Die Beschäftigungsbedingungen sind für die Rentner jedoch weniger günstig, da sie statt der sonst üblichen zwei Jahre nur drei Monate Krankengeld erhalten[116].

4.3.2 Umgang mit Stereotypen

Anstatt sich auf die vermeintlich abnehmenden Fähigkeiten und Kompetenzen zu konzentrieren, empfiehlt es sich, bei der Beschäftigung älterer Mitarbeitender den Fokus auf die über die Jahre erlangte Erfahrung, Expertise und z. B. Menschenkenntnis zu verlagern. Um die Selbstreflexion und kompetenzorientierte Einstellung bei Führungskräften zu fördern, werden oft Sensibilisierungstrainings eingesetzt[117]. In solchen Trainings werden z. B. Altersstereotype kritisch hinterfragt, Risikosituationen identifiziert und Maßnahmen für eine tolerantere Haltung erarbeitet.

Eine weitere Möglichkeit, die negativen Konsequenzen von Vorurteilen zu minimieren, ist die Übertragung von komplexen und anspruchsvollen Aufgaben an ältere

116 Vgl. OECD Bericht Schweiz, 2014, S. 122–124; OECD Organisation für wirtschaftliche Zusammenarbeit und Entwicklung.

117 Vgl. Nübold und Maier, 2012, S. 141.

Mitarbeiter. Statt ihnen automatisch die einfacheren Aufgaben zu übertragen, sollten Führungskräfte anhand umfassender Anforderungsanalysen, die Aufgaben kompetenzorientiert verteilen. So oder so ist die Thematisierung von Altersstereotypen im Unternehmen ein erster wichtiger Schritt für den Aufbau einer alternsgerechte Arbeitskultur und Führung.

!

WICHTIG

Zur Vermeidung von Altersstereotypen wird ein toleranter Umgang und eine offene Haltung benötigt. Diese muss von den Führungskräften in die Unternehmenskultur getragen werden. In der Personalauswahl, der Kommunikation, Leistungsbeurteilung und Förderung der Mitarbeitenden sollte man sich bewusst machen, dass oftmals eine defizitäre Sicht auf ältere Mitarbeiter vorherrscht. Eine kompetenzorientierte Sichtweise ist stattdessen zielführender.

Als Grundlage für die Selbstreflexion der eigenen Einstellungen und Stereotypisierungen wird im Folgenden ein Fragebogen vorgestellt, der Ihre impliziten Einstellungen erfasst. Diese Methode kann die Unterschiede zwischen bewussten und unbewussten Einstellungen aufzeigen und wird Impliziter Assoziationstest oder kurz IAT genannt. Dieser Test wurde von Forschern aus Harvard entwickelt und wird mittlerweile in verschiedenen Versionen zum Testen von impliziten Vorurteilen, Stereotypen und Bevorzugungen von bestimmten Gruppen verwendet. Implizit bedeutet, dass der Test nicht ausdrücklich nach Einstellungen und Vorurteilen fragt, sondern Reaktionszeiten misst und von einer Assoziation dieser Zeiten mit Vorurteilen ausgeht.

Praktische Anwendung: Impliziter Assoziationstest IAT (Harvard)

Hier geht es zum Test:
https://implicit.harvard.edu/implicit/germany/takeatest.html

Im Rahmen einer empirischen Befragung wurden ca. 640 Führungspersonen auch nach ihrer Einschätzung bezüglich der Wahrnehmung von Fähigkeiten älterer Mitarbeiter (Altersstereotype) befragt. Erfreulicherweise werden ältere Mitarbeitenden dabei als sehr loyal und ohne reduzierte Leistungsfähigkeit wahrgenommen. Die Führungspersonen gehen davon aus, dass sie im Unternehmen verbleiben. Alles in allem also eine Personengruppe, für dich sich eine Investition in Führung, Lernen, Gesundheit usw. nicht nur menschlich, sondern auch strategisch lohnt. Testen Sie ihre Wahrnehmung von Altersstereotypen und vergleichen Sie diese mit unseren Umfrageergebnissen (siehe Abbildung 4.5).

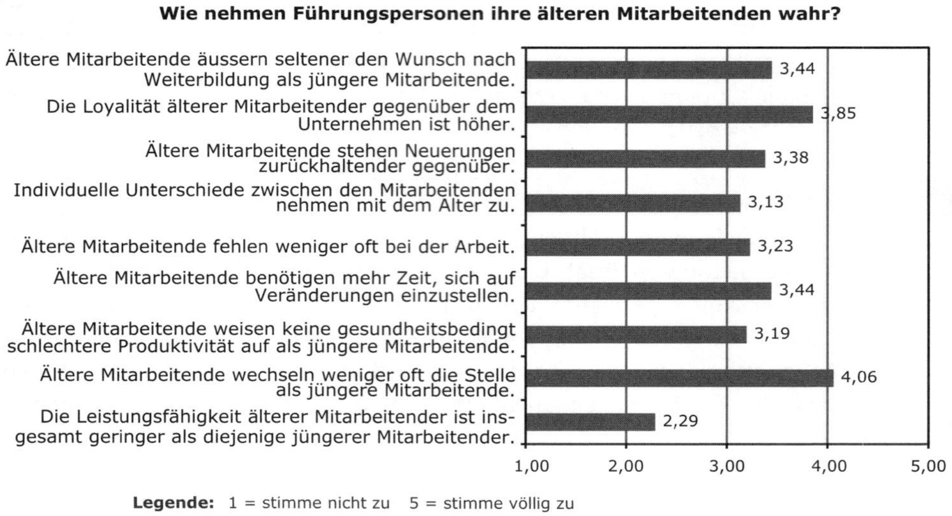

Abbildung 4.5: Wahrnehmung der Fähigkeiten älterer Mitarbeitender (Stereotypen)[118].

ARBEITSHILFE ONLINE

ARBEITSHILFE 10: Checkliste: Einstellungen gegenüber älteren Mitarbeitenden

Beantworten Sie bitte die folgenden Fragen.
Achtung: Lassen Sie sich nicht allein von Ihrer Einstellung leiten!

	Trifft gar nicht zu	**Trifft eher nicht zu**	**Weder noch**	**Trifft eher zu**	**Trifft voll zu**
Die meisten Unternehmen behandeln ältere Mitarbeitende unfair.					
Ältere Mitarbeitende haben weniger Arbeitsunfälle als jüngere.					
Ältere Arbeitnehmende in unserer Abteilung arbeiten genauso hart wie alle anderen.					
Ältere Arbeitnehmende sind für gewöhnlich kontaktfreudiger bei der Arbeit als jüngere.					
Ältere Arbeitnehmende sollten höhere Positionen im Unternehmen **nicht** räumen, um die Beförderung jüngerer Arbeitnehmer zu ermöglichen.					

[118] Vgl. Eberhardt u. a., 2013.

	Trifft gar nicht zu	Trifft eher nicht zu	Weder noch	Trifft eher zu	Trifft voll zu
Ältere Arbeitnehmende wollen Aufgaben mit hoher Verantwortung.					
Ältere Mitarbeitende können neue Fähigkeiten genauso leicht erwerben, wie andere Mitarbeitende.					
Wenn zwei Arbeitnehmende die gleichen Fähigkeiten haben, würde ich lieber mit der älteren Person zusammenarbeiten.					
Berufskrankheiten treten häufiger bei jungen Arbeitnehmern auf.					
Ältere Arbeitnehmer erzielen meist bessere Arbeitsergebnisse als jüngere.					

Auswertung

Diese Übung ist eher als Augenscheininstrument zu sehen. Sie können die angekreuzten Felder mit einer Linie verbinden und so überprüfen, ob ihre Einstellung gegenüber älteren Menschen eher *ablehnend, neutral* oder *positiv* ist. Haben Sie viele Kreuze im Bereich *Trifft gar nicht zu / Trifft eher nicht zu,* haben Sie eine eher ungünstige Wahrnehmung älterer Mitarbeitender. Liegen Ihre Kreuze eher in der Mitte, ist Ihre Einstellung neutral. Liegen viele Kreuze im Bereich *Trifft eher zu / Trifft voll zu,* ist Ihre Einstellung gegenüber älteren Menschen sehr positiv[119].

4.4 Körperliche und gesundheitliche Entwicklung

Die Bedeutung körperlicher Gesundheit verändert sich im höheren Alter und rückt vermehrt in den Vordergrund: Mit steigendem Lebensalter steigt die Wahrscheinlichkeit gesundheitlicher Probleme. Im frühen Erwachsenenalter sind schwerwiegende Krankheiten und gesundheitliche Einschränkungen selten, im späten Erwachsenenalter werden sie immer häufiger und oft zu normativen Ereignissen. Für junge Menschen ist Gesundheit meist noch nebensächlich, während es mit zunehmendem Alter zu einem zentralen Thema wird. Im Erwachsenenalter wer-

[119] Quelle: Verworn, 2012.

den normative und non-normative körperliche Ereignisse unterschieden[120]. Zu den normativen gehören z.B. eine Schwangerschaft oder die Menopause und zu den non-normativen zählen z.B. Unfälle oder Operationen. Die subjektive Bedeutung von Gesundheit kann sich nicht nur in Abhängigkeit vom Lebensalter, sondern auch aufgrund einschneidender biografischer Erfahrungen (Schwangerschaft, Geburt des ersten Kindes, berufliche Herausforderungen und Überforderungen oder körperliche Veränderungen wie Alterszeichen, Krankheitssymptome, körperliche Leistungsgrenzen u.a.) verändern. Obwohl sich Menschen interindividuell in ihrer körperlichen und psychischen Entwicklung unterscheiden, werden im Folgenden eine Auswahl einiger typischen Beschwerden nach Alter eines Menschen aufgezählt. Dazu wurden 5.400 Personen in Deutschland nach den häufigsten gesundheitlichen Beschwerden an Arbeitstagen befragt.

Tabelle 4.2: Beschwerden und Symptome an Arbeitstagen nach Altersgruppe[121]

		Altersgruppe (Angaben in Prozent)		
Häufige gesundheitliche Beschwerden an Arbeitstagen Basis: Alle Befragten	**Gesamt**	**<30**	**30–50**	**>50**
Schmerzen im unteren Rücken (Kreuzschmerzen)	58	56	58	60
Schmerzen im Nacken, Schulterbereich	60	61	60	60
Taubheitsgefühle oder Schmerzen in Armen / Händen	14	9	14	19
Taubheitsgefühle oder Schmerzen in Beinen / Füßen	13	12	11	17
Kopfschmerzen	38	48	37	28
Augenschmerzen, -brennen, Rötung, Tränen	22	23	22	23
Schlafstörungen	20	15	19	27
Hohe Angespanntheit	30	31	29	32
Vorzeitige Müdigkeit / Erschöpfung	37	41	36	34
Magen- oder Verdauungsbeschwerden	15	14	16	16
Hörverschlechterung, Ohrgeräusche	12	7	10	19
Nervosität / Reizbarkeit	26	22	26	28
Niedergeschlagenheit	18	19	18	15
Schwindelgefühle / Gleichgewichtsstörungen	7	6	7	9
Gesamt (Mehrfachnennungen)	**424**	**417**	**413**	**457**

120 Faltermaier et al., 2014.

121 Gekürzt und entnommen aus: BAuA; Kistler, Ebert, Guggemos, Lehner, Buck & Schletz, 2006.

4.5 Physische und psychische Entwicklung durch Führung fördern

4.5.1 Die Beurteilung der Arbeitsfähigkeit

Die mentale und körperliche Entwicklung ist ein wichtiger Bestandteil der Arbeitsfähigkeit und der lebenslangen Beschäftigung. Wie kann die Arbeitsfähigkeit beurteilt werden? Hierfür wurde der *Work Ability Index WAI* vom Finnish Institute of Occupational Health (FIOH) entwickelt. Der WAI ist ein arbeitsmedizinisches Erhebungsinstrument, ein Fragebogen, in dem die eigene Arbeitsfähigkeit im Verhältnis zu den Arbeitsanforderungen beurteilt wird. Im WAI wird die physische und psychische Beanspruchung durch Arbeit und der Gesundheitszustand und die Leistungsreserven der Befragten erhoben. Dieses Instrument wird in der betrieblichen Gesundheitsförderung auf individueller und betrieblicher Ebene eingesetzt.

Die Dimensionen des Work Ability Indexes (WAI)

Der WAI beurteilt die Arbeitsfähigkeit und beinhaltet verschiedene Fragebereiche:

- derzeitige Arbeitsfähigkeit im Vergleich zu besten, je erreichten Arbeitsfähigkeit,
- Arbeitsfähigkeit in Relation zu der besten, je erreichten Arbeitsfähigkeit,
- Anzahl der aktuellen, vom Arzt diagnostizierten Krankheiten,
- geschätzte Beeinträchtigung der Arbeitsleistung durch Krankheiten[122].

Der WAI wurde in vielen wissenschaftlichen Studien eingesetzt, um herauszufinden, welche privaten oder beruflichen Faktoren die Arbeitsfähigkeit beeinflussen. Er wird auch im Rahmen von arbeitsmedizinischen oder betriebsärztlichen Betreuungen eingesetzt. Dabei ist zu beachten, dass er nicht zum Selbstausfüllen eingesetzt werden sollte. Im WAI werden medizinische Angaben erhoben, die korrekte Anwendung bedarf medizinischen Fachpersonals/Arbeitsmedizinern. Die erhobenen Daten sind hochsensibel und unterliegen strengen Datenschutzvorschriften. Wenn der WAI für betriebliche Erhebungen (betriebsepidemiologische Untersuchungen) eingesetzt wird, geschieht dies, um die Arbeitsfähigkeit einzelner Alters- oder Tätigkeitsgruppen zu analysieren oder zu vergleichen. Die praktische Arbeit mit dem WAI bleibt also Betriebsärzten oder professionellen externen Akteuren, die unter ärztlicher Aufsicht agieren, vorbehalten. Dadurch ist die ärztliche Schweigepflicht sichergestellt. Aufbauend auf derartige Untersuchungen im Unternehmen

[122] Vgl. Schauer, 2006, S. 71.

können Maßnahmen zur Gesundheitsförderung zielgerichtet für bestimmte Personengruppen etc. abgeleitet und eingeführt werden[123].

Welche Einflussfaktoren im Unternehmen beeinflussen die Entwicklung der Arbeitsfähigkeit am nachhaltigsten? Der wirksamste Faktor zur Erhöhung der Arbeitsfähigkeit bei älteren Mitarbeitenden (zwischen 51. und 62. Lebensjahr) sind erwiesenermaßen v. a. altersbezogene Führungsfähigkeiten. Darunter wird die offene, nicht-stereotype Einstellung gegenüber älteren Arbeitnehmern, die Bereitschaft zur Kooperation, die Fähigkeit zur individuellen Entwicklungsplanung und die Kommunikationsfähigkeit verstanden[124].

! **WICHTIG**

Für eine erfolgreiche lebenslange Beschäftigung braucht man in jeder Lebensphase die Fähigkeit, die Aufgaben im Arbeitsumfeld zu bewältigen. Der wirksamste Faktor zur Erhöhung und zum Erhalt der Arbeitsfähigkeit ist die alternsgerechte Führung!

4.5.2 Gesundheitsorientierte Führung

Welche Rolle haben Führungspersonen mit Fokus auf die Gesundheit der Mitarbeitenden? Führungskräften kommen sowohl Aufgaben im traditionellen Arbeitsschutz (Reduzierung vermeidbarer Belastungen) als auch bei der Gesundheitsförderung im weiteren Sinne (Förderung von Ressourcen) zu. Aus Praxis und Literatur ist ersichtlich, dass Führungskräfte häufig ihren Einfluss auf die Gesundheit ihrer Mitarbeiter — was ihre Gestaltungsmöglichkeiten der Arbeitstätigkeit und die daraus resultierende Unter- beziehungsweise Überforderung betrifft — unterschätzen. Folgende Aspekte können in der gesundheitsorientierten Führung beachtet werden:

1. Maßnahmen ergreifen, um die Arbeitssituation gesundheitsförderlich zu gestalten.
2. Wissen aneignen über belastungs- und gesundheitsrelevante Prozesse und Umsetzungsstrategien zur Gesundheitsförderung — v. a. in Bezug auf psychische Gesundheitsaspekte.
3. Im Austausch mit den eigenen Mitarbeitenden deren Leistungsvoraussetzungen und Qualifikationen adäquat einsetzen und arbeitsbezogene Ressourcen fördern.
4. Als Führungsperson soziale Unterstützung anbieten.

123 Vgl. Schauer, 2006

124 Ilmarinen & Tempel, 2002.

Es konnte nachgewiesen werden, dass zahlreiche Führungskonzepte (gute Führung) sowie die Zufriedenheit mit dem Vorgesetzten die Gesundheit der Mitarbeiter positiv beeinflussen. Einige Studien bestätigen die negative Wirkung von Führung auf die Gesundheit der Mitarbeiter, d.h. die Wirkung von Führung als Stressor: Unzureichendes Konfliktmanagement, Ungeduld des Vorgesetzten, geringe Zufriedenheit mit dem Vorgesetzten sowie Nicht-Führen wirken sich nachteilig auf die Gesundheit der Mitarbeiter aus[125].

Fallstudie: Helsinki – eine Arbeitsstelle für jedes Alter

Die Stadt Helsinki hat sich das ehrgeizige Ziel gesetzt, Modellstadt bezüglich dem Management der Generationen zu werden. Dazu hat die Stadtverwaltung vier Ziele definiert:

- Die jungen Arbeitnehmer/-innen sollen in der Stadt bleiben,
- alle Arbeitnehmer/-innen sollen in der Kontinuität der Arbeit unterstützt werden,
- ältere Menschen sollen sich bei der Arbeit wohler fühlen, um ihr Arbeitsleben zu verlängern und
- es soll eine altersbewusste Kultur geschaffen werden, die mehr Rücksicht auf verschiedene Lebenssituationen und Bedürfnisse legt.

Um dies zu erreichen, wurden Projekte in etlichen öffentlichen Einrichtungen der Stadt implementiert. Den unterschiedlichen Anforderungen der Generationen, die in verschiedenen Lebenssituationen stecken, soll somit Rechnung getragen werden. In diversen Projekten geht es darum, effektive Managementtechniken für Personen verschiedenen Alters zu finden. So wurde z.B. im Sozialamt der Stadt das Management verschiedener Altersgruppen an verschiedenen Arbeitsplätzen verbessert. Im Rettungsdienst läuft derzeit ein Projekt, das einen Handlungsplan für das älter werdende Personal untersucht. Das Sport-Zentrum hat ein Mobilitäts- und Mobilisierungsprojekt gestartet und am Personalzentrum der Stadt wurde ein personalisiertes Bonussystem eingeführt. Die Stadt beabsichtigt, von der Belohnung langjähriger Erfahrung zur Honorierung erfolgreicher Aufgabenbewältigung überzugehen. Das bedeutet für die jüngeren Arbeitnehmer/innen ein höheres Einstiegsgehalt.

Um die Arbeit flexibler zu gestalten, beschloss die Stadt außerdem flexible Arbeitszeiten, Heimarbeit, individuelle Schichtplanung, Familienzeiten und Job Rotation. Für ältere Arbeitnehmer/-innen wurden Gymnastikkurse, Flexi-Zeit-Modelle, Umschulungen und Pensionierungsberatungen angeboten.

Die Maßnahmen haben sich ausgezahlt: Helsinki erreichte im Jahr 2012 den ersten Platz in der Auszeichnung Arbeitsstelle für jedes Alter (*workplaces for*

[125] Gregersen, 2011.

all ages award), einer Auszeichnung der Europäischen Kommission. Für die nächste Strategieperiode, 2013–2016, hat die Stadt die Maßnahmen weiter umgesetzt und ausgebaut[126].

ARBEITSHILFE ONLINE

ARBEITSHILFE 11: Praxistransfer — Alt und Älter werden — was bedeutet das?

Diese Arbeitshilfe finden Sie zum Download unter Arbeitshilfen online.

Was bedeutet das für die Praxis?

Machen Sie sich über die folgenden Fragestellungen Gedanken und überlegen Sie, welche Bedeutung der Umgang mit Alter und Alternsprozessen in Ihrer Organisation hat:

- Im Hinblick auf die Entwicklungsphasen Ihrer Mitarbeitenden: Welche konkreten Aspekte können Sie in der Personalführung berücksichtigen, um altersgerechte Lösungen zu finden?
- Gibt es betriebliche Maßnahmen zur Gesundheitsförderung in Ihrer Organisation? Wie können Sie den Erhalt der Gesundheit Ihrer Mitarbeitenden im Führungsalltag unterstützen?
- Viele Menschen haben implizite oder explizite Stereotype, auch gegenüber bestimmten Altersgruppen. Welche Aussagen über das Alter nehmen Sie in ihrem Führungsbereich vor („Der gehört zum alten Eisen.“, „Der ist noch grün hinter den Ohren.“)? Wie gehen Sie und die Mitarbeitenden damit um? Könnte man einige Stereotype oder Altersbilder reduzieren oder ausräumen?

Zusammenfassung und Kernaussagen des Kapitels

Bei der Altersbezeichnung kann zwischen chronologischem Alter (Anzahl Lebensjahre), biologischem Alter (Vergleich mit Menschen desselben chronologischen Alters), funktionalem Alter (wie gut gelingt es, im sozialen Umfeld zu funktionieren) und subjektivem Alter (empfundenes Alter) unterschieden werden.

Das subjektive Alter kann die Einstellung zur Arbeit besser vorhersagen als das chronologische Alter, da es direkt abhängt vom Selbst-Konzept der Person. Bei altersbezogenen Programmen macht es also Sinn, eine Einschätzung des subjektiven anstatt des chronologischen Alters vorzunehmen.

In der Arbeitswelt kommen mehrere altersbezogene Entwicklungsphasen vor, in denen jeweils spezifische Themen zentral sind:

- **Junges Erwachsenenalter**: Die jungen Menschen müssen einen Platz in der Gesellschaft finden, eine Partnerschaft eingehen und eine Identität weiterentwickeln.

[126] Aus: Blackham, 2014.

- **Mittleres Erwachsenenalter**: Die bisherige Lebensgestaltung und -struktur werden in Frage gestellt. Manchmal fällt in diesem Zusammenhang auch der Begriff *midlife crisis*. Der Höhepunkt des mittleren Erwachsenenalters ist mit 55–60 Jahren erreicht.
- **Spätes Erwachsenenalter**: Die physische Leistungsfähigkeit nimmt ab, erste Alterserscheinungen machen sich bemerkbar. Dennoch bleibt die Lernfähigkeit erhalten und Menschen im späten Erwachsenenalter profitieren von ihrer kristallinen Intelligenz.

Das Beispiel der kristallinen und fluiden Intelligenz zeigt, dass sich bestimmte Fähigkeiten bis ins hohe Alter verbessern, während andere gleichbleiben oder abnehmen. Das Gehirn ist bis ins hohe Alter lernfähig. Erkenntnisse wie diese können helfen, gängige Altersstereotype und Vorurteile zu vermeiden. Doch zuvor muss diese einseitige Wahrnehmung als solche erkannt werden und mit der Realität verglichen werden.

Baltes und Baltes setzten erfolgreiches Altern mit ihrem bekannten SOC-Modell in Beziehung. Dieses beschreibt Prozesse im Umgang mit dem Altern, die als Selektion, Optimierung und Kompensation bezeichnet werden. Selektion bedeutet Handlungsoptionen auszuwählen. Optimierung beschreibt die Investition von Ressourcen um Gewinne zu erzielen und Kompensation bezeichnet Versuche, das Funktionsniveau bei abnehmenden Ressourcen aufrecht zu erhalten.

Der Erhalt der Arbeitsfähigkeit ist ein zentrales Thema in allen Organisationen und Bereichen. Arbeitsfähigkeit bedeutet jedoch mehr als die Abwesenheit von Krankheit! Für wissenschaftliche Studien und arbeitsmedizinische Untersuchungen wird häufig der Arbeitsbewältigungsindex (WAI — Work Ability Index) verwendet, um Faktoren zu erfassen, die mit der Arbeitsfähigkeit in Zusammenhang stehen. Fachpersonen wie Betriebsärzte, die im Umgang mit diesem Instrument geschult sind, können daraus betriebliche Maßnahmen der Gesundheitsförderung ableiten.

5 Lernen – ein Berufsleben lang[127]

Wir behalten von unseren Studien am Ende doch nur das, was wir praktisch anwenden.

Goethe

Management Summary

Lebenslanges Lernen bedeutet kontinuierliches Lernen über die gesamte Lebensspanne hinweg. Es findet in verschiedenen Kontexten statt. Das Gehirn bleibt das ganze Leben lang lernfähig, bereits ab dem Pubertätsalter verändern sich jedoch bestimmte Lernmechanismen. Ein hohes Maß an Lernfähigkeit findet sich v. a. in Bereichen, in welchen viel Vorwissen vorhanden ist.

Bildungsinteressen, Motivation und bevorzugte Lernformen verändern sich über die Lebensspanne hinweg; die Kompetenzen der Mitarbeitenden sind entsprechend verschieden gelagert. Dies sollte in betrieblichen Weiterbildungsmaßnahmen berücksichtigt werden. Das Konzept des Intergenerativen Lernens bietet gute Voraussetzungen, diese Unterscheide gewinnbringend zu nutzen. Dabei geht es darum, dass verschiedene Generationen voneinander, miteinander und übereinander Lernen. Dieser Ansatz sollte in den Ansatz des Lebenslangen Lernens integriert werden, um dem Wissensverlust entgegenzuwirken, den das Ausscheiden der Babyboomer aus Organisationen (ohne ihren Erfahrungsschatz an die nachfolgende Generation weitergegeben zu haben) mit sich bringt.

Wissen kann in explizites und implizites Wissen unterschieden werden. Je nach Inhalten ist es darum nicht ausreichend, einen rein verbalisierten Wissenstransfer zu gestalten.

Mentoring bzw. Reverse Mentoring erfüllt diverse Funktionen neben dem naheliegenden Wissensaustausch. Dazu gehören auch soziale und innovationsfördernde Funktionen.

[127] Dieses Kapitel ist in Co-Autorenschaft mit Jan Rauch entstanden.

5.1 Warum brauchen wir Lebenslanges Lernen?

Definition: Lebenslanges Lernen

Lebenslanges Lernen bedeutet kontinuierliches Lernen über die gesamte Lebensspanne[128].

Das Konzept des Lebenslangen Lernens entstand aus bildungspolitischen Diskussionen der 1960er/1970er Jahre als Reaktion auf den beschleunigten gesellschaftlichen (sozialen) Wandel[129]. Hohe Arbeitslosenraten (wie z. B. in den 1990er Jahren), von der die Niedrigqualifizierten in der Regel am stärksten betroffen waren, haben dafür gesorgt, dass Lebenslanges Lernen wieder auf die politische Tagesordnung gesetzt wurde im Bestreben, die Beschäftigung- und Anpassungsfähigkeit der Bürgerinnen und Bürger zu verbessern. Die demografische Entwicklung hat unter

128 In Anlehnung an Lang, 2007, S. 5.

129 Vgl. Herzberg, 2008.

anderem zur Folge, dass der Bedarf an Fachkräften nicht mehr alleine dadurch befriedigt werden kann, dass in erster Linie auf Millennials gesetzt wird, welche neu in den Arbeitsmarkt eintreten, wie dies in der Vergangenheit der Fall war. Durch den technologischen Fortschritt und die Globalisierung der Märkte veraltet das während der schulischen und beruflichen Ausbildung erworbene Wissen schneller. Zukünftige Lernerfordernisse sind kaum noch vorhersehbar, so dass Schlüsselqualifikationen unterschiedlichster Art an Bedeutung gewinnen, sie drängen fachliche oder bereichsspezifische Qualifikationen in den Hintergrund[130]. „Das Lebenslange Lernen ist in einer Gesellschaft rapiden Wandels zu einer Existenznotwendigkeit geworden“[131].

Neben der gesellschaftlichen gibt es auch eine individuelle Sicht auf die Notwendigkeit des Lebenslangen Lernens. Ein zentrales Element der Arbeitsfähigkeit besteht darin, die benötigten Kompetenzen im Berufsleben durch Lernen zu erweitern oder zu erhalten. So kann es notwendig sein, Kompetenzen im Umgang mit Neuen Medien zu erwerben, damit dieselbe Tätigkeit längerfristig weiter ausgeübt werden kann, da die Abstimmung mit Kunden und Kollegen heute auch über diese Medien stattfindet. Bei dieser Perspektive geht es um den Erhalt der Kommunikationsfähigkeit. Lebenslanges Lernen ist auch erforderlich, um etwaige Verluste im Lebenslauf durch den Aufbau neuer Kompetenzen auszugleichen. Nimmt z.B. die körperliche Leistungsfähigkeit ab und wird damit die Ausübung einer entsprechenden Berufstätigkeit mit zunehmendem Alter erschwert, kann der frühzeitige Erwerb anderer Fähigkeiten (z.B. Planung und Organisation) helfen, den Tätigkeitsschwerpunkt zu verlagern. Dieses Lebenslange Lernen ist oftmals Grundlage für die Entwicklung der eigenen Karriere (wenn sich z.B. technische Expertinnen und Experten über Weiterbildungen Grundlagen der Führung aneignen).

! WICHTIG: Zentrale Annahmen des Lebenslangen Lernens

„...das Konzept des Lebenslangen Lernens [geht] von der zentralen Annahme aus, dass nicht alle lebensrelevanten Kompetenzen einzig in der Grundbildung erworben werden können, und zwar, weil

- **Kompetenzen sich im Laufe des Lebens weiterentwickeln und ändern und damit die Möglichkeit besteht, mit der Zeit Kompetenzen zu erwerben oder zu verlieren.**
- **die Anforderungen an die Menschen sich während ihres Erwachsenenlebens aufgrund des technologischen und strukturellen Wandels verändern.**

[130] Prenzel, 2000, S. 177.

[131] Kolland, 2008, S. 161.

- die Entwicklungspsychologie nachgewiesen hat, dass die Kompetenzentwicklung nicht mit dem Erwachsenenalter aufhört, sondern während des Erwachsenenlebens andauert.

Insbesondere Reflexivität, die Fähigkeit, reflexiv zu denken und zu handeln, setzt eine gewisse Reife und Erfahrung voraus."[132].

Im Zusammenhang mit Lebenslangem Lernen hat sich die Unterscheidung von drei Lernformen eingebürgert[133]:

- **Die formale Bildung** umfasst alle Bildungsgänge der obligatorischen Schule, der Sekundarstufe II (berufliche Grundbildung oder allgemein bildende Schulen) und der Tertiärstufe (höhere Berufsbildung, Hochschulabschlüsse oder Doktorate).
- **Die nicht-formale Bildung** umfasst die Lernaktivitäten im Rahmen einer Schüler-Lehrer-Beziehung außerhalb des formalen Bildungssystems. Dazu gehören z. B. Kurse, Konferenzen, Seminare oder Privatunterricht.
- **Das informelle Lernen** umfasst Aktivitäten, die explizit einem Lernziel dienen, aber außerhalb einer Lernbeziehung stattfinden. Dabei handelt es sich z. B. um das Lesen von Fachliteratur oder das Lernen von anderen Personen am Arbeitsplatz[134].

5.2 Kompetenzen und Lebenslanges Lernen

In Zusammenhang mit Lebenslangem Lernen wird häufig von *Kompetenzen* gesprochen. Die Betrachtung von Kompetenzen, die im Berufsleben benötigt, erworben und erweitert werden, geht über die Facetten der allgemeinen Intelligenz hinaus. Während es bei der Betrachtung von Intelligenz um generalisierbare und vom Kontext unabhängige Facetten von Leistung geht, werden Kompetenzen breiter gefasst. Häufig werden Kompetenzen als Voraussetzung zur Bewältigung komplexer Aufgaben und selbstorganisiertem Handeln beschrieben[135] und umfassen damit Intelligenz, Fertigkeiten, Wissen sowie weitere Qualifikationen. Sie sind erlernbar und beziehen sich meist auf einen Kontext oder eine Situation. Lebenslanges Lernen ermöglicht den Aufbau von Kompetenzen, die in der sich permanent wandelnden Arbeitswelt benötigt werden. Durch die Entwicklung von Kompetenzmodellen

132 OECD, 2005, S.19.

133 Gemäß Schweizer Bundesamt für Statistik, UNESCO, OECD und Eurostat.

134 Bundesamt für Statistik, 2013.

135 Z. B. Erpenbeck und Rosenstiel, 2007; Schaper, 2009.

und deren Einsatz in Instrumenten der Mitarbeiterauswahl, -entwicklung und -beurteilung werden Führungspersonen darin unterstützt, die für das Unternehmen als besonders erfolgskritisch definierten Kompetenzen zu entwickeln.

Lernaktivitäten sind für den Erhalt der kognitiven Fähigkeiten im Alter wesentlich und im Sinne des Lebenslagen Lernens in jedem Alter möglich. Durch Lernen wird die individuelle geistige Aktivität gefördert, das Wissen aktualisiert, die Reflexivität des Handelns gesteigert und die Kommunikation in sozialen Kontakten verbessert[136]. Das menschliche Gehirn verfügt über eine gewisse Plastizität und passt sich permanent veränderten Gegebenheiten an und verarbeitet neue Informationen. Dieser Anpassungs- und Aufnahmeprozess erfolgt im Gehirn immer dann, wenn etwas Neues gelernt wird, diese Fähigkeit bleibt auch bis ins hohe Alter erhalten[137]. Erwähnenswert ist die Tatsache, dass schon bereits nach der Pubertät die Einarbeitung in neue Wissensgebiete und die Neuorganisation bestehender kognitiver Strukturen mit wachsender Anstrengung verbunden ist[138]. Ergebnisse der Neurowissenschaften weisen auf einen veränderten Lernprozess bei Älteren hin, der auf Veränderungen im Prozess des Aufbaus synaptischer Verbindungen im Gehirn und einer Verhärtung neuronaler Strukturen beruht und den Aufbau von Expertise in einem Gebiet begünstigt[139]. Die sich daraus ergebende höhere Stabilität bestehender Wissensstrukturen und die hohe Lernfähigkeit in Bereichen, in welchen bereits ein umfassendes Vorwissen besteht, scheint typisch für das Lernen älterer Mitarbeiterinnen und Mitarbeiter zu sein[140]. Grundsätzlich nimmt die Lerngeschwindigkeit mit dem Alter ab, was u.a. auf die abnehmende Plastizität des Gehirns zurückzuführen ist. Die Abnahme fluider (logisches Denken und Problemlösung) und die Zunahme kristalliner (Fähigkeiten, welche von Wissen und Erfahrung abhängen) Intelligenz sowie das über die Jahre gesammelte Wissen führen dazu, dass ältere Menschen zwar mehr Wiederholungen benötigen, um einen Sachverhalt zu erlernen, sie finden jedoch leichter Anknüpfungspunkte an vorhandenes Wissen, an denen sie neue Lerninhalte anlehnen und diese entsprechend leichter merken und abrufen können. Sie wissen außerdem aus Erfahrung, welche Lernstrukturen und -methoden sie bevorzugt nutzen und auf welche Weise sie am effizientesten lernen. Entgegen der landläufigen Meinung bestehen für ältere Menschen also je nach Lerninhalt Vorteile beim Lernen neuen Wissens. Eine gewisse Erfahrung im Beruf und der Transfer von (theoretischen) Lerninhalten in eine praxisnahe Umgebung sollten dazu führen, dass Erlerntes schneller umgesetzt werden kann.

136 Vgl. Falkenstein & Sommer, 2006.

137 Blakemore & Frith, 2006, S. 176.

138 Vgl. Schmidt & Tippelt, 2005.

139 Vgl. Spitzer, 2003.

140 Vgl. Parasuraman, Tippelt, & Hellwig, 2007.

! **WICHTIG: Lernvoraussetzungen im Alter**[141]

Ältere

- können sich Kompetenz und Leistungsfähigkeit bis ins hohe Alter erhalten.
- kompensieren nachlassende fluide Intelligenz mit kristalliner Intelligenz.
- haben eigene Bildungsziele und umfangreiches Vorwissen.
- suchen in Bildungsveranstaltungen auch sozialen Kontakt.

5.3 Motivation im Altersverlauf

Durch Motivation erhält Verhalten eine Richtung auf ein Ziel und ist somit die Grundlage jeglichen Handelns.

Definition: Motivation

„Motivation ist eine momentane Gerichtetheit auf ein Handlungsziel, eine Motivationstendenz, zu deren Erklärung man die Faktoren weder nur auf Seiten der Situation oder der Person, sondern auf beiden Seiten heranziehen muss“[142].

Die Motivation, etwas Bestimmtes zu lernen, verändert sich im Laufe des Lebens und ist eine zentrale Voraussetzung für das Lernen als solches. Jüngere Menschen sind häufig primär motiviert, Leistung und Ressourcen zu maximieren, und es steht ein angestrebtes (End-) Ziel im Vordergrund (Ziel- oder Ergebnisfokussierung). Im Laufe des Erwachsenenalters nimmt das Potenzial für Entwicklungs- und Leistungsgewinne ab, die Gewinnorientierung verliert an Bedeutung und die Aufrechterhaltung vorhandener Ressourcen wird wichtiger[143]. Im höheren Erwachsenenalter treten dann Verluste stärker zutage (z. B. Gesundheit, Leistungsfähigkeit, Selbstständigkeit usw.), weshalb die Motivation zunimmt, diese Verluste zu kompensieren, während die Motivation, möglichst hohe Leistung zu erbringen, noch weiter an Bedeutung verliert (siehe Tabelle 5.1).

Im Arbeitsalltag kann dies z. B. bedeuten, dass jüngere Menschen einen Sprachkurs belegen, um ein Zertifikat zu erlangen und/oder in einem englischsprachigen Umfeld arbeiten zu können. Diese Sprachfähigkeit bei der Arbeit und der damit verbundene Zugewinn an beruflichen Möglichkeiten motiviert für die Teilnahme an einem Kurs (Ergebnisfokus). Mit zunehmendem Alter verändert sich diese Motivation: Weniger der berufliche Aufstieg, Prestige oder das Erlangen eines Zertifikats sind Gründe für das Lernen, sondern das Eigeninteresse und ganz allgemein die Freude am Lernen treten in den Vordergrund (Prozessfokus). Dies kann damit zu

141 Vgl. Lehr, 1994; Tietgens, 1992.

142 Heckhausen, 1989, S. 3.

143 Freund, 2014.

tun haben, dass ältere Personen im Beruf eine gewisse Stellung erreicht haben, die es ihnen ermöglicht, z. B. eine Weiterbildung mehr nach ihren Interessen zu planen und sie weniger darauf angewiesen sind, mit der Weiterbildung eine bestimmte Kompetenzlücke zu füllen, um beruflich weiterzukommen.

Menschen erfahren mit zunehmendem Alter auch erste Verluste (z. B. an Gesundheit, Leistungsfähigkeit usw.). Damit entsteht ein neuer Schwerpunkt bei der Motivation: die Kompensation und der Ausgleich dieser Verluste und die Entwicklung von Freude am Tun, unabhängig von einer Zielerreichung. Im obigen Beispiel hieße dies, einen Sprachkurs zu belegen, um zu erleben, wie man sich mit anderen Menschen in einer solchen Sprache unterhalten kann, neue Menschen kennen zu lernen usw.[144]

Tabelle 5.1: Veränderung der Lernmotivation im Lebenslauf[145]

	Millennials	Generation X & jüngere Babyboomer	Silver Worker & ältere Babyboomer
Entwicklungs-aufgaben	Entwicklungsaufgaben beziehen sich auf Gewinn (Familiengründung, Berufseinstieg).	Erfahrung erster Verluste (Gesundheit, kognitive/geistige Leistungsfähigkeit); Entwicklungsaufgaben beziehen sich auf das Konsolidieren (beruflich und familiär).	Entwicklungsaufgaben beziehen sich auf Aufrechterhaltung vorhandener Ressourcen und die Kompensation von Verlusten (Gesundheit, Selbstständigkeit im Alltag, soziale Kontakte).
Gewinn- und Verlustorientierung	Primär motiviert, etwas zu erreichen: Gewinnorientierung.	Gewinnorientierung verliert an Bedeutung, Aufrechterhaltung wird wichtiger.	Weniger motiviert, maximale Leistung zu erreichen; hoch motiviert, Verluste auszugleichen.
Prozess- und Ergebnisfokussierung	Primär motiviert, etwas zu erreichen; Anstrengung erfolgt als Mittel zum Zweck; Ergebnisfokus	Erreichen neuer Ziele wird mit zunehmendem Alter unwahrscheinlicher, das Tun selber wird zum Ziel und motiviert; Verlagerung vom Ergebnis- zum Prozessfokus.	Primär motiviert, etwas zu tun, um dabei Spaß zu haben, Menschen zu treffen, Neues zu erfahren etc.: Prozessfokus.

144 Vgl. Freund, 2014.

145 Eigene Darstellung, Inhalte entnommen aus Freund, 2014.

Es ist bekannt, dass das Lernumfeld entscheidenden Einfluss auf den Lernerfolg hat. Kann man sich dieses Umfeld aussuchen, steigt die Chance auf erfolgreiches Lernen und die spätere praktische Umsetzung. Je selbstgesteuerter die Auswahl z. B. einer Weiterbildung ist, desto höher müsste der Nutzen sein. Während es im frühen und mittleren Erwachsenenalter um den Auf- und Ausbau einer sicheren gesellschaftlichen Stellung geht, handelt es sich ab dem 50. bis 60. Lebensjahr um den Erhalt der beruflichen Position und der ökonomischen Leistungsfähigkeit. Bildungsbiografische Zukunftsvorstellungen beginnen im mittleren Lebensabschnitt sich langsam zu verschieben und so kann von Seiten der Unternehmen z. B. die Frage aufkommen, ob sich eine Bildungsanstrengung und -finanzierung in Anbetracht der eingeschränkten „ökonomischen Verwertbarkeit" überhaupt noch lohnt[146]. Auch im Kontext kleinerer und mittlerer Unternehmen scheint man sich diese Frage zu stellen, da die Jahrgänge 45plus als „Risikogruppe" bei der Weiterbildungsbeteiligung angesehen werden[147].

PRAXISBEISPIEL: Lebensphasenorientierte Personalentwicklung in einer öffentlichen Organisation

Das **Eidgenössische Departement für Verteidigung, Bevölkerungsschutz und Sport (VBS)** ist mit rund 12.000 Mitarbeitenden der größte Arbeitgeber der Bundesverwaltung und durch eine hohe Vielfalt an Tätigkeitsbereichen charakterisiert. Das Departement ist unter anderem mit einem hohen Durchschnittsalter der Belegschaft, mit Pensionierungswellen und mit einem Mangel an qualifizierten Fachkräften konfrontiert. Um diesen Auswirkungen der demografischen Entwicklung zu begegnen, wurden eine langfristige Strategie erarbeitet und Maßnahmen auf mehreren Ebenen umgesetzt. Dazu gehören die Einführung eines Kompetenzmanagements, die Professionalisierung des Personalmarketings und Maßnahmen für die Mitarbeitenden der Generation 55plus. Im Zentrum der Aktivitäten stand das Ziel, die Potenziale der Mitarbeitenden zu erkennen, zu fördern und letztlich für die Organisation optimal zu nutzen. Hier setzte das VBS Akzente in der Personalentwicklung und im Personalmarketing. Beispiele dafür sind:

- die Erhöhung der Qualität bei den Personalentwicklungsgesprächen mit Selbst- und Fremdeinschätzung anhand eines maßgeschneiderten Kompetenzmodells,
- ein moderner Auftritt für die Gewinnung von Mitarbeitenden sowie
- diverse Instrumente, welche die Führungskräfte bei der Arbeit in diesen Personalprozessen unterstützen.

[146] Schäffer, 2012, S. 370–372.

[147] Bellmann & Leber, 2008, S. 43.

Eine besondere Herausforderung stellen für das VBS die älteren Mitarbeitenden dar. Hier lautet die Kernfrage: Wie können auch älteren Mitarbeitenden Perspektiven aufgezeigt werden, damit sie ihre Fähigkeiten optimal in die Organisation einbringen können? Dazu hat das VBS einen bisher ungewohnten Weg beschritten und die Betroffenen selbst zu Wort kommen lassen: Durch eine breit angelegte Befragung zu den Einstellungen und Bedürfnissen der Zielgruppe ab dem Alter von 45 Jahren wurden wichtige Erkenntnisse für die Entwicklung von Maßnahmen gewonnen. Das Fazit war: Ältere Mitarbeitende dürfen von Führungskräften nicht vernachlässigt werden. Die Bereitschaft zur Leistung und die Disponibilität sind bei der älteren Generation vielerorts hoch. Mit geeigneten Maßnahmen können ältere Mitarbeitende gewinnbringend für die Organisation eingesetzt werden. Es kommt jedoch darauf an, *wie* man das umsetzt. Besonders gefordert sind aus Sicht des VBS die Führungskräfte, welche sich der Vielfalt an Profilen und Biografien stellen müssen. Das Departement setzt deshalb bei seinen Maßnahmen insbesondere bei den Führungskräften als *Enabler* an:

- Breite Sensibilisierung der Linienvorgesetzten für die Thematik,
- Standortbestimmung für ältere Mitarbeitende mit kompetenter Beratung,
- Investition in die Aus- und Weiterbildung über das 55. Lebensjahr hinaus,
- Förderung von geeigneten Arbeitsmodellen sowie
- Wissenstransfer[148].

5.4 Lebensalter und Lernen

Die Literatur liefert verschiedene Erklärungsmodelle darüber, *wie* Menschen verschiedenen Alters lernen[149]. Grundsätzlich kann Lernen als Prozess betrachtet werden, der Erarbeitung neuen Wissens auf der Basis bisheriger Erfahrungen und Wissens ermöglicht[150]. Ausgehend von dieser Definition liegt der Schluss nahe, dass sich Lernprozesse von Älteren und Jüngeren schon alleine deshalb unterscheiden, weil jüngere Menschen bislang weniger Lebenszeit hatten, um Erfahrungen jedweder Art zu sammeln. Neben den sich unterscheidenden Motivationslagen von Generationen, den unterschiedlichen Entwicklungen der Intelligenzstruktur und der unterschiedlichen Menge an Erfahrungen kann es nicht erstaunen, dass Menschen unterschiedlichen Alters sich bezüglich Lernkultur, -gewohnheiten, -interessen u. a. lernrelevanter Faktoren unterscheiden.

[148] Vgl. Kühni & Lüthi, 2015.

[149] Z. B. Merriam, Caffarella & Baumgartner, 2007.

[150] Vygotsky, 1997.

5.4.1 Verschiedene Lernformen für die Generationen?

Die nach 1980 geborenen Millennials sind die erste Generation, die von Anfang an mit Computern und Internet aufgewachsen sind.

Interessantes aus der Forschung

Gemäß einer internationalen Media-Studie[151] besuchen 81 % der Millennials täglich Facebook (damit doppelt so häufig wie sie TV gucken bzw. Zeitungen lesen) und fast die Hälfte liest täglich Blogs[152].

Die Lerngewohnheiten und -präferenzen sind von Generation zu Generation unterschiedlich. Folgende Trends und Lernpräferenzen sind charakteristisch für die Millennials[153]:

- „Handeln und Ergebnisse sind wichtiger als Wissen. Letzteres kann im Moment des Bedarfes abgerufen werden.
- Geschwindigkeit, d. h. sofortige Information, ist wichtiger als Genauigkeit.
- Versuch und Irrtum ist ein präferierter Lösungsweg, d. h. es gibt ein höheres Interesse an problembasiertem Lernen.
- Kürzere Lernsequenzen werden bevorzugt.
- Millennials sind es gewohnt, mehrere Aktivitäten gleichzeitig laufen zu lassen: *‚A generation that likes to parallel process and multitask as a way of life'*[154].
- Die Millennials bevorzugen visuelles Lernen und *‚short bites of information'*[155], anstatt einen Text zu lesen.
- Gemeinsames Lernen — Interaktion, Diskussion und Networking sind für die Generation präferierte Wege.
- Die Millennials sehen Wissen als einen aktiven Entstehungsprozess, wobei Wissen in der Community weitergegeben bzw. konsumiert wird (konstruktivistischer Ansatz)."[156]

Ältere lernen noch immer bevorzugt induktiv und fallbezogen[157]. Während den Dozierenden eine stärker moderierende als belehrende Rolle zukommt, ist die Berück-

[151] Galloway, 2010.

[152] Kleiminger, 2011.

[153] Schofield & Honore 2009/2010.

[154] Forrester 2006, S. 5.

[155] Ebenda.

[156] Aus: Kleiminger, 2011, S. 138.

[157] Wenke, 2001.

sichtigung von Erfahrungswissen und bestehendem Fachwissen eine wesentliche didaktische Forderung an die Weiterbildung Älterer. Ideale Lernformen für Ältere fördern das sogenannte selbstgesteuerte Lernen, welches an der Autonomie der Teilnehmer anknüpft oder es werden bevorzugt kooperative und interaktive Lernformen eingesetzt[158]. Der Wunsch, eigenes Wissen einbringen zu können, wird im Rahmen der biografischen Arbeit erfolgreich in der Erwachsenenbildung eingesetzt, auch wenn sich dieses didaktische Modell besser für die Arbeit mit altershomogenen Lerngruppen eignet. Ein weiterer früh dokumentierter Wunsch Älterer an Bildungsangebote ist der Austausch mit anderen Lernenden in der Gruppe[159]. Welche Anforderungen an die Zusammensetzung der Gruppen gestellt werden, etwa hinsichtlich der Altersstruktur, bleibt offen. Es ist davon auszugehen, dass die Unterschiedlichkeit im Bezug auf die Bildungsinteressen und -barrieren eher zunehmen sowie insgesamt die Heterogenität innerhalb höherer Altersgruppen größer ausfallen wird als bei Jüngeren[160]. Tabelle 5.2 gibt eine Übersicht zu den unterschiedlichen generationsspezifischen Unterschieden in den Lern- und Entwicklungspräferenzen.

Tabelle 5.2: Generationsspezifische Unterschiede in den Lernpräferenzen[161]

	Babyboomer	Generation X	Millenials
Arbeitsmoral	Hart arbeiten	„Workaholic“	nur so hart arbeiten wie nötig
	bei der Arbeit	bei der Arbeit	bei der Arbeit
	Diskussionsgruppen	Einzelcoaching	Übungen mit KollegInnen und Feedback
Favorisierter Weg, um Sozialkompetenzen zu erlernen	Einzelcoaching	Übungen mit KollegInnen und Feedback	Diskussionsgruppen
	Direkte Schulungen	Beurteilung und Feedback	Einzelcoaching
	Übungen mit KollegInnen und Feedback	Diskussionsgruppen	Beurteilung und Feedback

158 Bubolz-Lutz, 2000; Christ & Röhrig, 2001.

159 Tietgens, 1992.

160 Schmidt, 2006.

161 Aus: Thoma, 2014, in Anlehnung an Tolbize, 2008.

	Babyboomer	Generation X	Millenials
Bevorzugter Weg um Fachkompetenzen zu lernen	direkte Schulungen	bei der Arbeit	bei der Arbeit
	bei der Arbeit	direkte Schulungen	direkte Schulungen
	Arbeitshefte und Handbücher	Arbeitshefte und Handbücher	Arbeitshefte und Handbücher
	Bücher und Lektüre	Bücher und Lektüre	Bücher und Lektüre
	Einzelcoaching	Einzelcoaching	Einzelcoaching
Feedback und Betreuung	könnten sich von andauerndem Feedback verletzt fühlen	sollte unmittelbar und kontinuierlich stattfinden	unmittelbar und kontinuierlich
Entwicklungsbereiche	Kompetenztraining im Fachgebiet	Führungsverhalten	Führungsverhalten
	Führungsverhalten	Kompetenztraining im Fachgebiet	Problemlösen, Entscheidungsfindung
	Computerschulung	Teamentwicklung	Kompetenztraining im Fachgebiet

▶ PRAXISBEISPIEL: Eine Bankausbildung speziell für Millennials

Ein Ausbildungsprogramm speziell für die Generation Y hat die Firma **CYP** (Center for Young Professionals) aus Zürich entwickelt. Es handelt sich um ein durch und durch digitalisiertes Lernkonzept, das den zukünftigen Anforderungen der Arbeitswelt entspricht. Ebenso fließen die neuesten Erkenntnisse der Lehr- und Lernforschung, der Hirnforschung sowie der Psychologie ein.
Dieses Konzept ist sehr innovativ und vielfältig. Neben Präsenzzeiten gehört ebenso die absolut papierlose Vor- und Nachbereitung zur Ausbildung. Die Ausbildung richtet sich an Azubis des Bank- und Finanzwesens und enthält einen hohen Praxisanteil. Jeder Teilnehmer erhält einen Tablet-Computer als wichtigstes Instrument. Während der Präsenzstunden arbeiten die Teilnehmer in Großgruppen von bis zu 48 Lernenden, was einen breiten Austausch von Lern- und Praxiserfahrungen ermöglicht. Angeleitet werden die Stunden von einem Trainer mit höherer fachlicher Ausbildung und zwei Coachs mit vertiefter pädagogischer bzw. didaktischer Ausbildung[162].

▶ BEISPIEL: 50plus — Erfahren, engagiert und erfolgreich

Die Schweizer **Versicherungsgruppe Nationale Suisse** hat in den Jahren 2013 und 2014 ein Programm der Personalentwicklung für die Generation 50plus konzipiert und durchgeführt.

162 CYP Association , 2015.

Für die Generation 50plus sollte eine Workshop-Reihe erstellt werden, deren Ziel es war, die Bedürfnisse der Zielgruppe wahrzunehmen. Dazu wurde ein Programm entwickelt, das auf die Weiterentwicklung fokussiert war, da die älteren Mitarbeiter explizit als Chance für das Unternehmen gesehen wurden. Ebenso sollte im Projekt der Bedarf zur Zusammenarbeit der verschiedenen Generationen geklärt werden.

In 4 Workshopmodulen wurden unterschiedliche Themen in den Fokus gestellt:

1. Älterwerden und Demografie,
2. Persönliche Standortbestimmung und Transfer,
3. Lebensphasenübergänge,
4. Resilienz.

Die Seminarleiterinnen konnten in der Gruppe einen offenen Umgang beobachten. Die Mitarbeiter vertraten die Ansicht, dass das Unternehmen noch zu wenig Commitment zum Thema 50plus zeige, da es im Alltag noch keine spürbaren Maßnahmen im Umgang mit der Zielgruppe gebe. Das starke Interesse der Teilnehmenden zeigte sich auch an der hohen Resonanz und der Zahl der Anmeldungen für die Workshops. Ihnen allen war es sehr wichtig, gehört zu werden. Dies bewies, dass die Workshopreihe eine enorme Bedeutsamkeit für das Unternehmen und die Mitarbeiter hatte.

Die emotional aufgeladene Stimmung beruhigte sich ab dem zweiten Modul auch wieder und der Gruppe gelang es so, gut und effektiv zusammenzuarbeiten. Ebenso untersuchten sie den Verlauf der Phasen aus gruppendynamischer Sicht und benannten Anfangs ein starkes *Forming* statt eines *Stormings*, dann ein vorsichtiges *Norming* und starkes *Performing* im 3. und 4. Modul. Der Gruppenzusammenhalt stieg stark an. Dies lag auch daran, dass im Projektzeitraum die Nationale Suisse in die Helvetia AG integriert wurde, was etliche Umstellungen im Unternehmen nach sich zog.

Die Workshopreihe wurde von den Teilnehmenden sehr positiv aufgenommen und erhielt eine sehr gute Bewertung in der Evaluierung (9,1 von 10 Punkten).

Die Autoren definierten fünf Schlüsselthemen für den Umgang mit der Zielgruppe 50plus:

1. Das Älterwerden sollte ressourcenorientiert betrachtet werden. Wertschätzung spielt eine große Rolle (Ohne Wertschätzung kein Engagement und keine Motivation!). Der Leistungsanspruch und die Rahmenbedingungen müssen angepasst werden.
2. Die Erfahrungen der Mitarbeiter sollten geschätzt und auch genutzt werden. Dazu ist ein generationenübergreifender Wissenstransfer nötig.
3. Auch die Zusammenarbeit zwischen den Generationen ist wertvoll, da Diversität einen Erfolgsfaktor darstellt. Eine lebensphasenorientierte Personalentwicklung schafft die Grundlagen für das optimale Zusammenspiel.

4. Das Thema Gesundheit ist in allen Lebensphasen wichtig. Bei der Generation 50plus gilt es, spezielle Maßnahmen zu treffen um die Fähigkeiten und die Gesundheit zu erhalten.
5. Ein ressourcenorientierter Umgang schließt auch das Lebenslange Lernen und Fördern mit ein.

Diese Schlüsselthemen können helfen, den Arbeits- und Führungsalltag optimal zu gestalten![163]

5.4.2 Lebenslanges Lernen nach Art der Bildungs- oder Lernaktivitäten

Motivation zur Teilnahme an (Weiter-) bildungen ist abhängig von individuellen, aber auch generationalen Unterschieden. Während Jüngere häufiger ergebnisorientiert sind (also z. B. einen Kurs zu einem guten Teil aufgrund des formalen Abschlusses besuchen), steht bei älteren Weiterbildungsteilnehmenden häufiger der Prozess an sich im Fokus (also z. B. die Freude, etwas Neues zu lernen usw.). Die Welt des Lernens hat sich jedoch auch auf anderer Ebene verändert. Noch vor nicht allzu langer Zeit war „Bildung, Betreuung und Erziehung [...] v. a. die Weitergabe der eigenen Lebensweise, des eigenen kulturellen Erbes, der eigenen Lebensvorstellungen innerhalb der Familie an die eigenen Kinder und Kindeskinder, von ‚Generation zu Generation'" (Rauschenbach, 2011). Dies beinhaltete unter anderem auch, dass Kinder dieselbe Schule besuchten und oft auch denselben Beruf zu erlernen hatten wie die ältere Generation. Neben der schulischen (formellen) nahm also v. a. die informelle Bildung einen großen Stellenwert. Diese Verteilung hat sich im Laufe der letzten stark verändert; dies spiegelt sich unter anderem in unterschiedlichen Präferenzen genutzter Lernformen im Altersverlauf wider (siehe Abbildung 5.1).

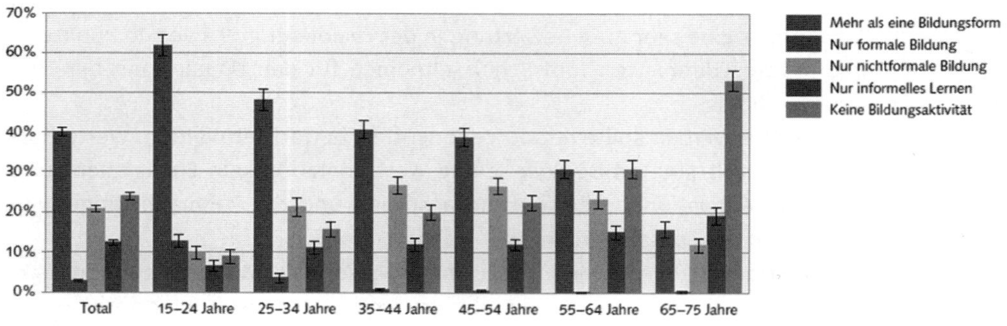

Abbildung 5.1: Lebenslanges Lernen nach Alter und Lernform (Anteil in Prozent der ständigen Wohnbevölkerung; Bundesamt für Statistik; 2013)

[163] Vgl. Miescher & Holzer, 2015.

5.4.3 Bildungsverhalten und -interessen Älterer

Die vom deutschen Bundesministerium für Bildung und Forschung geförderte repräsentative EdAge-Studie zu Bildungsverhalten und -interessen Älterer[164] lieferte einige wichtige Ergebnisse zu Verständnis und Planung nachhaltiger Weiterbildungsaktivität. Setzt man diese Ergebnisse mit den Daten des Schweizer Bundesamtes für Statistik über Bildungsaktivität[165] in Bezug, können einige Aussagen bezüglich Lebenslangen Lernens gemacht werden:

- Die Teilnahmequoten an formaler und nicht-formaler Bildung verschiedener Altersgruppen deuten auf eine im Alter nachlassende Bildungsbeteiligung hin — allerdings erst ab 65 Jahren, also nach dem Pensionsalter. Dies könnte dahingehend gedeutet werden, dass Weiterbildung, trotz individueller Interessen und erhöhter Prozessorientierung im Alter, an die Arbeitsstelle gekoppelt ist. Dafür spricht auch der nachfolgende Befund.
- Die Variable Erwerbstätigkeit erhöht die Wahrscheinlichkeit einer Weiterbildungsteilnahme erheblich — Anlässe und Motivation für Weiterbildung werden offensichtlich stark aus der beruflichen Tätigkeit gezogen; dieser Befund wird auch dadurch bestätigt, dass durch den Übergang in die Nacherwerbsphase die Beteiligung an beruflich motivierter, formaler und non-formaler Bildung zunächst ab Mitte 50 und dann nochmals stark ab Mitte 60 nachlässt.
- Diese Ergebnisse bestätigen sich auch in der Differenzierung der Untergruppen z. B. nach Schulbildung, wobei sich hier ein unterschiedlicher Rückgang der Weiterbildungsbeteiligung erkennen lässt. Akademiker nehmen nahezu doppelt so häufig an Weiterbildungsmaßnahmen teil als Nicht-Akademiker.
- Zwar zeigen sich im Bereich der privat motivierten Bildungsteilnahme auch geringe Unterschiede zwischen den Altersgruppen, diese stehen jedoch nicht in einem linearen Zusammenhang mit dem Alter. Direkt nach dem Berufsausstieg steigen die privat motivierten Bildungsaktivitäten sogar leicht an und gehen dann bis zum 80. Lebensjahr auf konstant niedriges Niveau zurück.
- Im Bereich der beruflichen Weiterbildung deuten die Beteiligungsquoten auf eine verhältnismäßig ähnliche Partizipation der beruflich Aktiven hin, jedoch wird mit zunehmendem Alter der Arbeitnehmenden auch der Anteil der älteren Teilnehmenden geringer. Das lässt schlussfolgern, dass die Weiterentwicklung beruflicher Handlungskompetenz immer noch eine Domäne der jüngeren und mittleren Erwerbstätigen ist.

164 Schmidt & Tippelt, 2009.

165 Ergebnisse des Mikrozensus Aus- und Weiterbildung 2011, 2013.

Aus einer früheren Untersuchung zum Thema Weiterbildungsverhalten und -interessen älterer Arbeitnehmer lassen sich außerdem folgende Ergebnisse ergänzen[166]:

- Über 50-Jährige nehmen insgesamt seltener an Weiterbildungen teil. Eine Entscheidung für eine Weiterbildung erfolgt häufiger auf eigene Initiative oder betriebliche Anordnung und nicht durch Impulse von Vorgesetzten, die bei den unter 50-Jährigen häufig zur Weiterbildungspartizipation führen.
- Bezieht man die geschlechtsspezifischen Unterschiede mit ein, so kommt bei den über 50-Jährigen bei den weiblichen Weiterbildungsteilnehmern häufiger die eigene Initiative zum Tragen als bei den männlichen Kollegen, während sich diese Unterschiede in der Gruppe der bis 50-Jährigen nicht zeigen.

5.5 Wissen und Wissenstransfer

5.5.1 Wissen und Wissensaustausch: Lernen durch Wissenstransfer als Baustein einer lernenden Organisation

Wissen umfasst ganz unterschiedliche Elemente und bezieht sich auf fachliches Know-how, Erfahrungs- und Handlungswissen. Es wird in explizites (theoretisches Wissen) und implizites Wissen (praktisches Können) unterteilt[167]. Explizites Wissen ist klar kommunizierbares Wissen, das aufgrund der formellen Form der Benennung (z. B. Fachwortschatz) gespeichert, verarbeitet und übertragen werden kann. Implizites Wissen bezieht sich auf Kenntnisse und Fähigkeiten, die nicht explizit formuliert sind und oftmals nicht gut erklärt werden können. Es geht um das Wissen, wie man etwas macht. Als Beispiel kann hier das Schleifen eines Teiles im Handwerk oder in der industriellen Fertigung genannt werden. Das können erfahrene Mechaniker gut zeigen, das Wissen lässt sich deutlich schlechter exakt beschreiben über Druckstärke mit Feile, Winkel des Werkstücks und der Schleifmaschine zueinander.

Unterschiedlichen Generationen werden in der Praxis und in der Wissenschaft unterschiedliche Wissensschwerpunkte zugeordnet. Ältere Mitarbeitende bauen im Laufe ihres Berufslebens vielfältiges implizites Wissen auf, während jüngere Mitarbeitende aufgrund ihrer Nähe zur Schulausbildung, Lehre oder Studium auf um-

166 Schmidt (2005/2006.

167 Vgl. Nonaka, 1994.

fangreiches explizites Wissen zurückgreifen können. Ein gemeinsames Lernen, gemeinsame Weiterbildungen und systematischer Wissenstransfer soll diese beiden Stärken der Generationen zusammenbringen.

Das Wissen, das in einem Unternehmen vorhanden ist, ist schwer in einer Unternehmensbilanz erfassbar. Es stellt jedoch das intellektuelle Betriebsvermögen dar, deshalb ist es wichtig, sicherzustellen, dass erfolgsrelevantes Wissen nicht verloren geht, wenn z.B. ein Mitarbeiter altershalber ausscheidet[168]. Unterschiedliche Generationen haben unterschiedliche Wissensschwerpunkte und ein Transfer hilft, das vorhandene Wissen innerhalb der Organisation zu verbreiten und gut zu verankern. Das kann durch formales Wissensmanagement und informellen Austausch oder einem Teilen von Know-how unter Kollegen erfolgen. Die Handlungsmöglichkeiten für die Führung liegen einerseits in der Schaffung von festen Formen der Zusammenarbeit und des Austauschs und in der Entwicklung und Förderung einer alterssensitiven Kultur, die diesen Austausch positiv fördert.

Damit der Wissenstransfer — auch bei einer für Austausch förderlichen Unternehmenskultur — nicht rein zufällig erfolgt, braucht man einen systematischen Wissenstransfer oder -austausch. Hierzu eignen sich z.B. regelmäßige Seminare und Workshops, bei denen Wissen verschiedener Generationen aktiv eingebracht, reflektiert und ausgetauscht wird, altersgemischte Teamarbeit oder Mentoring mit Angehörigen verschiedener Generationen.

DEFINITION: Wissensaustausch

Um was geht es beim Wissensaustausch? Beim Wissensaustausch geht es um die Weitergabe von Informationen, die Verarbeitung und die Anwendung von Wissen. Dazu gehört die Reflexion von Erfahrungen mit allen Vor- und Nachteilen, möglichen Verbesserungen und Alternativen und die Verankerung von neu erworbenem Wissen. Hierfür wird eine aktive Auseinandersetzung mit neuen Informationen und auch das Imitieren von Verhaltensweisen anderer Personen (Modelllernen) benötigt[169].

[168] Vgl. Ellwart, Mock und Rack, 2010.

[169] Vgl. Ellwart, Mock, & Rack, 2010.

5.5.2 Intergeneratives bzw. intergenerationales Lernen

DEFINITION: Intergeneratives bzw. intergenerationales Lernen

Die Ausdrücke intergeneratives bzw. intergenerationales Lernen werden häufig synonym verwendet und bedeuten ganz einfach *generationenübergreifend* in dem Sinne, dass Leute verschiedenen Alters gemeinsam lernen und im Optimalfall von ihren jeweils unterschiedlichen fachlichen, lerntechnischen, erfahrungsbasierten und anderen Facetten des Lernens gegenseitig profitieren. „Intergeneratives Lernen ist in das Konzept des Lebenslangen Lernens integriert, wenn man darunter das Aufnehmen, Erschließen und Einordnen von Erfahrungen und Wissen in das je subjektive Handlungsrepertoire über die gesamte Lebensspanne versteht“[170]

Intergenerative Lernangebote schaffen den Rahmen und die Möglichkeit, dass jüngere von älteren Mitarbeitenden lernen und umgekehrt. Damit wird ein Grundstein gelegt für einen Wissenstransfer und den Aufbau einer lernenden Organisation. Der notwendige Mentalitätswandel in unserer alternden Gesellschaft impliziert pädagogisch, dass ältere Personen nicht zum Objekt von Bildungsmaßnahmen werden, sondern dass sie die Bildungsprozesse gemeinsam mit den jüngeren Generationen aktiv gestalten.

Intergeneratives Lernen findet in formalen, informellen, privaten, schulischen sowie beruflichen Settings statt (z.B. betriebliche Mentoringprogramme, Großelterndienste und Leihomas, Mehrgenerationenhäuser, Seniorenstudium, Reisen, Betreuung von Familienangehörigen etc.). Historisch betrachtet war diese Lernform im Bereich der familiären Bildung verortet[171].

Drei didaktische Zugänge intergenerativen Lernens können unterschieden werden[172]:

- **Voneinander lernen:** Weitergabe von Wissen von einer Generation — der ein gewisser Expertenstatus zugesprochen wird — an eine andere. In der Regel ist die ältere Generation als Lehrende und die jüngere als Lernende an diesem Prozess beteiligt. Im Bereich der Erwachsenenbildung ist auch eine umgekehrte Konstellation anzutreffen (z.B. Computerkurse für Senioren).
- **Miteinander lernen***:* Bei dieser Lernform wird die intergenerative Wissenskonstruktion betont. Mehrere Generationen treten als Lernende auf und die Expertise des Lerngegenstands liegt außerhalb der beteiligten Lernende (z.B. junge

[170] Schmidt & Tippelt, 2009, S. 85.

[171] Franz, 2006.

[172] Vgl. Siebert & Seidel, 1990; Newman & Hatton-Yeo, 2008.

Studierende besuchen mit Studierenden des Seniorenstudiums zusammen ein Seminar).

- **Übereinander lernen**: Hier wird kein externes Expertenwissen benötigt, sondern die gemeinsame Reflexion und der Austausch über generationsspezifische Erfahrungen und Perspektiven stehen im Mittelpunkt (z.B. Austausch in der Erwachsenenbildung, familiäre Interaktionen und im Kontext bürgerschaftlichen Engagements).

Für den Wissensaustausch zwischen Generationen eignen sich intergenerative Formen des gemeinsamen Lernens.

Interessantes aus der Forschung

Im Rahmen eines intergenerativen Ausbildungsprogramms eines großen Automobilherstellers wurde eine Studie zum Wissensaustausch in altersgemischten Lerngruppen durchgeführt. In mehreren Interviews mit jüngeren (16–19 Jahre) und älteren (41–47 Jahre) Teilnehmenden, Ausbildern und Berufsschullehrern wurde über weniger Fehlzeiten, verbesserte Prüfungsleistungen und prosoziales Verhalten in altersdurchmischten Teams berichtet. Außerdem zeigte sich, dass beide Gruppen sowohl Empfänger wie auch Vermittler verschiedener Wissensformen (implizit und explizit) sein können. Durch den Austausch in altersdurchmischten Teams in der täglichen Zusammenarbeit und das gemeinsame Lösen von Aufgaben wird explizites Wissen mittels impliziter Lernprozesse in beide Richtungen vermittelt. Schwer verbalisierbares, implizites Wissen wird entgegen früherer Annahmen also durchaus auch von Jüngeren an Ältere vermittelt. Identifiziert wurden auch die drei beschriebenen Oberkategorien (voneinander, miteinander und übereinander Lernen). Jüngeren wird großes Schulwissen sowie Technik- und Medienkompetenz, den Älteren umgekehrt hohes praktisches Fachwissen sowie Wissen über betriebsspezifische Abläufe und Normen zugeschrieben. Jüngere Auszubildende geben an, dass das Voneinander-Lernen durch unternehmensspezifisches Prozesswissen der Älteren gestärkt wird, außerdem erwerben sie „...durch die Schilderungen der Älteren ein realistisches Bild über ihren künftigen Arbeitsplatz ... und [können] ausgehend von den Kenntnissen der Älteren zu notwendigen Anforderungen im Arbeitsalltag, ihre Kompetenzentwicklung gezielter steuern“[173]. Neben der Position als Fachkraft mit hohem Erfahrungswissen dienen ältere Mitarbeitende den jüngeren häufig als Rollenvorbild, v. a. im Bereich sozialer Kompetenzen wie dem Umgang mit Teamkollegen, dem Aufbau einer eigenen professionellen Haltung oder bei der Konfliktlösung. Dies bringt häufig zusätzlich eine bes-

[173] Gerpatt & Voelpel, 2014, S. 3.

sere Vernetzung im Betrieb mit sich, als es Jüngere in altershomogenen Teams erfahren. Umgekehrt berichtet die Gruppe der Älteren von der „schrittweisen Übernahme … impliziten Wissens von ihren jüngeren Kollegen", z. B. bei der Problemstrukturierung, der Aufbereitung und dem Einprägen von Lerninhalten oder Herangehensweisen an komplexe Aufgabenstellungen. Alle Altersgruppen können zudem aktiv explizites Wissen weitergeben und durch das gemeinsame Tun auch implizit voneinander lernen, wenngleich hier die Jüngeren verstärkt vom Erfahrungs- und Fähigkeitswissen der Älteren profitieren.
Bezüglich des Miteinander-Lernens lassen sich in den Interviews positive Effekte auf die Motivation der altersdurchmischten Teams feststellen. Ältere betrachten eine erneute Aus- oder Weiterbildung oft als außergewöhnliche Chance, welche sie unbedingt nutzen wollen. Die Wirkung dieser positiven Lerneinstellung auf die Gruppe lässt sich an gestiegenem Selbstbewusstsein der Auszubildenden sowie einer unterdurchschnittlichen Anzahl an Fehltagen der Gesamtgruppe feststellen. Eine Altersdurchmischung braucht unter Umständen eine Eingewöhnungsphase bei gemeinsamen Lernprogrammen und eine Lernkultur, die das Miteinander der Generationen fördert. Wichtige Voraussetzung für ein erfolgreiches gemeinsames Lernen ist eine positive Lerneinstellung der Teilnehmenden.
Das Übereinander-Lernen dient unter anderem dem Abbau von Vorurteilen und Altersstereotypen und scheint ein entscheidender Faktor im Bezug auf die Wirkung der anderen beiden Oberkategorien zu sein. Die Interviews zeigen, dass das Verständnis und die Wertschätzung durch gemeinsames Lernen und respektvolle Zusammenarbeit für die jeweils andere Gruppe gesteigert werden. Sowohl das Voneinander-Lernen als auch das Miteinander-Lernen dürften durch den Abbau von Vorurteilen enorm profitieren, darauf sollte ein Trainer sein spezielles Augenmerk legen.

Vor dem Hintergrund unterschiedlicher Lerngewohnheiten und -arten überrascht nicht, dass altersdurchmischten Teams ein hoher Lernerfolg und damit einhergehend eine hohe Zufriedenheit bescheinigt wird — sofern sich diese Unterschiede dahingehend steuern lassen, dass sie sich gewinnbringend ergänzen. Eine entscheidende Bedeutung kommt dabei der Rolle des Trainers zu. „Entscheidend für den Erfolg altersgemischter Weiterbildung ist der Trainer als Gestalter einer integrativen Lernkultur sowie, falls nötig, Vermittler zwischen den Generationen. Neben der Steuerung des unterschiedlichen Lerntempos der Jüngeren und Älteren ist insbesondere die Wahl der Lernmethodik eine Herausforderung. Trotzdem ist es Aufgabe des Trainers oder Coaches, die individuellen Lernbiografien soweit möglich in die Trainingsplanung einzubeziehen[174].

[174] Gerpatt & Voelpel, 2014, S. 4

Es konnte zwar verschiedentlich nachgewiesen werden dass Lernen im Erwachsenenalter besonders auf der Lernmotivation und den Lernerfolgen in der grundlegenden Bildung beruht, wesentlich ist es jedoch, Möglichkeiten des intergenerativen Lernens als Aspekt des Lebenslangen Lernens zu fördern. In der beruflichen wie in der privat motivierten Weiterbildung bieten sich hierfür vielfältige Begegnungsmöglichkeiten der Generationen. Durch die geringe Partizipation der Älteren an der formal organisierten Erwachsenen- und Weiterbildung ist jedoch ein „fruchtbares miteinander und übereinander Lernen" noch keine Realität, obwohl 80 % der befragten Personen in der EdAge-Studie[175] den Austausch mit Jüngeren dies als *sehr wichtig* bis *wichtig* einschätzen. Vergleicht man die Untergruppen, ist das Interesse am Austausch mit jüngeren Personen bei den noch erwerbstätigen 45- bis 64-Jährigen deutlich höher als bei Nicht(-mehr)-Erwerbstätigen. Je höher die Bildung der Befragten, umso stärker ist auch die artikulierte Nähe zu den nachwachsenden Generationen. Ältere Personen, die gelegentlich ihre Enkel und Urenkel betreuen und so einen Kontakt zu jüngeren Generationen pflegen, haben auch eine positivere Haltung zu intergenerativem Lernen. Die Forscher vermuten, dass beruflich oder privat bedingte Erfahrungen mit jüngeren Generationen den Wunsch nach intergenerationalem Austausch auch innerhalb von Bildungskontexten verstärken[176].

!

WICHTIG: Gestaltung von Lernprozessen in altersgemischten Lerngruppen

A. Teilnehmende aus verschiedenen Generationen

- Mix an Fähigkeiten, Kompetenzen, Erfahrungen.
- Lernmotivation und Bereitschaft zur intergenerationalen Zusammenarbeit.

B. Trainerrolle

- Gestalter einer intergenerativen Lernkultur.
- Ggf. Vermittler zwischen Generationen.
- Kann verschieden Medien einsetzen und die Nutzung bei allen Altersgruppen begleiten.
- Altersgemischtes Trainerteam von Vorteil.
- Kann prozessorientiert vorgehen und verschiedene Lerntempos begleiten.

C. Nachbetreuung und Lerntransfer

- Transfergespräch mit Vorgesetzten zur Umsetzungsbegleitung.
- Tätigkeitserweiterungen, Aufgabenanpassungen etc.
- Vernetzung mit Peers aus gemeinsamer Lerngruppe, evtl. Einsatz von Reverse Mentoring.
- Peer Coaching als Transfersicherung.

[175] Schmidt & Tippelt, 2009.

[176] Ebenda, S. 83

5.5.3 Was sind die Erfolgsfaktoren für den Wissensaustausch zwischen den Generationen?

Durch Wissensaustausch wird Wissen vermehrt und verbreitert und eine Wissensbasis im Unternehmen aufgebaut: die Organisation lernt! Dies geschieht über die Zeit und ist bildet das für das Unternehmen so wichtige Gedächtnis der Organisation, das *institutional memory*. Es wird davon ausgegangen, dass für einen effizienten Ablauf in einem Unternehmen ca. 30 % explizites Wissen und ca. 70 % implizites Wissen oder praktisches Know-how benötigt wird. Mentoring Programme helfen, ein solches praktisches Wissen weiterzugeben. Sie erfordern Mentorinnen und Mentoren, die offen und flexibel und gut etabliert sind und die eigene Organisation und Kultur gut verstehen. Ein ganz zentrales Erfolgskriterium ist das Interesse der Mentoren am Programm und am Wissensaustausch. Ein solches Interesse entsteht in Organisationen mit einer alterssensitiven und lernförderlichen Organisationskultur, die auch vermittelt, dass Menschen kurz vor der Pensionierung noch viel zu sagen und weiterzugeben haben[177].

Eine wichtige Barriere im Weitergeben von Informationen und implizitem Wissen durch ältere Mitarbeitende ist Angst. Lernen, Entwicklung, Innovation und Wissenstransfer werden gehemmt, wenn:

- das Arbeitsklima schlecht ist,
- Arbeitsplatzangst herrscht,
- das Vorgesetztenverhalten mangelhaft ist oder
- ein hoher Zeitdruck besteht (hohes Arbeitsvolumen).

Ältere Mitarbeitende erleben häufiger weniger Wertschätzung, haben Angst vor Entlassung und trauen sich dementsprechend nicht, Ideen oder Kritik anzubringen. Abwehrreaktionen bei Veränderungen oder Neuerungen sind daher häufiger anzutreffen. Die Gewöhnung an bestimmte Abläufe und Prozeduren macht eine Umstellung anstrengend und erzeugt Unsicherheit. Lernen, Wissenstransfer und innovatives Verhalten braucht eine Ausrichtung aller Prozesse (z. B. Leistungsbeurteilung, Vorgesetztenverhalten) auf Entwicklungsmöglichkeiten. Das braucht Zeit, eine gewisse Risikobereitschaft und ein Interesse daran, sich Probleme und Ideen anzuhören und nach Lösungen zu suchen[178].

[177] Vgl. Amedzro St-Hilaire &Toure, 2010.

[178] Vgl. Holz, 2007.

Tabelle 5.3: Zentrale Erfolgsfaktoren für den Wissensaustausch[179]

Merkmalsklasse	Erfolgsfaktor	Förderlicher Einfluss (Beispiel)	Hinderlicher Einfluss (Beispiel)
Personenmerkmal	Einstellung zur Altersdiversität	positive Einstellung zur Altersvielfalt und Wissen über Vorteile von Altersvielfalt	negative Vorurteile gegenüber anderen Generationen
Personenmerkmal	Persönliche Motive und Ziele	Anerkennung durch Vorgesetzte für aktive Wissensvermittlung	durch Wissensvermittlung entstehen persönliche Nachteile (z. B. älterer Mitarbeiter wird überflüssig und entlassen)
Personenmerkmal	eigene Kompetenzzuschreibung	werden eigenes Wissen und eigene Kompetenz positiv beurteilt, steigt die Bereitschaft Wissen zu teilen	fehlendes Zutrauen in die eigenen Kompetenzen neues Wissen aufzubauen
Gruppenmerkmal	Wissen um Expertise anderer	je besser die Expertise der anderen bekannt ist, desto schneller und effizienter erfolgt Wissensaustausch	Gruppenprozesse verhindern Zugriff oder Nutzung von Expertenwissen
Gruppenmerkmal	Zielklarheit des Wissensaustauschs	klare Ziele für Wissensaustausch vorgeben	ohne konkretes Ziel gibt es keine konkreten Handlungen
Gruppenmerkmal	Teamklima	altersgemischte Teams mit positivem Klima	Negatives Teamklima und Abwertung von Einzelpersonen
Aufgabenmerkmale	Zeit und Raum für Wissensaustausch	feste Formen des Austauschs, im direkten Austausch und auch in neuen Arbeitswelten schaffen (z. B. Kollaborationsplattformen)	mangelnde Zeit, Wissensaustausch wird der Selbstorganisation überlassen
Aufgabenmerkmale	Aufgabenkomplexität und Grad der gegenseitigen Abhängigkeit	altersdiverse Teams haben Vorteile bei komplexen Aufgaben, da verschiedene Expertisen eingebracht werden können	hinderliche Gruppenprozesse, bei denen Wissensvorteile ausgespielt werden

179 Eigene Darstellung, Inhalte in Anlehnung an Ellwart, Mock, & Rack, 2010.

5.5.4 Wissensaustausch und Mentoring

Mentoring ist die Form der Personalentwicklung, die für die Vermittlung von informellem Wissen der Silver Worker (der älteren Babyboomer, die kurz vor der Pensionierung stehen) an die Millennials als besonders erfolgreich eingestuft wird[180].

DEFINITION: Mentoring

Mentorinnen und Mentoren sind Personen mit fortgeschrittenet Erfahrung und Wissensbasis, die sich bereit erklärt haben, ihren Schützlingen (Mentees) Aufstiegsmöglichkeiten und Unterstützung bei der Karriere bereit zu stellen[181].

Mentoring kann informell oder formell stattfinden und wird üblicherweise dafür eingesetzt, um Leitlinien, Rat und Möglichkeiten für die professionelle und persönliche Entwicklung vom Mentor/von der Mentorin zur Verfügung zu stellen. Formale Mentoringprogramme werden oftmals durch Trainings- und Coachingangebote für die Teilnehmenden ergänzt. Sie haben den Vorteil, dass gezielte Zielklärungen bei den Teilnehmenden vorgenommen werden oder auch eine Sichtbarkeit für das Interesse an persönlicher Entwicklung und Vernetzung in der Organisation dokumentiert wird.

Mentoring als Möglichkeit des Wissenstransfers wird klassisch so eingesetzt, dass Babyboomer oder Angehörige der Generation X die Mentorenrollen wahrnehmen und Mentees die Millennials oder jüngere Angehörige der Generation X sind.

▶ **PRAXISBEISPIEL: Ältere Mitarbeitende bilden ein Beratungsunternehmen**

Die **ABB (Asea Brown Boveri)**, ein internationaler Energie- und Automatisierungstechnikkonzern mit Hauptsitz in Zürich, hat vielfältige Methoden entwickelt, um den demografischen Entwicklungen zu begegnen und Wissensverluste so gering wie möglich zu halten:
Für Mitarbeitende ab 45 Jahren besteht das Angebot, eine dreitägige Standortbestimmung durchzuführen. Diese hat zum Ziel, die jetzige und zukünftige Situation zu beleuchten. Dies kann dazu führen, dass der Mitarbeiter in einer ganz neuen Funktion tätig wird und möglicherweise sogar einen Auslandseinsatz in einer anderen Zweigstelle des Unternehmens wagt. Da davon ausgegangen werden kann, dass der Mitarbeiter bereits über einige Erfahrung verfügt, kann sowohl das Unternehmen als auch der Mitarbeiter von einer Neuorientierung profitieren.

180 Vgl. Laiho & Brandt, 2012.

181 In Anlehnung an Kram, in Laiho & Brandt; 2012.

Das Unternehmen ist auf das Wissen der ältesten Mitarbeiter angewiesen, um den Wartungsservice älterer Industrieanlagen durchführen zu können. Häufig werden deshalb Arbeitnehmer auch nach dem Pensionsalter von 65 Jahren auf freiwilliger Basis weiterbeschäftigt.
Für die Führungskräfte hat die ABB eine spezielle Idee entwickelt. Zusammen mit den Partnern ALSTOM und Bombardier wurde 1993 die Beratungsfirma Consenec AG gegründet. In diese werden die Führungskräfte der Trägerfirmen mit 60 Jahren automatisch aufgenommen. Sie verlassen ihren bisherigen Aufgabenbereich in der Firma und arbeiten in der Beraterfirma in einem frei wählbaren Pensum. Die Consenec AG erhält so das Wissen der Mitarbeiter. Auch externe Firmen können eine Beratung durch die Consenec AG buchen und von dem enormen Erfahrungsschatz profitieren.
Mit dem Consenec-Modell wurde ein Pilotkonzept für die nachhaltige und langfristige Ausrichtung des Unternehmens geschaffen. Das Konzept genießt in der Wirtschaft viel Anerkennung und wurde mittlerweile in ähnlicher Form in der SBB und der Swisscom eingeführt[182].

Die positiven Wirkungen von Mentoring liegen für Mentees häufig in der Karriereentwicklung, dem psychosozialen Support und der Wirkung von Rollenvorbildern. Zwischenzeitlich sind vielfältige positive Wirkungen für die Mentorinnen und Mentoren dokumentiert, z. B. die Auffrischung des eigenen Tuns durch kreative, frische Energie, die im Austausch mit den Mentees freigesetzt wird, oder die Optimierung der eigenen Aufgaben durch den vertrauensvollen Austausch und die Unterstützung im Umgang mit Technik durch die Mentees. Diese Entwicklung dient den Teilnehmenden im Mentoringprogramm und der Organisation selbst. Diese positive Wirkung von Mentoring und Mentoringprogrammen gelingt jedoch nicht immer. Sie wird verfehlt, wenn etwa die Beziehungsebene zwischen Mentor und Mentee nicht gut etabliert werden kann oder die Erwartungen der Beteiligten nicht zueinander passen. Wichtig für den Aufbau von Mentoringprogrammen ist deshalb eine gute Einbettung und Organisation des Programms, das Finden und die Auswahl von Mentorinnen und Mentoren, die sich als Rollenvorbilder eignen und eine geeignete Zusammenstellung der Paare (Matching)[183].

[182] Vgl. Honegger, 2013.

[183] Vgl. Laiho & Brandt, 2012.

! WICHTIG

Warum brauchen wir für die Führung verschiedener Generationen ein Mentoring-Programm?[184]

- Stärkt Wissen und Kompetenzen und fördert Lernen,
- Transfer von implizitem Wissen und praktischem Know-how zwischen Generationen,
- ermöglicht erfahrungsbasiertes Lernen,
- baut ein soziales Netzwerk innerhalb der Organisation auf,
- erhöht Innovation und Qualität.

Welche Herausforderungen und Gefahren gibt es?

- Passende Mentoren und Paare finden,
- Organisation: Einführung und Erhalt,
- Ressourcenknappheit und Terminfindung.

Eine innovative Form des Mentorings zwischen den Generationen ist das Reverse Mentoring. Es orientiert sich an einer integrativen Ausrichtung des Führens verschiedener Generationen und fokussiert nicht mehr auf den eher einseitigen Wissenstransfer von den Älteren zu den Jüngeren. Ziel des Reverse Mentoring ist der Austausch von Wissen und Erfahrung von jüngeren Mitarbeitenden mit älteren Mitarbeitenden und umgekehrt. Dabei soll jede Generation ihren Wissensvorsprung in die Beziehung einbringen (z. B. technologische Fähigkeiten, Erfahrungswissen und Netzwerk) und sich gegenseitig unterstützen. Reverse Mentoring wird als ein generationenübergreifendes Mittel zur Führungsentwicklung eingestuft[185].

Reverse Mentoring erfüllt in Ergänzung zum klassischen Mentoring die folgenden Funktionen[186]:

- **Wissen teilen**:
  Technische oder inhaltliche Erfahrung wird geteilt und allgemeine Trends werden besser verstanden.
- **Kompetenzentwicklung**:
  Bietet Lenkung und Feedback für die Beherrschung neuer Kompetenzen und neuen Wissens.

[184] Vgl. ebenda, S. 443.

[185] Vgl. Murphy, 2012.

[186] Vgl. Allen & Finkelstein, 2003; Murphy, 2012.

- **Herausfordernde Ideen**:
  Neue Problemlöseansätze und Vorschläge für Lösungsumsetzung.
- **Vernetzung**:
  Lehrt soziale Vernetzung und führt Mitarbeitende zu mehr sozialer Integration.
- **Unterstützung und Feedback**:
  Unterstützt Lernen und Feedback für neues Wissen und Kompetenzerwerb.
- **Bestätigung und Ermutigung**:
  Ermutigt zum Experimentieren mit neuem Verhalten.
- **Neue Perspektiven**:
  Bietet frische Perspektiven für die Organisation und deren Geschäft; beweist Offenheit für neue Ideen.

PRAXISBEISPIEL: Reverse Mentoring: Dialog der Generationen — Ein Projekt von Credit Suisse Diversity and Inclusion Schweiz[187]

Wie kann ein großes Unternehmen innovativ und agil bleiben? Dies war die Kernfrage, auf die die **Credit Suisse**, eine Schweizer Großbank mit Sitz in Zürich, mit einem Reverse Mentoring Programm reagierte. Die Initiative zielt darauf ab, den Austausch der jungen Generation im Unternehmen (20- bis 30-Jährige) mit den Mitarbeitenden der erfahrenen Generation (älter als 50 Jahre) zu fördern. Dabei sind entgegen der üblichen Mentoring-Praxis die jungen Mitarbeitenden die Mentoren, die älteren die Mentees. Dieses umgekehrte Verhältnis öffnet den Raum für innovative Ideen, fördert das gegenseitige Lernen auf Augenhöhe und bereichert das persönliche Netzwerk aller Beteiligten. Beide Parteien erfahren Anerkennung und Wertschätzung für ihre Anliegen und Perspektiven. „Wir befinden uns tatsächlich in der historisch einmaligen Situation, dass fünf Generationen nebeneinander in der Berufswelt tätig sind. Da jede dieser Generationen mit anderen Prägungen und Wertvorstellungen aufgewachsen ist, wird sie auch durch unterschiedliche Faktoren motiviert", so eine Mentee der Credit Suisse. „Reverse Mentoring ist keine Einbahnstraße, es ist vielmehr ein Geben und Nehmen. Gerade für junge Mentoren kann es interessant sein, zu sehen, wie Seniors Themen angehen, Probleme lösen und Prioritäten setzen. Andererseits sorgt der unbefangene, neue Blick und das Hinterfragen bestehender Strukturen auch bei uns für frischen Wind."
Der Wissenstransfer findet dabei zweigleisig statt. Einerseits lernen die jungen Mentoren neue Bereiche der Firma kennen, zu denen sie bislang keinen Zugang hatten, und sie können ihre Fähigkeiten und Anliegen vertieft den älteren Mitarbeitenden nahe bringen. Die beruflich erfahreneren Mentees wiederum können diese Erkenntnisse mit ihrem Wissen und an ihrem Netzwerk spiegeln.

---

187 Langer, 2015.

Gemeinsam werden Fragestellungen entwickelt, neue Wege gefunden und gegenseitiges Vertrauen aufgebaut. „Die Beziehung zwischen meinem Mentor und mir ist eine Businesspartnerschaft, aus der wir beide wertvolle neue Kontakte knüpfen und neue Business-Ideen kreieren konnten“, bestätigt ein Mentee.
Das Reverse-Mentoring-Programm läuft über eine Dauer von sechs Monaten und startet mit einem gemeinsamen Kick-off-Event. Während des Programms treffen sich Mentees und Mentoren vier- bis sechsmal für 60–90 Minuten. Zudem begleiten zwei Workshops die Teilnehmenden durch das halbe Jahr, in denen klassische Mentoring-Themen aufgegriffen sowie die Vorteile von altersgemischten Teams diskutiert und erprobt werden.
Was konnten die Teilnehmerinnen und Teilnehmer aus dem Programm mitnehmen? „Ich habe gesehen, wie wichtig es ist, sich auch mit Kollegen auszutauschen, mit denen man im normalen Berufsalltag keinen Kontakt hat. Man gewinnt so viele neue Einsichten und Informationen. Gerade in großen Unternehmen sollte man die Diversität aktiv nutzen“, berichtet ein Mentor und ergänzt: „Diversität ist nicht nur ein Schlagwort — ich habe nun verstanden, wie sie gelebt werden kann und wie viel Positives sie jedem Mitarbeiter für seine persönliche Karriere, aber auch fürs Miteinander im Unternehmen bringen kann.“
Eine Mentee freut sich: „Ich sehe meinen Arbeitgeber wieder mit den Augen eines Berufseinsteigers. Als einen Ort, der vielfältige Möglichkeiten bietet und an dem jede Karriere möglich ist. Ich muss gestehen: ich habe viel meiner Freude wiedergefunden durch diesen Prozess.“
Eine Vielzahl von Mitarbeiterinnen und Mitarbeitern entwickelt sich so innerhalb der Credit Suisse weiter. Spannende Begegnungen werden möglich, Wissen und Fähigkeiten der jungen Mitarbeitenden bereichern den Arbeitsalltag. So wird eine Brücke von Respekt und Vertrauen zwischen den Generationen aufgebaut. Mentees wie Mentoren erleben und erproben die generationenübergreifende Zusammenarbeit und lernen, ihr Gegenüber zu schätzen. Die Erfahrungen aus dem Programm zeigen, dass sämtliche Teilnehmerinnen und Teilnehmer die neuen Erkenntnisse in ihren Arbeitsalltag integrieren, sodass ein Multiplikationseffekt entsteht und der Brückenschlag tatsächlich gelingt.

5.6 Lebensphasenorientierte Personalentwicklung

Eine der zentralen Führungsaufgaben ist es, Mitarbeitende zu entwickeln und für die heutigen und künftigen Anforderungen im Beruf arbeitsfähig zu halten. Für das Lebenslange Lernen ist es empfehlenswert, Bildungsformate anzubieten, die das gemeinsame generationenübergreifende Lernen in altersgemischten Lerngruppen stärkt und fördert. Die Vorteile liegen auf der Hand: es kommt zu gegenseitigem Verständnis, dem Abbau von Altersstereotypen und -vorurteilen, einem breiten Aufbau von Wissen. Gleichzeitig wird eine alterssensitive und generationengerechte Kultur gefördert.

Generationsspezifische Angebote können hilfreich sein, sind aber nicht immer zweckmäßig (siehe Abschnitt intergeneratives Lernen). Gleichwohl existieren Unterschiede zwischen den Generationen bei den Lernpräferenzen und der Art und Weise der Mediennutzung. Die Mitarbeitenden haben unterschiedliche Interessen und Bedürfnisse in Abhängigkeit von der jeweiligen Lebensphase, in der sie sich befinden. Methodik und Didaktik unterscheiden sich und die Motivation für die Weiterbildung (siehe Kapitel 5.3) sind zwischen den Generationen unterschiedlich gelagert.

Eine lebensphasenorientierte Personalentwicklung ergänzt das gemeinsame generationenübergreifende Lernen und orientiert sich an den typischen Fragestellungen und Herausforderungen der jeweiligen Lebensphase (und dem spezifischen Bedarf an Kompetenzaufbau).

Die Millennials haben als zentrale Herausforderung den Berufseinstieg und die erste Etablierung im Berufsleben zu bewältigen. Generation X und die jüngeren Babyboomer haben als zentrale Entwicklungsaufgabe die konstante Erweiterung von Wissen und der Aufbau eines funktionierenden beruflichen Netzwerkes bei gleichzeitig erhöhtem Anspruch an die Vereinbarkeit von Beruf und Familie mit oftmals jüngeren Kindern. Die Babyboomer sind meistens etabliert im Berufsleben und benötigen Qualifikationen in neuen Themen oder Medien, beschäftigen sich mit Fragen der Motivation und Ausrichtung der letzten Berufsphase sowie Themen der Work-Life-Balance. Die Silver Worker unter den Babyboomer haben als zentrale Fragestellungen die Gestaltung des Übergangs von Berufsleben zur Pensionierung, den Wissenstransfer, den Umgang mit Veränderungen und gleichwohl das Interesse an Neuem und der Verantwortungsübernahme.

Hieraus entstehen altersspezifische Angebote, z.B. eignen sich Schulungen im Bereich der IT-Anwendungen für eine altersspezifische Angebotsgestaltung, da sie verschiedenen technischen Grundkompetenzen und Geschwindigkeiten beim Wissenserwerb gerecht werden sollten. Die *Digital Natives* haben hier vermutlich älteren Mitarbeitenden gegenüber einen Vorteil.

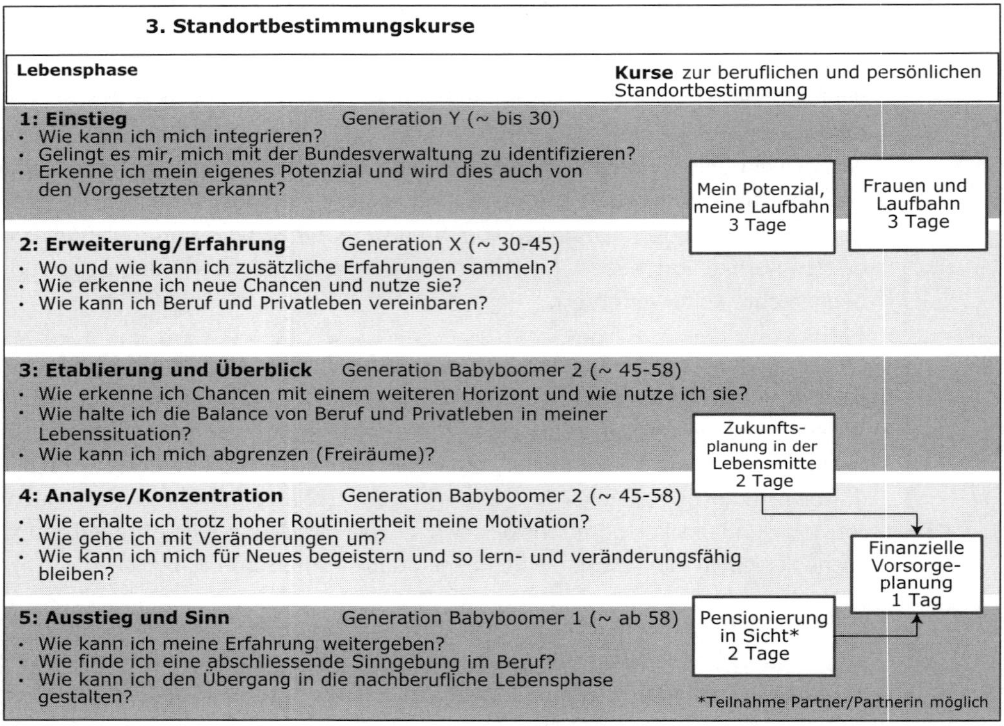

Abbildung 5.2: Beispiel Standortbestimmungskurse der Bundesverwaltung Schweiz als Teil der lebensphasenorientierten Personalentwicklung[188]

Für das Thema lebensphasenorientierte Personalentwicklung ist zu beachten, dass die klassischen Berufsbiografien durch neue Modelle ersetzt werden und Karrieren entstanden sind, die sich durch Unterbrechungen und unterschiedliche, sich verändernden Schwerpunktsetzungen ergeben (Multigrafie).

Je nach individuellem Karriereverlauf und der persönlicher Arbeitsbewältigungsfähigkeit entstehen unterschiedliche Berufswege. Ein neueres Modell zur Gestaltung von Laufbahnen schlägt vor, Varianten der Laufbahnplanung zu ermöglichen. Variante eins zeigt die klassische Aufstiegsvariante mit bereichernden Tätigkeiten und Weiterbildungsmöglichkeiten über das gesamte Berufsleben hinweg. Variante zwei fokussiert auf eine verbesserte Work-Life-Balance, eigene Interessen können im Sinne der Persönlichkeitsentwicklung verfolgt werden und es kommt zu Unterbrechungen, wie z. B. Sabbaticals. Variante drei fokussiert auf eine neue Form der

188 Wymann, 2014.

Berufsentwicklung, es wird bewusst entschieden, kürzer zu treten, der Mitarbeiter wechselt auf weniger anspruchsvolle und stressige Aufgaben oder verzichtet bewusst auf eine Führungsverantwortung. Diese Laufbahnentwicklung in Modellvarianten kann im besonderen Maß den unterschiedlichen Entwicklungen hier v. a. älterer Mitarbeitender gerecht werden[189].

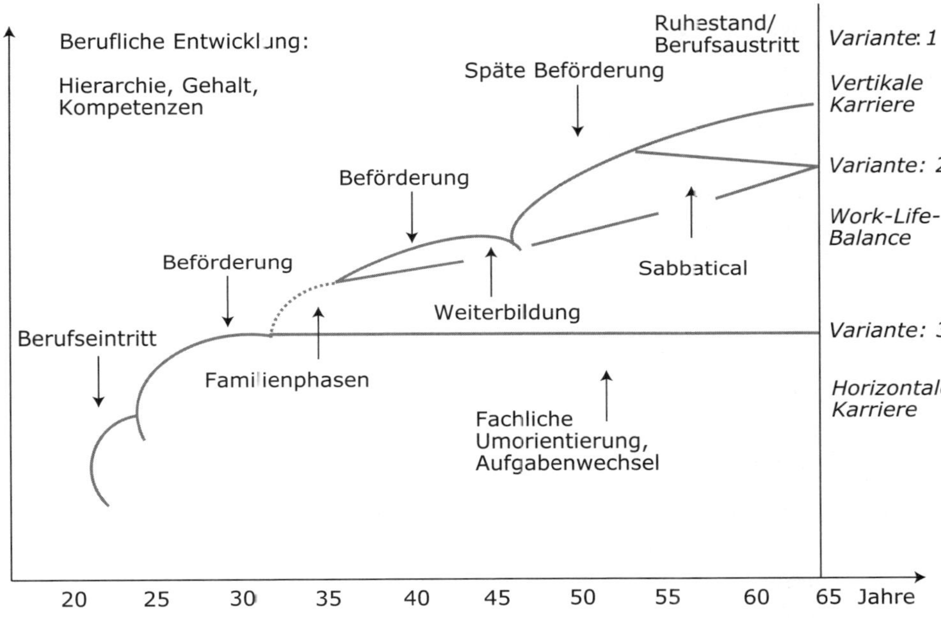

Abbildung 5.3: Neue Modelle im Berufsleben[190]

PRAXISBEISPIEL: Lebenslanges Lernen in einem Multitechnologieunternehmen[191]

Ein Beispiel für ein Unternehmen, das 2010 die Auszeichnung „Deutschlands Beste Arbeitgeber" sowie den Sonderpreis ‚Förderung älterer Arbeitnehmer' erhielt, ist die **3M Deutschland GmbH**. Der Mutterkonzern 3M (Minnesota Mining & Manufacturing Company) ist ein weltweit tätiges Multitechnologie-Unternehmen mit Sitz in 60 Ländern und fast 80.000 Mitarbeiterinnen und Mitarbeitern; in Deutschland sind über 3.000 Personen beschäftigt. Um ihre

189 Vgl. Regnet, 2004.

190 Entnommen aus ebenda, 2004.

191 Great-Place-to-Work-Institute Deutschland, 2010.

Arbeitgeberattraktivität zu erhöhen, hat die 3M Deutschland GmbH etliche Maßnahmen ergriffen:

- Alle Mitarbeiter nehmen an Entwicklungs- und Weiterbildungsmaßnahmen teil, denn für das Unternehmen gilt das Prinzip des Lebenslangen Lernens. Diese Weiterentwicklung kann auch bedeuten, dass die Mitarbeiter eine Neuorientierung realisieren: Im Jahr 2008 haben 494 Mitarbeiter ihren Arbeitsbereich gewechselt.
- Bei Teams wird auf eine Durchmischung der Altersgruppen geachtet, in einigen Teams werden Mentoren eingesetzt. Das sind in der Regel erfahrene Mitarbeiter und Mitarbeiterinnen, die ihren Wissensschatz gerne an ihre jüngeren Kollegen weitergeben. So wird auch bei der 3M eine Art Wissens-Tandem zwischen älteren und jüngeren Mitarbeitern bzw. Mitarbeiterinnen geschaffen.
- Ältere Arbeitnehmer und Arbeitnehmerinnen ab dem 57. Lebensjahr erhalten eine um zweieinhalb Wochenstunden reduzierte Arbeitszeit. Gleichzeitig wird die Gesundheit ab 50 Jahren in den Fokus genommen: Alle Mitarbeiterinnen und Mitarbeiter können einen jährlichen Gesundheitscheck durchführen lassen und die Arbeitsplätze werden ergonomisch auf eine geringere körperliche Belastbarkeit hin optimiert.

Sonderpreis Förderung älterer Arbeitnehmer

Die Auszeichnung „Deutschlands Beste Arbeitgeber“ ist ein Modell, das ursprünglich aus den USA stammt (*Great Place to Work*) und besonders mitarbeiterorientierte Unternehmen auszeichnet. Das **Great-Place-to-Work-Institut Deutschland** vergibt jährlich auch Sonderpreise, so in den Jahren 2008 bis 2010 einen Preis für die „Förderung älterer Arbeitnehmer“.
Die Untersuchungen des Instituts basieren auf anonymisierten Mitarbeiterbefragungen und sogenannten Kultur-Audits, bei denen Konzepte und Maßnahmen der Unternehmen analysiert werden. Die Unternehmen nehmen freiwillig an der Untersuchung teil und erhalten Rückmeldung zu ihren Ergebnissen. Sie finanzieren allerdings auch die Untersuchung, was Anlass zu Kritik gibt. Jährlich werden 100 Siegerunternehmen mit der Auszeichnung „Deutschlands Beste Arbeitgeber“ bekannt gegeben, sowie in unterschiedlichen Kategorien zahlreiche Sonderpreise vergeben.

Die Angebote der Unternehmen für Weiterbildung und Karrieremanagement scheinen sich in der Praxis vornehmlich auf jüngere Mitarbeiter zu konzentrieren, während ältere Mitarbeitende am ehesten dann zum Zug kommen, wenn sie Selbstmanagement betreiben und sich aktiv um Lebenslanges Lernen kümmern, das zeigen immer wieder umfassende wissenschaftliche Studien[192]. Führungspersonen wird empfohlen, sich in der direkten Mitarbeiterführung mit der Frage nach Weiterbildung und Entwicklung aktiv auch den älteren Mitarbeitenden zuzuwenden.

ARBEITSHILFE ONLINE

ARBEITSHILFE 12: Praxistransfer — Lebenslanges Lernen

Diese Arbeitshilfe finden Sie zum Download unter Arbeitshilfen online.

Was bedeutet das für die Praxis?

Machen Sie sich zu den folgenden Fragestellungen Gedanken und überlegen Sie, welche Bedeutung der Umgang mit Generationen-Lernen in Ihrer Organisation hat:

- Für wie relevant halten Sie Lebenslanges Lernen in Ihrem Bereich? Bietet Ihre Organisation bereits Möglichkeiten und fördert Lebenslanges Lernen? Welche Möglichkeiten sehen Sie als Führungsperson, um Ihre Mitarbeitenden in allen Altersgruppen für das Lebenslange Lernen zu motivieren?
- Welche Veränderungen könnten sich in Ihrem Betrieb hinsichtlich des Lernens in Zukunft ergeben? Denken Sie besonders an die Ansprüche der Generationen, an die Verfügbarkeit von Informationsquellen, an die Aktualität von Wissen und an die neuen Medien.
- Auf einer Skala von *gar nicht* bis *sehr stark*, wie sehr wird Ihr Betrieb in den nächsten 5–10 Jahren von einem Wissensverlust betroffen sein? Wie könnte man den Verlust reduzieren?
- Wie könnten Maßnahmen für intergeneratives Lernen in Ihrem Unternehmen langfristig eingesetzt werden? Welche Herausforderungen wären damit verbunden?
- Was können Sie als Führungsperson tun, um den Wissensaustausch zwischen den Generationen zu fördern und zu unterstützen?

Zusammenfassung und Kernaussagen des Kapitels

Lebenslanges Lernen bedeutet kontinuierliches Lernen über die gesamte Lebensspanne und in verschiedenen Kontexten (formal und nicht-formal). Lebenslanges Lernen ist möglich, denn das Gehirn bleibt das ganze Leben lang lernfähig. Bereits ab der Pubertät verändern sich jedoch bestimmte Lernmechanismen. Ein hohes Maß an Lernfähigkeit findet sich v. a. in Bereichen, in welchen schon viel Vorwissen vorhanden ist.
Da sich Bildungsinteressen, Motivation und bevorzugte Lernformen über die Lebensspanne hinweg verändern, sollten in betrieblichen Weiterbildungsmaßnahmen verschiedene Lernarten, -formen und -möglichkeiten angeboten werden.

[192] Vgl. Veldhoven & Dorenbosch, 2008.

Das Konzept des Intergenerativen Lernens bietet gute Voraussetzungen, diese Unterschiede gewinnbringend zu nutzen. Dabei lernen verschiedene Generationen voneinander, miteinander und übereinander. Dieser Ansatz sollte zwingend in den Ansatz des Lebenslangen Lernens integriert werden, um dem Wissensverlust, den das Ausscheiden der Babyboomer aus Organisationen (ohne Weitergabe ihres Erfahrungsschatz an die nachfolgende Generation) mit sich bringt, entgegenzuwirken.

Beim Wissen unterscheidet man explizites (verbalisierbares) und implizites (nicht oder nur schwer verbalisierbares) Wissen. Ein Wissenstransfer kann deshalb nicht nur in Form von Schriftstücken und Erklärungen erfolgen, sondern muss auch Vorführungen, Demonstrationen und Ausprobieren enthalten. Das Format des Transfers sollte an den jeweils spezifischen Inhalten ausgerichtet werden.

Lebensphasenorientierte Personalentwicklung, welche das generationenübergreifende, intergenerative Lernen ergänzt, orientiert sich an den typischen Fragestellungen und Herausforderungen der jeweiligen Lebensphase. Dies erfolgt stets mit dem Ziel, die Kompetenzen der Mitarbeitenden zu stärken und über die gesamte Lebensspanne zu erweitern. Unter Kompetenz werden dabei nicht nur Intelligenz und Wissen, sondern alle Facetten, die zur Bewältigung komplexer beruflicher Aufgaben erforderlich sind, verstanden (wie z.B. Intelligenz, Fertigkeiten, Wissen, Qualifikationen, Selbstorganisationsfähigkeit usw.).

Wichtige Faktoren für einen erfolgreichen Wissenstransfer sind: Mentoring, gutes Arbeitsklima, gutes Vorgesetztenverhalten, flexible Arbeitszeiten ohne zu hohen Zeitdruck sowie die Möglichkeit für Transfergespräche mit den Vorgesetzten.

Mentoring wird für die Vermittlung informellen Wissens der Silver Worker und Babyboomer an die Generation der Millennials als besonders erfolgreich eingestuft. Eine innovative Form des Mentorings zwischen den Generationen ist das Reverse Mentoring.

Dabei wird nicht mehr auf den einseitigen Wissenstransfer von den Älteren zu den Jüngeren gesetzt, sondern auf einen Austausch des Wissens in beide Richtungen. Ziel ist ein integrativer Ansatz mit gegenseitiger Unterstützung.

Mentoring und Reverse Mentoring erfüllen diverse Funktionen: Neben dem offensichtlichen Wissensaustausch werden auch die Entwicklung von Kompetenzen, die Vernetzung und neue Perspektiven gefördert. Durch den Austausch bekommen die Teilnehmenden nicht nur neue Sichtweisen und Ideen, sondern auch Unterstützung, Feedback, Bestätigung und Ermutigung.

6 Führen im Generationenmix

Verantwortlich ist man nicht nur für das, was man tut, sondern auch für das, was man nicht tut.

Laotse (chinesischer Philosoph)

Management Summary

In diesem Kapitel werden aus verschiedenen Modellvorstellungen von Führungsstilen Empfehlungen für eine generationengerechte Führung abgeleitet. Ein klassisches Modell ist das Reifegradmodell, das eine Anpassung des eigenen Führungsstils an das Können und die Motivation der Mitarbeitenden forciert. Bei der Einschätzung von Kompetenzen und Fähigkeiten gilt es, auch Generationsspezifika zu beachten.
Die Attributionstheorie der Führung besagt, dass das Verhalten von Führungskräften auch von deren Wahrnehmung und Interpretation des Verhalten der Geführten abhängt. In der Führung ist der Einfluss von Altersstereotypen etc. zu beachten. Für Führungsszenarien in Veränderungsprozessen —z.B. im Zusammenhang mit der demografischen Entwicklung — und für die Führung von altersgemischten Teams wird die transformationale Führung empfohlen.
Individualisierte alternsgerechte Führung setzt bei der Gestaltung von Führungssystemen für bestimmte Altersgruppen an und ermöglicht die Beachtung individualisierter, altersspezifischer Besonderheiten in der direkten Mitarbeiterführung. Millennials, Angehörige der Generation X und Babyboomer haben unterschiedliche Präferenzen und Stärken — als Mitarbeitende und als Führungskräfte. Diese gilt es bei der individualisierten alternsgerechten Führung zu berücksichtigen.
Generationen zusammen führen kombiniert die individualisierte alternsgerechte Führung mit einem generationenübergreifende Ansatz, der in besonderem Maß die Integration und Inklusion aller Generationen fokussiert.

6.1 Klassische Modellvorstellungen von Führung

6.1.1 Das Reifegradmodell

Das Reifegradmodell der Führung[193] ist eines der bekanntesten Führungsmodelle der situativen Führung. Beurteilt wird in diesem Modell der Reifegrad (*maturity score*) einer Mitarbeiterin oder eines Mitarbeiters. Dieser Reifegrad ergibt sich aus der Motivation und der Fähigkeit des Mitarbeiters, die in unterschiedliche Ausprägungen eingestuft wird. Die Führungsperson soll nach diesen Modellvorstellungen den Reifegrad und damit die Führungssituation einschätzen und in Abhängigkeit von dieser Einschätzung den Führungsstil flexibel anpassen. Daraus ergeben sich verschiedene Empfehlungen für Führungspersonen, um situativ richtig zu führen.

[193] Hersey & Blanchard, 1982.

Es werden vier verschiedene Reifegrade unterschieden:

- Geringe Reife: nicht fähig und nicht willig.
- Geringe bis mittlere Reife: nicht fähig, aber willig.
- Mäßige bis hohe Reife: fähig, aber nicht willig.
- Hohe Reife: fähig und willig.

Tabelle 6.1: Reifegrad der Mitarbeitenden und empfohlener Führungsstil

Eingeschätzter Reifegrad	Empfohlener Führungsstil
Der Mitarbeiter/die Mitarbeiterin kann und will die Aufgabe nicht bewältigen. Es fehlt an Kompetenzen und Motivation.	**Telling:** Empfohlen wird ein direktiver Führungsstil: Dem Mitarbeiter/der Mitarbeiterin wird mitgeteilt, wie, warum, wo und wann die Aufgaben auszuführen sind. Diese Anweisungen werden kontrolliert. Wegen fehlender Kompetenzen und fehlender Motivation wird eine „enge" Führung empfohlen.
Dem Mitarbeiter/der Mitarbeiterin fehlt es an Kompetenzen; er/sie ist nicht fähig. Die Person möchte gerne und ist motiviert.	**Selling:** Empfohlen wird eine gute Betreuung der Person. Der Mitarbeiter/die Mitarbeiterin bekommt Entscheidungen erklärt, kann Rückfragen stellen und erhält klare Anweisungen für die Bearbeitung der Aufgaben. Wegen tendenziell eher fehlender Kompetenzen wird stärker aufgabenbezogen geführt.
Der Mitarbeiter/die Mitarbeiterin ist kompetent/fähig, aber nicht motiviert.	**Participating:** Empfohlen wird eine Einbindung in Entscheidungsprozesse; breite Partizipationsmöglichkeiten etc. erhöhen die Motivation. Wegen tendenziell eher fehlender Motivation wird der Schwerpunkt der Führung eher auf die Beziehungsorientierung verlagert.
Der Mitarbeiter/die Mitarbeiterin ist kompetent/fähig und motiviert.	**Delegating:** Empfohlen wird eine weitgehende Delegation von Verantwortung in der Entscheidungsfindung und Durchführung. Der Mitarbeiter/die Mitarbeiterin erhält die Kompetenz selbstständig zu arbeiten und eigenverantwortlich Entscheidungen zu treffen.

Das Reifegradmodell und die Grundüberlegungen der situativen Führung sind etablierte Empfehlungen für die Gestaltung von Führung. Diese Modellvorstellungen setzen bei der Führung einer einzelnen Person an und eignen sich weniger für die Perspektive des generationenübergreifenden Führens. Für die individualisierte und alternsgerechte Führung lassen sich aber Anregungen entnehmen.

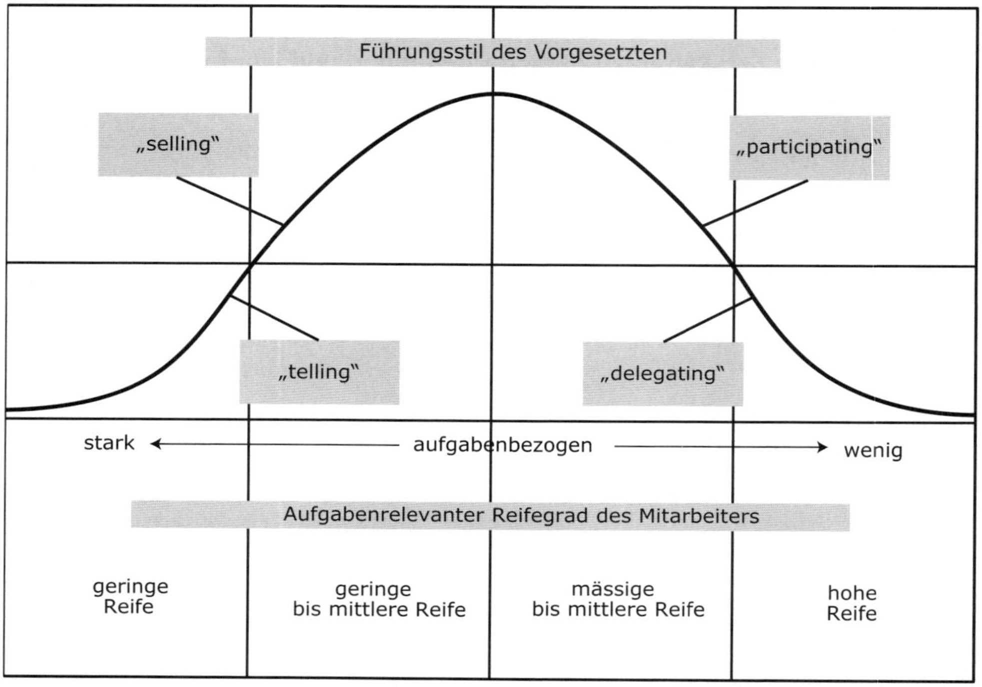

Abbildung 6.1: Reifegrad-Modell der Führung nach Hersey & Blanchard[194]

WICHTIG

Bei der individuellen Führung werden Themen analysiert, die bei der Betrachtung von Generationen im Arbeitsleben oder auch in der Fähigkeitsentwicklung von Mitarbeitenden im Altersverlauf thematisiert und konkretisiert werden. Der praktische Nutzen des Reifegrad-Modells setzt hier an. Bei der Einschätzung von Kompetenzen und Motivation der Mitarbeiter sind alters- und generationsabhängige Spezifika zu beachten.

194 1982, vgl. deutsche Übersetzung in Weibler, 2012, S. 365.

BEISPIEL: Kompetenzschwerpunkte der Generationen

Kompetenzschwerpunkt der Millennials liegen im Umgang mit den Neuen Medien, bei der Generation X und Babyboomern in ihrer langjährigen Berufserfahrung und ihrem tragfähigen, beruflichen Netzwerk. Diese und andere unterschiedliche Kompetenzschwerpunkte können bei der Bewertung von Kompetenzen beachtet und eingeordnet werden. Bei der Frage nach Förderung der Motivation lassen sich aus generationsspezifischen, motivationsförderlichen Faktoren ebenfalls Anregungen ableiten.

6.1.2 Attributionstheorie der Führung

Bei der verhaltensorientierten Attributionstheorie geht es darum, das Führungsverhalten in Abhängigkeit von Wahrnehmungsprozessen zu erklären und zu gestalten. Führungspersonen (und Mitarbeitende) beobachten Verhalten und versuchen, daraus Schlussfolgerungen über Ursachen und Gründe zu ziehen. Daraus können ganz eigene, d.h. subjektive Führungstheorien entstehen, die individuelle Alterserwartungen beinhalten können. Alterserwartungen sind Vorstellungen der Führungspersonen, was sie von Mitarbeitenden eines bestimmten Alters erwarten können, oder welche Rolle Alter in der Führung spielt[195].

Bei der Attributionstheorie der Führung ist der Ausgangspunkt die Beobachtung von Mitarbeiterverhalten, z.B. häufige Nutzung von Internet oder regelmäßiges spätes oder sehr frühes Anfangen am Arbeitsplatz. Diese Beobachtung wird an den eigenen persönlichen Grundsätzen und auch Faktoren aus dem Umfeld, wie der Organisation, gemessen. Setzen wir das Beispiel fort: Die Person, die häufig das Internet nutzt, macht das öfters als die meisten anderen Mitarbeitenden in der Organisation. Ich schlussfolgere daraus, dass die Ursache des Verhaltens in der Person zu suchen ist. Bei genauerer Beobachtung stelle ich aber fest, dass alle anderen Millennial-Mitarbeiter das auch so handhaben und komme nun zu der Schlussfolgerung, dass es ein generationsspezifisches Verhalten ist. Das Verhalten wird immer auch mit Blick auf die persönlichen Grundsätze gewertet. Wenn das häufige Surfen im Internet nicht meinen persönlichen Vorstellungen von gutem Arbeiten entspricht (persönlicher Grundsatz), dann wird meine Interpretation dieses Verhaltens eher negativ ausfallen und das Vorgesetztenverhalten wird ein entsprechend kritisches Feedback sein.

[195] Vgl. Mücke, 2009.

In dieser Modellvorstellung von Führung wird die Frage aufgeworfen, welche Attributionen oder Zuschreibungen Führungspersonen für das Verhalten ihrer Mitarbeitenden haben. Die Führungsperson beobachtet ein Verhalten und diagnostiziert, warum die Mitarbeiterin oder der Mitarbeiter sich so verhält. Dabei schreiben sie das Verhalten internalen Faktoren (Motivation des Mitarbeiters oder Kompetenz) oder externalen Faktoren (interessante Aufgabe, gute Rahmenbedingungen) zu. Dieser Zuschreibungsprozess wird durch verschiedene Faktoren beeinflusst, z.B. Wahrnehmungsphänomene, Rahmenbedingungen im Unternehmen oder auch vorhandene Informationen.

! **WICHTIG**

Alter ist ein soziales Merkmal wie Geschlecht oder Nationalität. Es wird davon ausgegangen, dass Altersstereotype sowohl die Attribution (Ursachenzuschreibung) als auch das Führungsverhalten beeinflussen. Dabei schenken Führungspersonen dem Alter der Mitarbeitenden vermutlich mehr Beachtung als dem eigenen Alter. Die Attributionstheorie hilft beim generationengerechten oder individualisierten altersgerechten Führen, da schnelle und altersstereotype Zuschreibungen erkannt werden. Führungsverhalten wird dadurch generationengerechter[196].

Der Einfluss von Alter wird unterschiedlich attribuiert. Darin liegen auch Gefahren für die generationengerechte Führung. Zumeist wird schlechte Leistung bei älteren Mitarbeitenden mangelnden Fähigkeiten, bei Jüngeren mangelnder Anstrengung zugeschrieben. Bei schlechter Leistung wird bei älteren Mitarbeitenden häufig die Aufgabe vereinfacht, bei jüngeren Mitarbeitenden hingegen in Weiterbildungen investiert[197].

196 Vgl. ebenda, S. 92

197 Vgl. ebenda; zur Zusammenfassung unterschiedlicher einschlägiger Forschungsstudien.

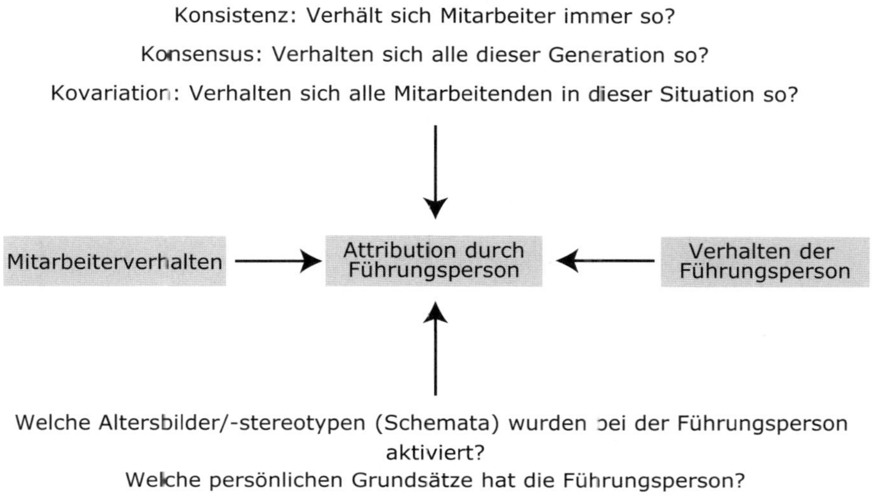

Abbildung 6.2: Attributionsmodell des Führungsverhaltens[198]

6.1.3 Transformationale Führung

Das Konzept der transformationalen Führung[199] gilt als wertorientierte und sinnstiftende Führung, die sich besonders auch in Zeiten von Unsicherheit und Komplexität eignet, um das Verhalten und Bewusstsein von Mitarbeitenden auf etwas Neues oder Anderes auszurichten, ohne dass die genauen Inhalte bekannt sind. Transformationale Führung gilt deshalb als der Führungsstil der Wahl bei der Gestaltung von Veränderungsprozessen. Führen im Generationenmix beinhaltet die alternsgerechte Führung von Mitarbeitenden und die Zusammenarbeit verschiedener Generationen. Für die spezifischen Besonderheiten in der Führung altersgemischter Teams wird häufig die transformationale Führung empfohlen[200].

Bei der transformationalen Führung wird Führung auf die Veränderung von Werten und Zielen der Mitarbeitenden ausgerichtet. Damit das gelingen kann, braucht man eine attraktive Vision für das Team oder den eigenen Führungsbereich, mit der es gelingen kann, Begeisterung zu erzeugen für das, was geschaffen werden soll.

198 Eigene vereinfachte Darstellung in Anlehnung an Neuberger, 2002.

199 Vgl. Burns, 1978; Bass & Avolio, 1994.

200 Vgl. hierzu Kunze, 2015; Kearny, 2009.

Es können vier verschiedene Einflussbereiche in der transformationalen Führung unterschieden werden:

- Idealisierter Einfluss.
- Inspirierende Motivation.
- Geistige Anregung.
- Individuelle Beachtung.

Der idealisierte Einfluss bezieht sich auf die persönliche Ausstrahlung und das Vorbildhandeln der Führungsperson sowie die Identifikationsmöglichkeit, die Mitarbeitende damit verbinden. Dieser idealisierte Einfluss basiert auf persönlichem Charisma der Führungsperson, integerem Handeln und hohen moralischen Vorstellungen. Die Führungspersonen sind selbstsicher und entscheidungsfreudig. Bei der Führung altersgemischter Teams müssen sie als glaubwürdiges Beispiel voran gehen und unterschiedliche Teammitglieder zusammen bringen.

Inspirierende Motivation beinhaltet die Entwicklung und Kommunikation einer attraktiven Zukunftsvision für die Mitarbeitenden im Führungsbereich oder das Team. Die Mitarbeitenden werden von der Führungsperson nicht nur mit rationalen Argumenten sondern auch emotional angesprochen, es gelingt zu motivieren und zu begeistern. Die Führungsperson verbreitet Optimismus. Bei altersgemischten Teams kann sich die Führungsperson auf den Beitrag verschiedener Teammitglieder mit ihren unterschiedlichen Kompetenzen und Stärken (aus verschiedenen Generationen) fokussieren und damit das gemeinsame Commitment zur Zielerreichung verstärken. Die Vision muss begeisternd für alle Altersgruppen sein.

Führen mit geistiger Anregung bedeutet, Mitarbeitende mit logischen und analytischen Aufgaben zu betrauen und zu kreativen und neuen Denkweisen anzuleiten. Dadurch werden alte Denkmuster überwunden und Probleme auf neue Art und Weise bearbeitet. Bei der altersgemischten Teamführung ist geistige Anregung zentral, da etablierte Auffassungen, Einstellungen und Verhaltensweisen aktiv hinterfragt werden. Diese Einstellungen können je nach Generationszugehörigkeit variieren oder etablierte Vorgehensweisen, die früher erfolgreich waren und nun nicht mehr funktionieren, zur Sprache gebracht und neu geordnet werden.

Bei der persönlichen Ansprache werden besonders die spezifischen Bedürfnisse und Fähigkeiten durch die Führungskraft berücksichtigt. Es geht um die individuellen Stärken und Entwicklungspotenziale der Mitarbeitenden. Diese individuelle Beachtung durch die Führungskräfte wird von den Mitarbeitenden als Wertschätzung erlebt, was oftmals durch einen erhöhten Einsatz des Mitarbeiters/der Mitarbeiterin für die gemeinsamen Ziele zurückgegeben wird.

Beim Einsatz von transformationeller Führung zeigen sich Unterschiede zwischen den Generationen. Innovative, intrinsisch motivierte Mitarbeiterinnen und Mitarbeiter benötigen nur wenig direkte Unterstützung von den Vorgesetzten, sie wünschen sich v. a. individualisierte Beachtung. Die weniger innovativen Millennials wünschen sich hingegen v. a. inspirierende Motivation. Mit zunehmendem Alter und Erfahrung und höherem Innovationspotenzial des Mitarbeitenden nimmt der Wunsch nach (transformationeller) Führung ab. Die Führungsperson sollte sich eher passiv verhalten und nur dann Support anbieten, wenn er benötigt wird[201].

! **WICHTIG**

Durch transformationelle Führung gelingt es, Individuen gerecht zu werden und die Ziele der Einzelnen mit den Zielen und Visionen einer Gruppe zu verbinden. Wenn dabei die alters- und generationsspezifischen Besonderheiten beachtet und respektiert werden, eignet sich die transformationelle Führung gut für eine generationenübergreifende Führung.

6.2 Individualisierte alternsgerechte Führung

Der Einfluss alternsgerechter Führung auf den Erhalt der Arbeitsfähigkeit und damit auf eine erfolgreiche Beschäftigung bis zum Eintritt in den Ruhestand wurde erstmals in Finnland erforscht und belegt[202]. Die Weiterentwicklung dieser Vorstellung erfolgte zunächst in Deutschland[203], wo der Fragebogen zur Erhebung der individualisierten alternsgerechten Führung weiterentwickelt wurde. Dieser wurde zur Erhebung von Einstellung, Verhalten und Alterswahrnehmung vergleichend für die Schweiz und Deutschland[204], später auch für Finnland und Italien[205] eingesetzt.

Definition: Individualisierte alternsgerechte Führung

Die individualisierte alternsgerechte Führung beachtet altersbezogene Aspekte in der Entwicklung von Führungssystemen und -kultur. Sie integriert alters- und generationsspezifische Aspekte in das eigene interaktive Führungsverhalten.

201 Vgl. Kultalahti, Edinger & Brandt, 2013.

202 Vgl. Ilmarinen & Tempel, 2002.

203 Vgl. Braedel-Kühner, 2005.

204 Vgl. Eberhardt & Meyer, 2011.

205 Vgl. Eberhardt et al, 2013b.

Individualisierung von Führung bedeutet, sich an der Persönlichkeit und der Situation der einzelnen Mitarbeitenden auszurichten. Die Führungsperson schätzt diese individuelle Situation ein und passt das eigene Führungsverhalten flexibel daran an. Diese situative Differenzierung der Führung nach Alter oder Geschlecht gilt als individualisierte Führung[206].

Für die Führung ist es immer ein heikles Thema, alle gleich zu behandeln oder auf die einzelne Person spezifisch einzugehen. Einerseits soll der Grundsatz der Gleichbehandlung umgesetzt werden, andererseits muss man dem einzelnen Menschen in seiner spezifischen Situation gerecht werden. Führung und HRM kann auf einem Kontinuum von Gleichbehandlung und Individualisierung gestaltet werden. Wenn Führung über Strukturen, Prozesse und die Verwendung einheitlicher Hilfsmittel geschieht, handelt es sich um strukturelle Führung. Diese Möglichkeiten werden oftmals in HR-Prozessen, HR-Programmen und HR-Hilfsmitteln abgebildet und in Kapitel 7 näher beleuchtet. Wenn strukturelle Führung für bestimmte Personengruppen individualisiert wird, bezeichnen wir dies als Differenzierung. In der Praxis sind das z. B. Programme, die gezielt nur für bestimmte Altersgruppen angeboten werden, z. B. interne Laufbahnberatung 45plus oder ein lebensphasenorientiertes Personalentwicklungsprogramm für Millennials oder Angehörige der Generation X[207] (vgl. auch Kapitel 5).

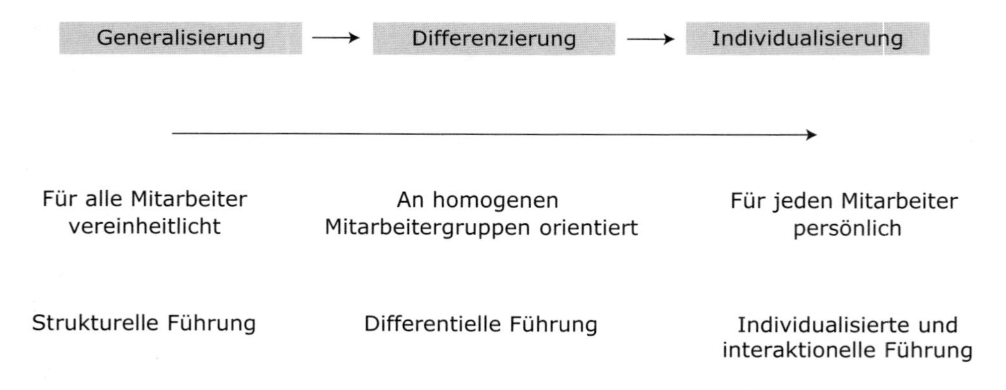

Abbildung 6.3: Führung als Kontinuum von Generalisierung, Differenzierung und Individualisierung[208]

[206] Vgl. Drumm, 2008.

[207] Vgl. Eberhardt & Meyer, 2011.

[208] Fritsch, 1994, S. 4.

ARBEITSHILFE ONLINE

ARBEITSHILFE 13: Führungsstil und Generationen[209]

Diese Arbeitshilfe finden Sie zum Download unter Arbeitshilfen online.

Führungskräfte sind gut beraten, ihren Führungsstil, ihr Wissen über die verschiedenen Generationen und persönliche Einstellungen einzuschätzen und zu reflektieren. Die folgenden Fragen können als Grundlage für eine Beurteilung der persönlichen Perspektiven und Ansätze dienen:

- Was zeichnet jede Generation aus?
- Für welche Generationen sind Sie als Führungskraft verantwortlich?
- Wie beeinflussen intergenerationale Unterschiede Ihre Wahrnehmung und Ihren Führungsstil?
- Wie äußern sich diese Unterschiede in Ihrer Organisation?
- Wie können Sie intragenerationale und intergenerationale Gruppen führen?
- Was können Sie als Führungskraft tun, um den Dialog und das Problemlösen zwischen den Generationen zu fördern?
- Welche Generation hat den stärksten Einfluss auf ihre Organisation?
- Gleichen sich die Aspekte Ihrer Unternehmenskultur eher einer bestimmten Generation an, als einer anderen (= Generationen-Bias)?
- Wie beeinflusst dieser Generationen-Bias Inklusion, Personalbeschaffung, Arbeitsbewältigung und Personalentwicklung?

▶

PRAXISBEISPIEL: Führung von Pflegepersonal im Kinderspital[210]

Aufgrund des Pflegenotstands in Krankenhäusern haben nicht nur Pflegeabteilungen für ältere Menschen Personalprobleme; auch andere Spitäler bekommen den Pflegefachkräftemangel zu spüren. Das Kinderspital Zürich ist das größte Universitäts-Kinderspital in der Schweiz mit rund 2.000 Mitarbeitenden und jährlich annähernd 100.000 Patientinnen und Patienten vom 1. bis zum 18. Lebensjahr.

Angesichts der demografischen Entwicklung wird die Anzahl an Pflegefachkräften nicht steigen. Es ist wichtig, die Berufsverweildauer (die momentan bei 15 Jahren liegt) zu verlängern. So ergab eine Statistik des schweizerischen Berufsverbandes der Pflegefachfrauen und Pflegefachmänner (SBK)[211], dass eine Erhöhung der mittleren Berufsverweildauer um 1 Jahr den Nachwuchsbedarf bereits um 5–10 % senken würde.

Etwa 20 % der Pflegefachkräfte des Kinderspitals Zürich sind über 45 Jahre alt und gelten damit nach den Definitionen der WHO bereits als ältere Mitarbeitende.

[209] Entnommen aus: Gesell, 2010.

[210] Naji, 2015.

[211] SBK, 2011, S. 2

Als erste Maßnahmen erfragten die Verantwortlichen Anforderungen und Erwartungen der älteren Mitarbeitenden mittels einer Umfrage. 62 Personen beteiligten sich daran. Sie äußerten, dass sie nicht grundsätzlich abgeneigt sind, im Schichtdienst zu arbeiten. Sie wünschten nach dem Nachtdienst allerdings einen längeren Block freier Tage, längere oder häufigere Pausen während des Dienstes wurden nicht eingefordert. Weiterhin wurde der Wunsch nach der Möglichkeit für unbezahlten Urlaub, mehr Ferientage und adäquater Entlohnung eingebracht. Die älteren Mitarbeitenden sehen ihre Stärken v. a. im Umgang mit komplexen Familien- und Patientensituationen sowie in Rollen, in welchen sie ihre Erfahrung weitergeben können.
Zusammenfassend ist für das Kinderspital wichtig, die Rekrutierung jungen Fachpersonals zu fördern und gleichzeitig Anforderungen und Erwartungen des älteren Personals zu berücksichtigen. Als zentrale Maßnahme sah das Kinderspital Mitarbeitergespräche mit Fokus auf die Anforderungen und Erwartungen älterer Mitarbeitenden. Diese sollten frühzeitig, persönlich und in regelmäßigen Abständen stattfinden.

6.2.1 Wie denken und handeln Führungspersonen?

Ein wichtiger Baustein für die individualisierte alternsgerechte Führung sind die Einstellung und das Verhalten der Führungskräfte. Berücksichtigen diese das Thema Alter in der Führung? Welche Rolle spielen individualisierte Vorgehensweisen in der Führung?

In einer europäischen Befragung von Führungspersonen wurden im Rahmen eines EU-Grundtvig-Programms zum Lebenslangen Lernen 755 Führungskräfte aus Deutschland, Schweiz, Finnland und Italien befragt[212]. Die einzelnen Fragen wurden zu Antwortskalen zusammengefasst. Diese Skalen wurden folgendermaßen benannt:

- „Erhalt der Arbeitsfähigkeit“,
- „Individualisierte alternsgerechte Führung“,
- „Führung älterer Mitarbeitender“ und
- „Frühzeitiger Austritt aus dem Erwerbsleben“[213].

[212] Vgl. Eberhardt et al. 2013b; Eberhardt, 2015.

[213] Vgl. Eberhardt und Meyer, 2011 zum methodischen Vorgehen der Skalenentwicklung.

Aus diesen einzelnen Fragen lassen sich bereits erste Gestaltungsideen zur alternsgerechten Führung ableiten. Beim Erhalt der Arbeitsfähigkeit finden sich ganz konkrete Maßnahmen, die eine Führungsperson in der Führung auswählen oder einsetzen kann. Bei der individualisierten alternsgerechten Führung liegt der Schwerpunkt im eigenen Führungsstil, im eigenen Führungsverhalten. Wie berücksichtige ich als Führungsperson das Alter meiner Mitarbeitenden in der Führung? Die beiden anderen Skalen beachten nicht die Alterskomponente generell, sondern fokussieren auf die Spezifika ältere Mitarbeiterinnen und Mitarbeiter.

!

WICHTIG

Aus den Fragen der Führungskräfteerhebung lassen sich erste Gestaltungsideen zu alternsgerechter Führung ableiten. Eine Selbsteinschätzung mit Hilfe des Kurzfragebogens ermöglicht einen Vergleich von eigener Einstellung und Verhalten mit dem anderer Führungspersonen.

Im Folgenden stellen wir eine überarbeitete und an die praktische Anwendung angepasste Version dieses Fragebogens zur Verfügung. Vergleichen Sie Ihre eigenen Ergebnisse mit denen der europäischen Befragung. Beurteilen Sie verschiedene Perspektiven: Ergänzend zur Beurteilung aus Führungssicht kann auch eine Einschätzung aus Mitarbeiterperspektive oder mit Fokus Vorgesetzteneinschätzung vorgenommen werden.

ARBEITSHILFE ONLINE

ARBEITSHILFE 14: Checkliste: Individualisiertes Führungsverhalten – mein Chef/meine Chefin[214]

Diese Arbeitshilfe finden Sie zum Download unter Arbeitshilfen online.
Im folgenden Teil geht es darum, wie Sie die Führungsunterstützung in den unten genannten Themenfeldern wahrnehmen. Bitte geben Sie jeweils an, inwieweit die folgenden Aussagen für Ihre persönliche Situation passen.

	Individualisiertes Führungsverhalten Mein Chef/meine Chefin …	**Trifft gar nicht zu**	**Trifft wenig zu**	**Trifft teils-teils zu**	**Trifft ziemlich zu**	**Trifft völlig zu**
1	… fördert aktiv die Zusammenarbeit zwischen den Generationen und den Know-how-Transfer					
2	… fordert mich auf, meine individuellen Fähigkeiten gezielt einzubringen.					

[214] In Anlehnung an Eberhardt & Meyer, 2011.

	Individualisiertes Führungsverhalten Mein Chef/meine Chefin …	Trifft gar nicht zu	Trifft wenig zu	Trifft teils-teils zu	Trifft ziemlich zu	Trifft völlig zu
3	… unterstützt aktiv meine gesunde Lebensweise (gesunde Ernährung / ausreichend Bewegung)					
4	… achtet auf eine ausgewogene Belastung, Beanspruchung und entsprechenden Belastungsausgleich am Arbeitsplatz.					
5	… achtet auf eine ergonomische Arbeitsplatzgestaltung					
6	… unterstützt mich, dass ich Neues am Arbeitsplatz lerne und die Lernmöglichkeiten nutze					
7	… fördert meine regelmäßige Teilnahme an internen und externen Schulungen					
8	… unterstützt mich, mich an neue Situationen und Technologien anzupassen.					
9	… will, dass ich meine Erfahrungen am Arbeitsplatz einbringe					
10	… klärt mit mir meine Erwartungen bezüglich Altersteilzeit, Frühpensionierung oder Verbleib im Erwerbsleben bis zum offiziellen Rentenalter					
11	… unterstützt meine Neugierde auf neue Dinge und Freude an Veränderungen und Entwicklungen					

ARBEITSHILFE ONLINE

ARBEITSHILFE 15: Checkliste: Individualisiertes Führungsverhalten – Selbsteinschätzung als Führungsperson[215]

Diese Arbeitshilfe finden Sie zum Download unter Arbeitshilfen online.
Im Folgenden geht es darum, wie Sie als Vorgesetzter/als Vorgesetzte Führung in den unten genannten Themenfeldern gestalten. Bitte geben Sie jeweils an, inwieweit die folgenden Aussagen für Ihre persönliche Situation passen.

[215] In Anlehnung an Eberhardt & Meyer, 2011.

	Individualisiertes Führungsverhalten Ich…	Trifft gar nicht zu	Trifft wenig zu	Trifft teils-teils zu	Trifft ziemlich zu	Trifft völlig zu
1	… fördere aktiv die Zusammenarbeit zwischen den Generationen und den Know-how-Austausch					
2	… fordere die Mitarbeitenden auf, ihre individuellen Fähigkeiten gezielt einzubringen.					
3	… unterstütze aktiv die gesunde Lebensweise meiner MitarbeiterInnen (gesunde Ernährung / ausreichend Bewegung)					
4	… achte auf eine ausgewogene Belastung, Beanspruchung und entsprechenden Belastungsausgleich am Arbeitsplatz.					
5	… achte auf eine ergonomische Arbeitsplatzgestaltung					
6	… unterstütze das Lernen am Arbeitsplatz und sorge für Lernmöglichkeiten *on-the-job*					
7	… fördere die regelmäßige Teilnahme an internen und externen Schulungen					
8	… unterstütze Mitarbeitende, sich an neue Situationen und Technologien anzupassen.					
9	… will, dass Mitarbeitende ihre Erfahrungen am Arbeitsplatz einbringen					
10	… kläre mit meinen älteren Mitarbeitenden ihre Erwartungen bezüglich Altersteilzeit, Frühpensionierung oder Verbleib im Erwerbsleben bis zum offiziellen Rentenalter					
11	… unterstütze die Neugierde auf neue Dinge und Freude an Veränderungen und Entwicklungen					

6.2.2 Einstellung und Verhalten: Erhalt der Arbeitsfähigkeit

Abbildung 6.4 stellt alle Ergebnisse der Einzelfragen zum Themenfeld „Erhalt der Arbeitsfähigkeit" dar. Auffallend ist, dass fast alle Antworten im (sehr) zustimmenden Bereich sind. Dabei sind die Einstellungen immer noch positiver als das Verhalten der Führungspersonen. Insgesamt ist erkennbar, dass ein Bewusstsein für das Thema vorhanden ist, „man hat eine Einstellung dazu" und zeigt auch entsprechendes Verhalten. Die Unterschiede zwischen positiver Einstellung und tatsächlichem Verhalten sind ein häufig beobachtetes Phänomen in der Psychologie: Man will Dinge gut machen, im Alltag bleibt das jedoch auf der Strecke. Im Führungsalltag hat dies verschiedene Gründe (persönliche, strukturelle, organisationale etc.). Die geringere Zustimmung zur die Frage nach der Förderung einer gesunden Lebensweise der Mitarbeiter zeigt, dass es offenbar als Privatsache betrachtet wird, mit den Mitarbeitenden über genügend Bewegung, Ernährung etc. zu sprechen.

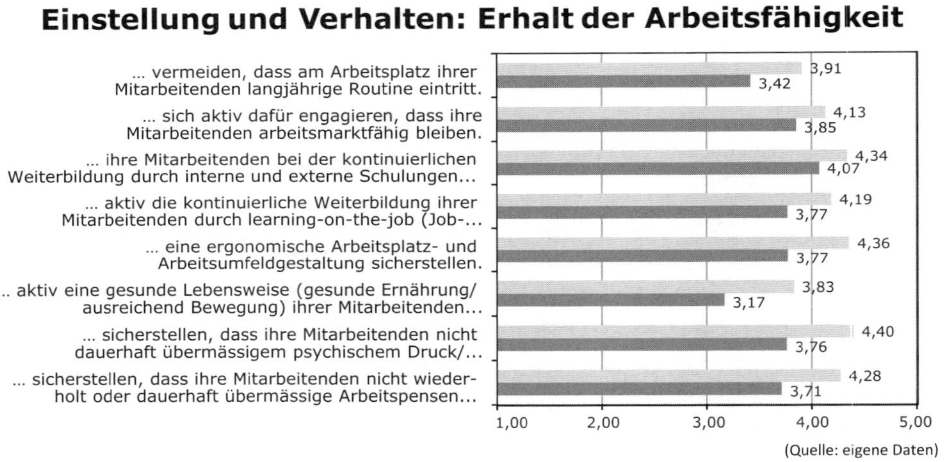

Abbildung 6.4: Einstellung und Verhalten – Erhalt der Arbeitsfähigkeit

Der Vergleich der beteiligten Länder zeigt, dass überall die Einstellungen positiver sind, als das Verhalten. Die finnischen Führungskräfte zeigen bei Einstellungen und Verhalten insgesamt die höchsten Werte.

6.2.3 Einstellung und Verhalten von Führungspersonen

Bei der Erhebung von Einstellungen und Verhaltensweisen von Führungspersonen wurden die Einzelfragen zwei großen Fragebereichen zugeordnet, die sich auf die Beachtung von Alter in der Führung beziehen (allgemein ohne Fokus auf eine bestimmte Altersgruppe). Ergänzt wurden diese Fragen um weitere Fragen, die sich spezifisch dem Thema Führung älterer Mitarbeitender widmeten (vgl. Kapitel 6.2.4). Dabei kam Erstaunliches zu Tage: Führungspersonen verhalten sich in der Führung sehr alternsgerecht, wenn es konkrete Angebote im Unternehmen gibt, die sie nutzen und einsetzen können (z.B. Ermöglichung von Weiterbildungen oder Teilnahme an Maßnahmen des betrieblichen Gesundheitsmanagements). Wenn es hingegen darum geht, eigenständig in der direkten Führung eines Mitarbeiters/einer Mitarbeiterin alters- oder generationsspezifische Besonderheiten zu beachten, haben die Führungskräfte hierzu keine zustimmende oder ablehnende Einstellung und zeigen auch kein einschlägiges Führungsverhalten.

Ganz konkret empfiehlt sich für die Praxis, konkrete Maßnahmen und Programme zu lancieren, damit Führungspersonen diese für die alternsgerechte Führung ergänzend nutzen können, und in Führungstrainings zu vermitteln, wie die Beachtung von Alters- und Generationsspezifika in die eigene Führung integriert werden kann. Das kann z.B. eine Aufmerksamkeitsschulung sein bezüglich der Wahrnehmung von Altersstereotypen oder die Erarbeitung von Handlungsoptionen im Umgang mit Mitarbeiterinformation (digital und traditionell um verschiedene Generationen zu erreichen).

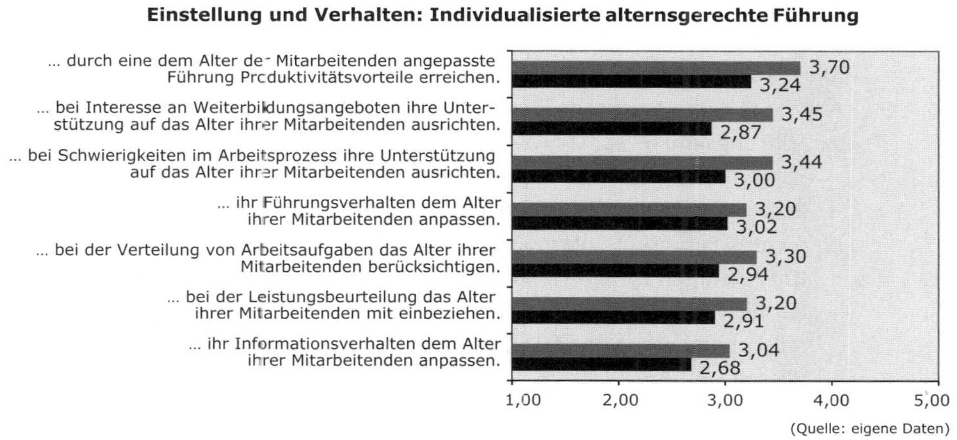

Abbildung 6.5: Einstellung und Verhalten – individualisierte alternsgerechte Führung

▶ **PRAXISBEISPIEL: Age-related Leadership — Workshop for Managers who lead older employees**

In einem zweijährigen Pilotprojekt wurde 2012 im Rahmen eines von der EU geförderten Programms zum Lebenslangen Lernen mit Beteiligten aus Deutschland (Management-Institut der Hochschule Karlsruhe), der Schweiz (Institut für Angewandte Psychologie), Italien (Fondazione Istud) und Finnland (Finnish Institute of Occupational Health) ein Training für altersgerechtes Führen entwickelt.

Die Hauptidee des 2-tägigen Trainings (Workshops) basiert auf einer positiven, ressourcenorientierten Sichtweise des Älterwerdens. Ungeachtet der altersabhängigen Veränderungen wurde der Fokus auf die verbleibenden, statt auf die abnehmenden Ressourcen gelegt. Durch eine altersbezogene Führung sollen längere und bessere Karrieremöglichkeiten ermöglicht werden. Der Fokus auf altersgerechte Führung bedeutet somit auch einen Wettbewerbsvorteil!

Der Workshop fand in vier Modulen zu vier verschiedenen Themengebieten statt: Soziale und organisationale Perspektive (Italien), Psychologie (Schweiz), Führung (Deutschland) und Arbeitsfähigkeit (Finnland).

Das Modul Psychologie beschäftige sich mit dem Wissen über Fähigkeiten und Fertigkeiten über die Lebensspanne, einer Selbstreflexion des eigenen Altersprozesses, dem psychologischen Konzept des „erfolgreichen Alterns“ und der Anwendung des Wissens in tagtäglichen Praktiken.

Im Modul Führung reflektierten die Teilnehmenden ihre Erwartungen bezüglich der Unterstützung durch Vorgesetzte, erhielten Wissen über Altersbezogenes Führen und sollten das Wissen in verschiedenen Arbeitskontexten und -situationen anwenden. Abschließend fand eine Integration des Gelernten statt. Sie finden in diesem Band in diversen Kapitel ausgewählte Trainingsmaterialien aus diesem internationalen Trainingsprogramm.

Die Teilnehmenden stammten aus unterschiedlichen beruflichen Kontexten, für die jeweils spezifische Ziele formuliert wurden:

- **Führungskräfte** sollten Wissen und Kompetenzen für ein altersgerechtes Führen erhalten sowie ihren eigenen Altersprozess reflektieren können.
- **Personalmanager** sollten ebenfalls Wissen und Kompetenzen für altersgerechtes Führen erhalten, ihre eigenen Fähigkeiten verbessern, um in ihren Unternehmen für eine altersgerechte Führung zu sensibilisieren.
- Für die **Trainer** wurde ebenfalls ein Ziel definiert: Sie sollten ihre interkulturellen Kompetenzen und pädagogischen Fähigkeiten verbessern sowie ihr Wissen und Bewusstsein zu altersbezogenen Themen im Trainingskontext verbessern.

Der interkulturelle Austausch zwischen Finnland, Deutschland, Italien und der Schweiz verbesserte das Verständnis. Den Herausforderungen kann nur durch internationalen Erfahrungsaustausch begegnet werden.

6.2.4 Einstellung und Verhalten von Führungskräften gegenüber älteren Mitarbeitenden

Bei der Führung älterer Mitarbeitender oder der Arbeit in altersgemischten Teams erweisen sich die Einstellungen und Verhaltensangaben der Führungspersonen als positiv, ältere Mitarbeitende werden sogar motiviert bis zum offiziellen Rentenalter im Unternehmen zu bleiben. Eine frühzeitige Entlassung älterer Mitarbeitender oder die aktive Unterstützung von Vorruhestandslösungen wird eher abgelehnt.

Als Fazit der Studie lässt sich schließen, dass Führungspersonen durchaus die Fähigkeiten und Erfahrungen der älteren Mitarbeitenden nutzen, aber nicht bereit sind, neue, ältere Mitarbeitende einzustellen. Über die Gründe dieses Verhaltens lässt sich nur spekulieren. Für ca. 80 % der Befragten gelten Arbeitnehmer über 55 Jahre als ältere Arbeitnehmer. Diese haben einen großen Erfahrungsschatz und große berufliche Erfahrung. Sie haben noch zehn Jahre Berufstätigkeit vor sich und bleiben den Unternehmen vermutlich auch bis zur offiziellen Pensionierung erhalten. Die Verweildauer ist damit länger als der durchschnittliche Verbleib von jüngeren Mitarbeitenden. In Kapitel 7 fokussieren wir die strukturelle Führung und HRM und stellen verschiedene Gestaltungsoptionen vor, um durch eine optimale Durchmischung der Belegschaft mit den Stärken der jeweiligen Altersgruppe zu führen und etwaige Nachteile in der Beschäftigung bestimmter Altersgruppen abzubauen.

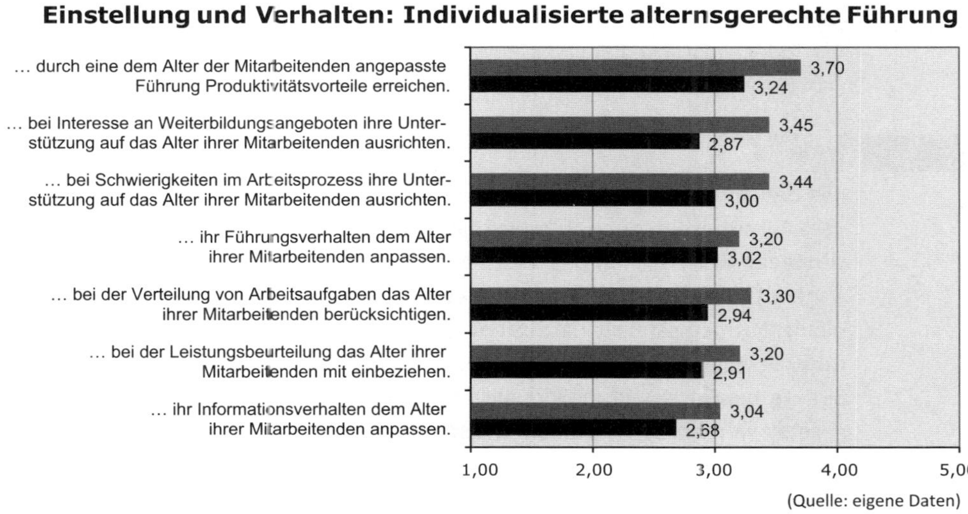

Abbildung 6.6: Einstellung und Verhalten – Individualisierte alternsgerechte Führung

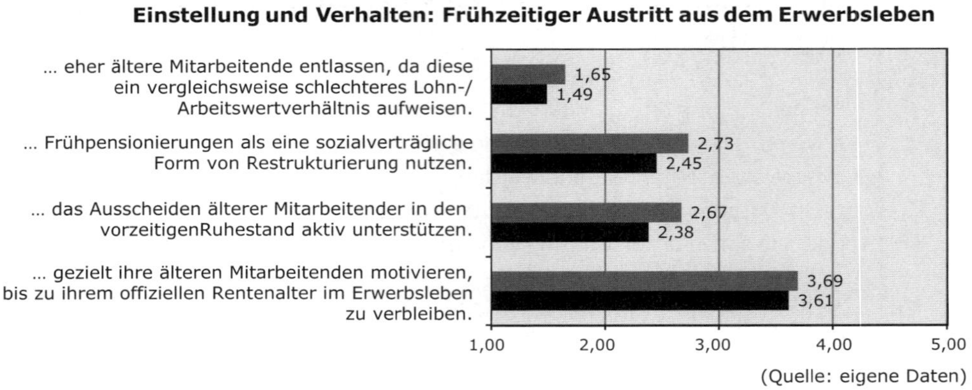

Abbildung 6.7: Einstellung und Verhalten – Frühzeitiger Austritt aus dem Erwerbsleben

Insgesamt ist festzustellen, dass es kaum Unterschiede in den Einstellungen, Verhaltensweisen und Wahrnehmungen der beteiligten Länder gibt. Das ist erstaunlich, sind doch die politischen und arbeitsmarktlichen Kontextfaktoren recht unterschiedlich. Für die individualisierte alternsgerechte Führung bedeutet dies, dass die Kontextfaktoren eine große Rolle spielen, wenn es z.B. um die finanzielle Anreizgestaltung bei Frühpensionierungen geht. Sie haben aber wenig Einfluss auf die Einstellungen und Verhaltensweisen von Führungspersonen generell. Führungspersonen haben generell eine positive Einstellung zur individualisierten alternsgerechten Führung und sind damit offen für Weiterbildungen und konkrete Maßnahmen für die Umsetzung in die Praxis. Wenig Aufmerksamkeit besteht bislang jedoch dafür, das eigene Führungsverhalten individualisiert und alternsgerecht auszurichten.

! **WICHTIG**

Aus der Umfrage zur individualisierten alternsgerechten Führung geht hervor, dass Führungspersonen v. a. Maßnahmen zum Erhalt von Arbeitsfähigkeit positiv gegenüber stehen und diese auch einsetzen. Diese können oftmals über Angebote der strukturellen Führung, also über das HRM unterstützt werden. Wenig Aufmerksamkeit hat bislang das Thema Alter in der direkten Personalführung. Hier werden eine thematische Sensibilisierung und konkrete Ansatzpunkte benötigt, wie individualisierte alternsgerechte Führung um- und eingesetzt werden kann. Für Unternehmen empfiehlt sich der Einstieg über die Schaffung von Angeboten zum Erhalt der Arbeitsfähigkeit in Kombination mit Führungskräfte-Schulungen, die eine Sensibilisierung für das Thema enthalten.

6.3 Generationen zusammen führen oder Führung im Generationenmix

Generationen zusammen führen oder Führung im Generationenmix erweitert die Überlegungen zur individuellen alternsgerechten Führung um einen wesentlichen Punkt: die **Chancen** in der Zusammenarbeit verschiedener Generationen.

Definition: Generationen zusammen führen

Generationen zusammen führen fokussiert die generationengerechte Führung. Dabei werden

a) **altersbezogene Aspekte** in der Entwicklung von Führungssystemen und -kultur berücksichtigt (Perspektive 1: altersgruppen- oder generationsspezifisches Vorgehen),
b) **der eigene Führungsstil** individualisiert und alternsgerecht ausgerichtet (Perspektive 2: individuumszentriertes Vorgehen),
c) **die Zusammenarbeit verschiedener Generationen** im Unternehmen gefördert und unterstützt (Perspektive 3: generationenübergreifendes Vorgehen).

Arbeitsfähigkeit bildet die zentrale Voraussetzung für ein langes und erfolgreiches Arbeitsleben. Das Haus der Arbeitsfähigkeit (Abbildung 1.1) liefert Gestaltungsperspektiven für eine generationengerechte Führung. Die Basis bildet die körperlich-seelische Vitalität. Mit zunehmendem Alter steigen die Gesundheitsrisiken. Lebenslanges Lernen und Kompetenzerwerb setzt in jedem Lebensalter an unterschiedlichen Stärken und Entwicklungsfeldern an. Einerseits verändert sich die Leistungsfähigkeit im Alterungsprozess und bestimmte Kompetenzen nehmen zu, während andere abbauen. Andererseits haben v. a. die Millennials beim Thema Digitalisierung oftmals einen Vorsprung vor den anderen Generationen.

6.3.1 Perspektive 1: altersgruppenspezifisches Vorgehen

Altersspezifische Vorgehensweisen werden den einzelnen Generationen im Unternehmen gerecht und verhindern, dass z.B. die eher als ungeduldig eingestuften Millennials in Schulungen zu neuen Technologien zusammen mit den *digital immigrants*, den Babyboomern lernen. Die Babyboomer können in altersgetrennten Angeboten ihr Einstiegniveau und ihre Fragen zum Thema eher einbringen. Diese strukturell ausgerichteten Angebote können differenziert aufgebaut werden oder sie richten sich an alle als generelles Angebot, z.B. im Bereich der Präventionsmaßnahmen der betrieblichen Gesundheitsförderung. Letztere können ebenfalls als

Möglichkeiten der alternsgerechten Führung eingestuft werden, unterstützen sie doch den körperlich-seelischen Bereich zur Förderung der Arbeitsfähigkeit. Eine lebenslange Lernbereitschaft kann durch die Entwicklung von Weiterbildungs- und Karrierechancen für Mitarbeitende aller Altersstufen sichergestellt werden.

6.3.2 Perspektive 2: individuumszentriertes Vorgehen

Eine individualisierte und generationengerechte Führung berücksichtigt Informations- und Feedbackverhalten und -ansprüche verschiedener Generationen und beachtet den Faktor Alter und Generation. Diese Perspektive betrifft die direkte Gestaltung der Führungsbeziehung zwischen Mitarbeiter oder Mitarbeiterin und Führungskraft. Dabei kommen verschiedene Facetten zum Tragen. Es geht um die Beachtung von eigenen und anderen Werthaltungen, Kompetenzschwerpunkten und Ansprüchen in der Führung. Führung benötigt die Fähigkeit zum Perspektivenwechsel, um die Welt mit den Augen der anderen zu sehen. Die Wahrnehmung und Interpretation einer Situation ist eingebettet in den eigenen Erfahrungsschatz und Background der Führungsperson. Eine bewusste Beachtung von alters- oder generationsbezogenen Aspekten in der akuten Fragestellung oder Situation kann helfen, besser zu verstehen und auch Lösungen zu finden, die maßgeschneidert der jeweiligen Person in ihrer augenblicklichen Lebensphase gerecht werden. In den folgenden Abschnitten finden sich verschiedene Ansatzpunkte zur Förderung dieser Perspektive in der Mitarbeiterführung.

6.3.3 Perspektive 3: generationenübergreifendes Vorgehen

Wir reden vom Generationen-Gap, wenn wir die unterschiedlichen Werthaltungen, Interessen, Kompetenzen, Wünsche und Vorstellungen betrachten, die verschiedene Generationen ins Arbeitsleben einbringen. Unternehmen und Führungskräfte können diese unterschiedlichen Perspektiven zusammenbringen, wenn es gelingt, die Führung so zu gestalten, dass eine Organisationskultur entsteht, die von gegenseitigem Verständnis und Wertschätzung geprägt ist. Die Vielfalt der Generationen zusammen zu bringen setzt aber nicht nur an der Fairness oder am Gedanken der Generationengerechtigkeit an. Es geht um Ethik und um den unmittelbaren Nutzen von Vielfalt. Die verschiedenen Perspektiven und Kompetenzen der Generationen sind für unterschiedliche Aufgaben oder verschiedene Kundensegmente unterschiedlich relevant. Gelingt es in der Führung auf diese Ressourcen zuzugreifen und diese Vielfalt nutzbar zu machen, erweitert sich das Potenzial einer Organisation oder eines Teams immens. Intergenerationale Qualifizierung und Zusammenarbeit werden gefördert und vernetzt. Dies geschieht durch gemeinsame Qualifizierungsmaßnahmen in Themenfeldern, die sich für gemeinsames Lernen eignen und mit didaktischen Elementen, die einen Wissenstransfer auch beim Thema Medien oder Sozialkontakte fördern. Cross-Mentoring- oder Beratungsprogramme bilden etwa die Grundlage für eine wechselseitige Unterstützung der Generationen. Dafür wird oftmals ein Rollenwechsel vorgenommen und ehemalige Expertinnen und Experten oder Führungspersonen werden neu als Berater und Beraterinnen auf Zeit eingesetzt.

PRAXISBEISPIEL: Generationenvielfalt und Gesundheit[216]

Der Automobilkonzern **Daimler** setzt ebenfalls auf Generationenvielfalt. Unter dem Projekt „Space Cowboys — Daimler Senior Experts" können seit 2013 ehemalige Mitarbeiterinnen ihr Wissen an jüngere Kollegen weitergeben.
In Simulationen hat der Konzern das Alter der Belegschaft für die nächsten zehn Jahren ermittelt: Es wird auf einem Durchschnittsalter von 47 Jahren angelangt sein. Fast die Hälfte der Mitarbeiterinnen und Mitarbeiter wird über 50 Jahre alt sein. Das Unternehmen betrachtet dies als Chance und stellt sich den damit verbundenen Herausforderungen. Maßnahmen zur Ausbildungspolitik, Personalentwicklung, Flexibilisierung und Leistungssteigerung sollen gestartet werden. Auch das Lebenslange Lernen wird vom Unternehmen gefördert. Im Projekt „Daimler Academic Programs" können Beschäftigte aller Altersstufen ein Vollzeitstudium oder ein berufsbegleitendes Studium absolvieren, um danach ins Unternehmen zurückzukehren. Die Hälfte der Studienkosten trägt das Unternehmen. Beim Thema Gesundheitsmanagement fördert das Unternehmen die langfristige Gesundheit mit Angeboten wie einem werksärztlichen Dienst, einer Sozialberatung und einer freiwilligen Vorsorgeuntersuchung. Die Gesundheitsförderung bezieht sich auf alle drei Bereiche: Zur **Prävention** werden Sensibilisierungsmaßnahmen durchgeführt, in der **Therapie** gibt es gezielte Angebote zur Behandlung und für die **Nachsorge** gibt es Rehabilitationsangebote. Auch der Betriebsrat wird bei der Entwicklung der Aktivitäten einbezogen und unterstützt diese.

Ein generationenübergreifendes Vorgehen entwickelt das Wissen der Jüngeren und Älteren weiter und vernetzt es und macht es organisationsübergreifend nutzbar. Es wird ein Verständnis für die Anliegen verschiedener Altersgruppen oder Organisationen geschaffen. „Es geht darum, aus dem Nebeneinander der Generationen ein Miteinander zu machen und mit jung und alt gemeinsam die Zukunft zu gestalten."[217]

[216] Vgl. Dollinger, 2014 sowie Mürdter & Maucher, 2011.

[217] Eberhardt, 2015, S. 40.

6.4 Generationsspezifische Führungsstile

Mitarbeitende präferieren individuell ganz unterschiedliche Führungsstile, es lassen sich jedoch auch Präferenzen für den Führungsstil für ganze Generationen identifizieren. Welcher Führungsstil führt zu größerer Zufriedenheit am Arbeitsplatz und auf diese Weise zu mehr Produktivität und Arbeitgeber-Attraktivität?

6.4.1 Führung von Babyboomern

Die Babyboomer haben in ihrem Berufsleben große Veränderungen in der Arbeitswelt mitgemacht. Sie sind die erste Generation, bei der Frauen wirklich in die Arbeitswelt integriert wurden und die meisten von ihnen haben größere Umstrukturierungen erlebt. Sie gelten als resilient und widerstandsfähig. Sie können sich an Veränderungen anpassen, auch wenn sie es nicht gerne tun. Babyboomer sind oft bereit, viel zu arbeiten.

In Führung und Beratung gelten die älteren Babyboomer — die Silver Worker — als statisch und angepasst. Sie setzen auf Bewährtes und gelten gegenüber Veränderungen als weniger offen.

Bruch u.a. (2010) beobachteten bei den Babyboomern die stärksten postmateriellen und idealistischen Werte bei gleichzeitig weniger Respekt vor Hierarchie oder Vorgesetzten. Aus diesen Beobachtungen wird auf eine Präferenz im eher **partizipativen Führungsstil** geschlossen. Wichtige Anreize für diese Generation ist die Sinnhaftigkeit der Tätigkeiten, die Ziele sollten im Gesamtzusammenhang stets erkennbar sein, damit die hohe intrinsische Motivation dieser Generation erhalten bleibt. Hohe Bedeutung hat die direkte Kommunikation, auch mit Blick darauf, dass diese Generation *digital immigrants* sind, d.h. der Umgang mit digitalen Medien, Computer und Internet wurde erst im Verlauf des Arbeitslebens parallel zur technischen Entwicklung und ihrer Umsetzung erworben. Work-Life-Themen sind immer noch die Versorgung der Kinder und bereits die Pflege und Sorge um die eigenen, älter gewordenen Eltern. Diese Themen können somit für die Führung bedeutsam sein.

Für die Führung von Babyboomern gilt als empfehlenswert[218]:

- Babyboomer bevorzugen einen kollegialen und konsensorientierten Stil und versuchen, Hierarchie umzudrehen.
- Autorität wird respektiert.
- Entwickeln Sie als Führungskraft eine Vision von der Zukunft und kommunizieren Sie diese.

[218] Vgl. Warner und Sandberg, 2010; DeClerk, 2007; Arsenault, 2003.

- Zeigen Sie die Ausrichtung klar auf.
- Fokussieren Sie auf das „Große und Ganze" und überlassen Sie die Details den Mitarbeitenden.
- Seien Sie demokratisch und authentisch.
- Maximieren Sie Opportunitäten.
- Integrieren Sie die Mitarbeitenden so oft als möglich in Entscheidungsteams.
- Bieten Sie herausfordernde Ziele an.
- Geben Sie dossiert Feedback (nicht zu viel).
- Bieten Sie möglichst oft Wahlmöglichkeiten an.
- Belohnen Sie für Ergebnisse oder außergewöhnliche Leistungen.
- Geben Sie Anerkennung und Status.

Von anderen Generationen werden ihnen unterschiedliche Dinge zugeschrieben. So empfindet die Nachkriegsgeneration die Babyboomer als „überheblich, maßlos und risikosuchend" mit wenig Respekt vor der Lebensleistung der älteren Generation. Die Generation X hingegen fühlt sich in der eigenen Karriere von den Babyboomern blockiert und von der großen Anzahl an Babyboomern „erschlagen"[219].

Bruch u. a. (2010) beobachteten bei den Babyboomern, dass sie an Konkurrenzsituationen gewöhnt sind und Durchsetzungsvermögen haben. Für die Führung von Babyboomern empfiehlt sie die Würdigung der Leistungsbereitschaft und die Schaffung von Möglichkeiten zur beruflichen Entwicklung. Babyboomer haben hohe kommunikative und soziale Fähigkeiten, sie können für die Mediation oder Konfliktvermittlung oder auch als *Bridging Generation* für die Zusammenarbeit von verschiedenen Generationen als Vermittler eingesetzt werden.

Diese Generation steht in der Lebensmitte und zieht häufig Bilanz über das Erreichte und noch Kommende. Die positive Begleitung der eigenen Standortbestimmung und eine offene Gestaltung der individuellen Führungsbeziehung kann in der Phase des Übergangs neue Motivation freisetzen oder — wenn das nicht gelingt — auch Enttäuschungen hervorrufen. Die Babyboomer sind die erste Generation, die die Verlängerung der Lebensarbeitszeit vollziehen wird. Diese erfolgt durch den Verlust attraktiver Möglichkeiten zur frühzeitigen Pensionierung und eine Erhöhung des Renteneintrittsalters. In der Führung von Babyboomern gehören Maßnahmen zum Erhalt der Arbeitsfähigkeit im gesundheitlichen Bereich wie auch im Bereich der benötigten Kompetenzen zu den zentralen Führungsaufgaben.

Von der Führungsstil-Forschung ist bekannt, dass Babyboomer ihre Vorgesetzten dann als effizient einstufen, wenn sie transaktional führen. Das bedeutet, dass sie auf Austauschprozesse setzen, wie z. B. Anstrengung und Leistung gegen Belohnung.

---

219 Joester, S. 21.

6.4.2 Babyboomer als Führungskräfte

Sie präferieren einen Führungsstil, der sich an Konsens und Ethik orientiert. Babyboomer favorisieren einen partizipativen Führungsstil, haben aber oft Schwierigkeiten, diesen am Arbeitsplatz einzuführen. Partizipative Führung erfordert Verständnis, die Fähigkeit zuzuhören und zu kommunizieren, zu motivieren und zu delegieren[220]. Top-Führungskräfte auf Vorstandsebene aus der Generation der Babyboomer interessieren sich für den Umgang mit Komplexität, ohne unter Komplexität zu leiden. Sie sind sich bewusst, dass Führung eine anspruchsvolle Aufgabe ist, Führungsweiterbildungen sind für sie eine Selbstverständlichkeit[221]. Intuitive Entscheidungen machen bei Babyboomer-Führungskräften knapp die Hälfte aller Entscheidungen aus, wobei sie selbst die Erfahrung als Vorteil für diese Art von Entscheidungsfindung einschätzen und Taktiken entwickelt haben, um Zeit für diese Art der Entscheidung zu gewinnen[222].

! **WICHTIG**

Der Führungsstil von Babyboomern ist gekennzeichnet durch Konsensorientierung, Werte und Ethik. Ihre Führungsstärken sind verstehen, zuhören, kommunizieren, motivieren, delegieren, Synergien zwischen den Mitarbeitenden schaffen. Ihre Kernwerte beinhalten Optimismus, harte Arbeit und persönliche Anerkennung[223].

6.4.3 Führung der Generation X

Führung von Angehörigen der Generation X — hier sind Führungspersonen mit Glaubwürdigkeit gefragt! Die Generation X kennt eine Arbeitswelt mit Einschränkungen, *no easy answers* und die Tatsache, dass sie auf verschiedene Standpunkte hören und reagieren muss, um Probleme an unterschiedlichen Fronten zu lösen.

Führungspräferenzen der Generation X weisen große Unterschiede zu den vorhergehenden Generationen auf[224]. Die Generation X sieht ihre Selbsterfüllung nicht mehr in der Arbeit. Die Einstellung zur Arbeit ist pragmatischer und folgt eher extrinsischen Motiven. Materielle Leistungsanreize und Statussymbole — wie etwa Büroausstat-

[220] Vgl. Salahuddin, 2010.
[221] Vgl. Seeber, 2010.
[222] McNaught, 2012.
[223] Vgl. Andert, 2011.
[224] Vgl. Bruch u.a., 2010.

tung und Dienstwagen — haben für die Generation X deutlich höhere Bedeutung als für die Babyboomer. Die Generation X gilt als weniger konsensorientiert. Auch sie lehnt eine starke hierarchische Ausrichtung ab, schätzt allerdings umso mehr eine klare und transparente Kommunikation. Für diese Generation wird die klare Kommunikation von Erwartungen und Zielen und die Delegation von Aufgaben empfohlen. Dies umfasst klare Karriereziele und Aussagen zum beruflichen Fortkommen, das als Form von sozialer Anerkennung hohen Stellenwert genießt. Kommunikation kann für die Generation X bereits weitgehend über Neue Medien erfolgen.

Im Hinblick auf den Personaleinsatz empfehlen sich konzeptionelle und innovative Aufgaben und alle Tätigkeiten, die eine hohe Informationsverarbeitungskapazität erfordern, die der Generation X besonders zugeschrieben wird[225]. Da die lebenslange Beschäftigung bereits für diese Generation kein erstrebenswertes Modell darstellt, muss die Führungskraft Leistungsträger über andere Mechanismen binden. Dazu gehören die richtigen Leistungsanreize und Karriereperspektiven. Die Vereinbarkeit von Beruf und Familie durch entsprechende Arbeitszeitplanung oder das Angebot von Kinderbetreuungsmöglichkeiten steigert die Attraktivität als Arbeitgeber für die Generation X.

Angehörige der Generation X schätzen es, wenn ihre Unabhängigkeit respektiert wird. Für die Führung von Generation X gilt als empfehlenswert[226]:

- Führen Sie fair, kompetent und gerade aus.
- Gestalten Sie Führung im hohen Maße situativ.
- Minimieren Sie das Verfolgen von Partikulärinteressen.
- Gestalten Sie Führung relativ offen und informell.
- Stecken Sie lose Richtlinien und Rahmenvorgaben, damit Unternehmertum entstehen kann.
- Führen Sie ausbalanciert und fair.
- Geben Sie Freiraum, um den Status quo zu hinterfragen.
- Geben Sie in regelmäßigen Abständen Feedback.
- Räumen Sie Mitarbeitenden die Freiheit ein, ihre Rolle individuell auszugestalten.
- Bieten Sie Belohnungen an für unabhängiges Denken und Handeln.
- Bieten Sie neue Herausforderungen an.
- Geben Sie Feedback und anerkennen Sie Anstrengungen.
- Schaffen Sie eine Umgebung, in der Beziehungen aufgebaut werden können.
- Sorgen Sie für eine gute Work-Life-Balance.

225 Vgl. Ebenda 2010.

226 Warner und Sandberg, 2010; DeClerk, 2007; Arsenault, 2003.

Angehörige der Generation X schätzen es wert, für eine Organisation arbeiten zu können, in der sie erfolgreich sein können.

Die folgenden vier Tipps sind zentral, um als Führungskraft Angehörige der Generation X zu verstehen und zu unterstützen:

1. **Mentoring:**
   Die Generation X erwartet Mentoring bereits vor Übernahme einer Führungsrolle. Es geht um die Grundlagen, wie ein Unternehmen funktioniert und um das Thema der Führung verschiedener Generationen.
2. **Offener Dialog**:
   Die Generation X möchte rasche Ergebnisse. Um die zahlreichen Aufgaben rasch abzuschließen, sind sie abhängig von bestimmten Technologien und der Fähigkeit im Multitasking-Modus zu arbeiten. Dabei erledigen sie viele Aufgaben manuell oder nutzen die Technik wenig effizient. Die Generation X versucht, zu verstehen, anstatt verstanden werden zu wollen.
3. **Werte wertschätzen**:
   Die Generation X gilt als familienorientiert mit einer hohen Wertausprägung in Work-Life-Balance Themen.
4. **Mitarbeiterbindung (Retention) fokussieren**:
   Es braucht Retention-Programme für die verschiedenen Generationen, diese Ansprüche gilt es für die Generation X herauszufinden und einen praktikablen Umgang zu entwickeln[227].

! **WICHTIG**

Die Generation X wird oftmals als Fortführung der Babyboomer eingeschätzt, da sie einige Werte mit jüngeren Babyboomern teilt. Der Fokus des Generation-X-Führungsstils ist Fairness und Kompetenz als Teil einer neuen Arbeitsumgebung. Angehörige der Generation X sind unabhängig, stellen Autorität in Frage, sind offen für Neues, sind technisch versiert und haben ein hohes Commitment gegenüber dem Team und dem eigenen Vorgesetzten. Sie glauben stärker an Produktivität als an lange Arbeitszeiten[228].

[227] Vgl. Houlihan, 2008.

[228] Vgl. Andert, 2011.

6.4.4 Generation X als Führungskräfte

Die Babyboomer werden allmählich pensioniert, die Generation X rutscht somit häufiger in führende Positionen nach. Sie führen dann nicht nur die Angehörigen ihrer eigenen Generation und die Millennials, sondern auch Babyboomer und deren ältere Silver Worker. Damit sind sie den starken Werte-Diskrepanzen zwischen ihren Mitarbeitenden ausgesetzt. Ihre Herausforderung besteht darin, zu erkennen, wie sich die Wirtschaftswelt und Gesellschaft verändert, und einen Führungsstil zu wählen, der sich von dem der Babyboomer unterscheidet.

Angehörige der Generation X gelten als gut vorbereitet und wirken pragmatisch. Sie haben einige Realitäten erlebt und verarbeitet und denken vorausschauender als vorherige Generationen. Sie sind in der digitalen und globalen Welt zu Hause, können mit den neuen Technologien umgehen und diese im Führungsalltag einsetzen. Als Führungskräfte sind sie multikulturell geprägt und akzeptieren Vielfalt. Sie definieren Aufgaben und Herausforderungen auch mal neu und können verschiedene innovative Wege einschlagen, um vorwärts zu kommen[229].

Generation-X-Führungskräfte präferieren Fairness, Kompetenz und zielgerichtetes Verhalten (*straightforwardness*). Dabei kann dieses zielgerichtete Verhalten auch einen Einfluss auf die Bindung von Mitarbeiterinnen und Mitarbeiter haben[230].

6.4.5 Führung von Millennials

Millennials sind zu einem Zeitpunkt ins Berufsleben getreten, als der breite Zugang zum Internet in vielen Organisationen und Berufen bereits Standard war. Die Arbeitswelt ist global. Für Millennials sind als Führungskräfte *people experts* gefordert: Bürokratische Orientierungen und funktionale Experten haben es schwer bei der Führung von Millennials. Es geht mehr als je zuvor um den Erhalt und die Steigerung von Motivation und Leistung durch die Förderung von Mitarbeitenden und die Vorbildfunktion des eigenen Führungsverhaltens[231].

Viele Millennials haben eine Periode wirtschaftlichen Wachstums — v. a. im Social-Media-Bereich — erlebt und damit auch ein wenig die Haltung *no limits:* alles kann erreicht werden. Sie werden von den anderen Generationen häufig wahrgenom-

229 Vgl. Erickson, 2010.
230 Vgl. Salahuddin, 2010.
231 Vgl. Graen & Schiemann, 2013.

men als sehr von sich überzeugt und auf der stetigen Suche nach Entwicklung und klarer Kommunikation. Andere Generationen halten die Millennials mitunter für weniger zuverlässig, auch weil sie sich am stärksten an Trends in den sozialen Medien, wie z. B. WhatsApp oder Facebook orientieren. Führungskräfte sind gefordert, die hohen Erwartungen der Millennials zu managen und sie mit der Realität in der Organisation in Einklang zu bringen. Es geht darum, Aufgaben zu finden und zuzuteilen, die ihren Fähigkeiten gerecht werden und persönliche Entwicklung fördern. Millennials schätzen aufrichtige Führungspersonen und eine gesunde Work-Life-Balance[232].

Interessantes aus der Forschung[233]

Wie zufrieden sind Millennials am Arbeitsplatz und mit ihren Vorgesetzten?

In einer finnischen Studie wurden in dieser Frage die Generationsunterschiede untersucht. Die Millennials sind am wenigsten zufrieden mit ihrer Tätigkeit und am meisten zufrieden mit ihren direkten Vorgesetzten. Obwohl sie die jüngste Gruppe im Arbeitsleben sind, tauchen bei den Millennials bereits viele gesundheitliche Probleme auf.

Die Forscher geben folgende Erklärung und Empfehlung: Millennials haben sehr hohe Erwartungen an einen steilen Karriereverlauf und wünschen sich Herausforderungen und Verantwortung. Fehlt das, werden sie unzufrieden mit ihrem Job. Es wird empfohlen, ihnen verantwortlich herausfordernde Aufgaben zu übertragen, damit die Zufriedenheit und das Commitment am Arbeitsplatz steigt. Mit Blick auf die vielen Berufsjahre, die sie noch gesund und motiviert zu erbringen haben, empfiehlt es sich, als Haupterfolgsfaktor bei der Führung von Millennials die Work-Life-Balance zu fokussieren oder zu ermöglichen.

Millennials gelten als multi-tasking-fähig. Führungskräfte sollten ihnen anspruchsvolle und herausfordernde Tätigkeiten übertragen. Um der hohen Lernbereitschaft dieser Generation gerecht zu werden, sollte die Führungskraft entsprechende Angebote bereitstellen und die Bereitschaft zum Lernen aktiv ermöglichen. Arbeitsanweisungen und die tägliche Abstimmung von Aufgaben können sehr gut auf digitalem Weg stattfinden, E-Mail und elektronische Plattformen sind für Millennials normale Kommunikationswege. Diese Generation schätzt ein dynamisches Arbeitsumfeld und innovative Kommunikationsmittel und Arbeitsformen. Die vielfältigen Möglichkeiten der digitalen Vernetzung erfordern zugleich eine klare Orientierung,

[232] Vgl. DeClerk, 2007. S. 38-39.

[233] Vgl. Kultalahti & Edinger, 2012.

deshalb sollte für persönliche Entwicklungsgespräche und Zielvereinbarungen das direkte Gespräch gesucht werden. Da Millennials schneller bereit sind, den Arbeitgeber zu wechseln, braucht Führung neue Ansätze zur Bindung von Leistungsträgern dieser Generation[234].

Millennials brauchen Freiraum und Autonomie. Daraus leiten sich für die Führungspersonen verschiedene praktische Hinweise ab[235].

Für die Führung von Millennials gilt als empfehlenswert:

- Führen Sie höflich, ausgestattet mit natürlicher Autorität.
- Lassen Sie persönliche Freiheiten und Unabhängigkeit zu.
- Fokussieren Sie breite und herausfordernde Ziele und Meilensteine.
- Halten Sie Hierarchien und Reporting-Strukturen flach und schlank.
- Führen Sie kreativ und integrierend.
- Bieten Sie intellektuelle Herausforderungen und Projekte.
- Stellen Sie neue Technologien und innovative Systeme zur Verfügung.
- Lassen Sie Millennials Probleme und Fragestellungen selbstständig bearbeiten.
- Fördern Sie Neugierde.
- Sprechen Sie Belohnungen und Anerkennung aus, wenn persönliche Kompetenz aufgebaut wird.
- Kommunizieren Sie offen und häufig.
- Bauen Sie gute Beziehung auf.
- Arbeiten Sie in Teams.
- Stellen Sie Unterstützung und Support durch die Organisation sicher.

Millennials schätzen weniger eine Führung mit Kommando und Kontrolle, sondern vielmehr individuelle Beachtung und Förderung. Elemente des coachenden Führungsstils eignen sich sehr gut, um eine vertrauensvolle Beziehung aufzubauen, Selbstvertrauen zu stärken und die Millennials in ihrer Selbstständigkeit zu unterstützen. Coaching kann Millennials darin unterstützen, herauszufinden, was für sie wichtig ist und lässt sie die Erwartungen am Arbeitsplatz reflektieren. Zentrale Themen im Coaching von Millennials sind z. B. der Anspruch an den Umgang mit zeitlichen Anforderungen, Leistungskriterien und das Setzen realistischer Ziele[236].

---

234 Vgl. Bruch u. a., 2010.

235 Warner und Sandberg, 2010; Chou, 2012; Arsenault, 2003.

236 Vgl. Buik, 2008.

Das GROW-Modell[237]

Mit den Millennials tritt eine neue Denkweise die Arbeitswelt. Millennials reagieren in der Regel sehr positiv auf eine/-n Coach oder Mentor/-in.
Mit dem Fokus, die Selbstwahrnehmung zu stärken und einen Sinn für Verantwortung zu bilden, baut Coaching Vertrauen und Selbstwertgefühl auf. Als direktes und effektives Modell für ein Arbeitsplatzcoaching von Millennials steht das GROW-Modell zur Verfügung[238]:

G = Ziele (Goals):	Was möchten Sie erreichen?
R = Realität (Reality):	Was passiert momentan?
O = Optionen (Options):	Was könnten Sie tun?
W = Zukunft (Way forward):	Was werden Sie tun?

Bei diesem Modell wird eine effektive Fragestruktur verwendet, um mit dem/der Coachee zu identifizieren, was er oder sie erreichen möchte und welche messbaren, spezifischen **Ziele** zu erreichen sind.
Die Frage nach der **Realität** dient dazu, die Situation zu erkunden, und den/die Coachee darin zu unterstützen, die Situation so objektiv wie möglich zu betrachten.
Die dritte Frage hat zum Zweck, eine Liste möglichst vieler **Optionen** und Handlungsalternativen zu erstellen.
Abschließend wird in der Frage nach der **Zukunft** die Diskussion zu einer Entscheidung umgeformt, wobei der Teilnehmende entscheidet, was er/sie wann machen möchte, um das Ziel zu erreichen.
Dieses Modell kann für ein Coaching jeder Generation und in vielen verschiedenen Arbeitsumgebungen verwendet werden. Für die Millennials gilt es als besonders effektiv.

6.4.6 Millennials als Führungskräfte

Millennials haben stärkere soziale Bedürfnisse und eine höhere Teamorientierung als die vorherigen Generationen. Sie gelten als hart arbeitend, verantwortlich und teamorientiert.

237 Entnommen aus Buik, 2008.

238 Whitmore, 2002.

Als jüngste Generation im Unternehmen gibt es bislang wenig an systematischer und dokumentierter Erfahrung mit Millennials als Führungskräfte.

Als eher typisch für sie als Führungskräfte gelten folgende Schwerpunkte (vgl. Chou, 2012):

- Sie fokussieren den sozialen Aspekt der Arbeit.
- Sie schaffen eine interessante Arbeitsumgebung.
- Sie achten auf freundlichen Umgang.
- Sie präferieren teamorientiertes Arbeiten.
- Sie geben sofortiges Feedback.
- Sie pflegen einen „integrierenden" Management-Stil.
- Sie sammeln Informationen und leiten diese rasch (und via neuer Medien) weiter.
- Sie pflegen eine „Zwei-Weg-Kommunikation" und reziproke Beziehung zu den Mitarbeitenden.
- Der partizipative Führungsstil gilt als ausgeprägt.

! **WICHTIG**

Bei Millennials gilt es, den generationsspezifischen Führungsstil noch zu entdecken. Millennials sind optimistisch, zuversichtlich, ergebnisfokussiert, fühlen sich schlau und haben ein ausgeprägtes Bewusstsein für Diversität[239].

6.4.7 Die Führung von Millennials, Generation X und Babyboomern im Vergleich

In der Führung von Mitarbeitenden gibt es Spezifika, die besonders für Angehörige einer Generation gelten. Diese sind häufiger bei Angehörigen dieser Generation anzutreffen, was aber nicht bedeutet, dass jede/r Einzelne so ist.

Die folgende Tabelle gibt praktische Empfehlungen für den Einsatz verschiedener Führungstechniken im Vergleich der unterschiedlichen Generationen.

239 Vgl. Andert, 2011.

Tabelle 6.2: Vergleich von Management-Techniken für die drei Generationen[240]

Technik	Babyboomer	Generation X	Millennials
Kommunikation	Verwenden Sie eine optimistische, positive Sprache.	Verwenden Sie kurze Zeithorizonte und begründen Sie Ihre Aussagen. Erklären Sie die Gründe.	Setzen Sie den Fokus auf momentane Aktivitäten mit aufregenden, dynamischen Botschaften.
Zielsetzung	Setzen Sie positive Ziele.	Setzen Sie unmittelbare Ziele.	Setzen Sie weitreichende, direkte Ziele.
Motivation	Belohnen Sie Erfolg.	Belohnen Sie Wissensressourcen.	Belohnen Sie Multitasking.
Teamarbeit	Fokussieren Sie auf Einzelbeiträge für das Team.	Fokussieren Sie auf die Passung im Team.	Kanalisieren Sie den Enthusiasmus und die Multitaskingfähigkeiten in der Teamarbeit.
Trainingsmethoden	Benutzen Sie traditionelle Lektüre in Kombination mit wenig Technik.	Verwenden Sie Multimedia-Techniken.	Verwenden Sie Multimedia-Techniken.
Schlechte Management-Technik	Tadeln; etwas für selbstverständlich hinnehmen.	Zeitmanagement; Mikromanagement; missbrauchender Stil.	Stereotypisierung als jung und impulsiv.
Führung	Beachten Sie die Arbeit, betonen Sie Wettbewerb.	Pflegen Sie die unternehmerischen Anlagen.	Lenken Sie den Enthusiasmus, bauen Sie auf Diversität.

240 Entnommen aus: Knouse, 2011.

6.5 Alter im Führungsalltag

6.5.1 Kritische Personalführungssituationen und Alter

Interessantes aus der Forschung

Kritische Personalführungssituationen und die Relevanz des Alters

In einer umfangreichen Studie wurden 348 Führungssituationen in Tagebüchern notiert und eine Relevanzeinschätzung des Faktors Alter vorgenommen. Jede Führungsperson hat dabei durchschnittlich 12 Situationen erfasst. Diese Situationen wurden entsprechend der Europäischen Leitlinien „Altern in der Arbeitswelt" kategorisiert. Ausgewertet wurde die Frage, ob das Alter der Führungsperson im Verhältnis zur Mitarbeiterin oder zum Mitarbeiter jünger, älter oder gleich alt ist und ob das Alter in der Personalführungssituation eine Rolle spielt. Im Ergebnis lässt sich feststellen, dass dem Alter im Führungsalltag wenig Aufmerksamkeit geschenkt wird. Wenn das Alter beachtet wird, dann wird das Alter der Mitarbeitenden beachtet und nicht das eigene[241].
Bei Führungspersonen, die Führungssituationen mit Blick auf das Thema Alter in der Arbeitswelt beschreiben, zeigt sich, dass über ein Drittel der kritischen Personalsituationen Personalführungsthemen sind[242]. Dabei geht es um Konfliktmanagement, Unterstützung bei privaten Problemen und um Informationspolitik, besonders häufig geht es um die fachliche Unterstützung und das Coaching. Weitere kritische Personalsituationen beziehen sich auf die Personalbeurteilung und den Personaleinsatz, weniger relevant sind Themen wie Personalentwicklung, Honorierung, Rekrutierung und Freistellung oder betriebliches Gesundheitsmanagement.
In etwa der Hälfte Fälle spielt das Alter der Mitarbeitenden eine relevante Rolle, ca. 37 % der Befragten gehen davon aus, dass das Alter der Mitarbeitenden (eher) irrelevant ist.
Interessant ist der Vergleich zur Einschätzung der Relevanz des eigenen Alters. Fast 70 % gehen davon aus, dass das Alter in Führungssituationen (eher) irrelevant ist und nur knapp 22 % gehen davon aus, dass das Alter eine (eher) relevante Rolle spielt. Wenn das als (eher) relevant in der Personalführung eingeschätzt wurde, dann bei den Mitarbeitenden eher als nachteilig und bei der Selbstbeurteilung der Führungspersonen eher als Vorteil.

---

[241] Vgl. Mücke, 2009.

[242] Vgl. Mücke, 2009; alle folgenden Ausführungen zu diesem Thema sind ihrer Publikation entnommen.

Wie relevant ist es, ob eine Führungsperson jünger, älter oder gleich alt ist wie die Mitarbeitenden?

Das Alter der Mitarbeitenden ist vorwiegend dann relevant, wenn die Führungsperson deutlich jünger ist und am wenigsten relevant, wenn die Führungsperson deutlich älter ist.

Gibt es Personalführungssituationen, die denen das Alter als besonders relevant eingeschätzt wird?

Besonders alterskritisch wurden Situationen eingestuft, die sich dem Themenfeld Personalentwicklung, Betriebliche Gesundheitsförderung und Personalfreistellung und Beurteilung zuordnen lassen. Vermutlich liegt dieser Einschätzung eine Annahme der Führungspersonen zugrunde, dass mit zunehmendem Alter der Gesundheitszustand schlechter wird und das Weiterbildungsinteresse abnimmt. Da im Alter aber die Unterschiede zwischen den Menschen stark zunehmen, empfiehlt es sich, genau und vorurteilsfrei auf das Alter zu schauen und die Führungssituation einzuschätzen.

Gibt es Unterschiede zwischen jüngeren und älteren Führungspersonen bezüglich ihrer Zuschreibung von Altersattributen?

Sofern auch bei der Führungsperson das Altersbild positiv besetzt ist, können bei Mitarbeitenden positive Veränderungen bewirkt werden[243]. Jüngere Führungspersonen tendieren eher zu negativen Altersstereotypen und sind besonders gefährdet, falsche Schlussfolgerungen für die Personalführung zu ziehen. Wenn Begründungen für Leistungen oder Entscheidungen im Alltag gesucht werden, dann schreiben Führungspersonen dem eigenen Alter eher gute Eigenschaften (positive Attribute) zu, als es bei den Mitarbeitenden der Fall ist. Je größer der Altersunterschied zwischen jüngerer Führungskraft und älterer/älterem MitarbeiterIn, desto eher wird dem Faktor Alter eine (negative) Relevanz beigemessen. Dies kann zu fatalen Führungsentscheidungen führen, wie z. B. der frühzeitigen Entlassung älterer Mitarbeitenden[244].

[243] Vgl. Ilmarinen & Tempel, 2002.

[244] Vgl. Mücke, 2009.

Insgesamt ist in der alternsgerechten Personalführung ein reflektiertes und bewusstes Vorgehen hilfreich, insbesondere wenn die Führungsperson und die Mitarbeitenden unterschiedlichen Generationen zuzuordnen sind. Altersstereotypen müssen identifiziert und die eigenen Erwartungen bezüglich des Verhaltens bestimmter Altersgruppen hinterfragt werden. Das regelmäßige Einholen von Feedback oder Peer-Coaching-Ansätze für Führungskräfte helfen bei der Reflexion von Führungssituationen. Wir empfehlen, eigene Führungsfragestellungen im Umgang mit Alters- oder Generationsfragen zu thematisieren, strukturiert nach Lösungsansätzen zu suchen und das eigene Vorgehen regelmäßig zu reflektieren.

ARBEITSHILFE ONLINE

ARBEITSHILFE 16: Kollegiales Teamcoaching — KTC[245]

Diese Arbeitshilfe finden Sie zum Download unter Arbeitshilfen online.
Eine Führungsperson bringt ihr Anliegen, ihren Fall, ein und die anderen Führungspersonen nehmen die Rolle von Coachs ein. Einzelne Personen können noch weitere Rollen haben, z. B.

- Schreiber (macht Notizen auf Flipchart),
- Zeitmanager (achtet auf die vorgegeben Zeitstruktur),
- Transferhelfer (steht nach der Teamsitzung dem Fallgeber für Gespräche zur Verfügung) oder
- Moderator (achtet auf Vorgehen und Rolleneinhaltung, ist im Fallbeispiel der Mentor bzw. die Mentorin).

Folgender Ablauf der Gruppensitzungen wurde von den Moderatorinnen und Moderatoren eingeführt und in den Teamsitzungen angewendet:

1. Schilderung von Anliegen und Zielvorstellungen durch die fallgebende Führungsperson (15 Minuten);
2. Fallkonferenz der Coachs; der Fallgeber sitzt außerhalb des Stuhlkreises, hört zu, kann sich nicht einmischen; Verständnisfragen durch die Coachs sind erlaubt (15 Minuten);
3. Identifikation des Schlüsselthemas durch die Coachs: Um was ging es dem Fallgeber wirklich? (ohne Fallgeber); Visualisierung auf Flipchart (10 Minuten);
4. Brainstorming der Coachs zur Schlüsselfrage; Entwicklung einer Vielzahl von Ideen und Möglichkeiten; Visualisierung auf Flipchart (15 Minuten);
5. Prozessreflektion der Coachs (15 Minuten);
6. Feedback der Führungskraft an die Gruppe. Außerhalb der Gruppensitzung: Transfervereinbarungen

[245] Entnommen aus: Eberhardt, 2013b, S. 84.

6.5.2 Jung führt alt – alt führt jung, was nun?

Die unterschiedlichen Generationen in Organisationen haben vieles gemeinsam und doch gibt es einige Unterschiede in der Präferenz, wie sie z.B. geführt werden möchten und was ihnen wichtig ist. Welche Auswirkungen hat der Altersunterschied, wenn die Führungsperson und der oder die MitarbeiterIn einer anderen Generation oder Altersgruppe angehören?

Definition: Altersinteraktion

Altersinteraktion befasst sich mit der Frage, ob die Führungskraft jünger, älter oder gleich alt wie die Mitarbeiterin oder der Mitarbeiter ist[246].

Es gibt zwar unterschiedliche Überlegungen, wie sich der Altersunterschied von Führungskraft und Mitarbeitenden auswirken kann, jedoch bislang wenig erwiesene Befunde. Zwei Drittel aller Führungspersonen schätzen die Altersinteraktion als nicht relevant ein.

Das vorherrschende Bild in Unternehmen ist noch immer die ältere, erfahrene Führungskraft, die häufig älter ist als die Mitarbeiterinnen und Mitarbeiter oder zumindest der älteren Generation im Unternehmen angehört. Die Situation verändert sich durch Entwicklungen wie Reorganisationen und Fusionen, den technologischen Fortschritt. Damit einher geht eine Veränderung in den benötigten Kompetenzen und ein parallel zur demografischen Entwicklung verlaufender Wertewandel. Es gibt zunehmend mehr Führungspersonen, die deutlich jünger sind als ihre Mitarbeitenden[247]. Firmen wie Microsoft gehen von einem weiteren massiven Anstieg von Millennials im Unternehmen aus, auch was die Führungspositionen betrifft[248].

Welche Auswirkungen haben Altersunterschiede in der Führung? Dazu gibt es verschiedene Modellvorstellungen[249].

1. **Statuskongruenz:**
   In traditionellen Karriereverläufen hat die höchste Führungsposition die Person mit der meisten Erfahrung und Expertise, das ist meistens eine der ältesten Personen. Wird dieses Muster durchbrochen und ist der oder die Vorgesetzte jünger, verletzt das typische Karrierevorstellungen. Es wird davon ausgegangen, dass jüngere Vorgesetzte es schwieriger haben, ihre Mitarbeitenden zu führen.

[246] Vgl. Mücke, 2009.

[247] Vgl. Shore, Cleveland & Goldberg, 2003.

[248] Jenner, 2015.

[249] Vgl. Zusammenfassung verschiedener theoretischer Modelle in Mücke, 2009.

2. **Similarity Attraction:**
   Diese Modellvorstellung geht davon aus, dass Mitarbeitende und Vorgesetzte am besten miteinander klarkommen, wenn sie sich in Alter oder Generationszugehörigkeit ähnlich sind. Es existieren somit kaum unterschiedliche Wertvorstellungen, Sympathie stellt sich einfacher ein und erhöht die Effektivität der Zusammenarbeit.
3. **Sozialer Vergleich**:
   Menschen vergleichen sich gerne mit anderen Personen ähnlichen Alters. Gibt es in Organisationen typische Karrierezeitpläne (in bestimmten Altersgruppen werden bestimmte Karrierestufen erreicht), überprüfen Mitarbeitende innerlich, ob sie in diesem Zeitplan liegen. Wenn sie passend oder schneller Karriere machen, sind andere Konsequenzen zu erwarten, als wenn sie hinter ihrer Zeit zurückliegen. Sie befürchten dann negative Auswirkungen auf den Karriereverlauf und dies kann die Beziehung zu den Vorgesetzten belasten

Wichtig bei der generationengerechten Führung ist somit, nicht nur das Alter der Mitarbeitenden und der Führungsperson zu beachten, sondern auch zu berücksichtigen wie sich der Altersunterschied zwischen beiden darstellt. Insgesamt lassen sich hierzu aber keine generellen Empfehlungen ableiten. Jeder Führungsperson wird empfohlen, sich bewusst zu machen, was seine oder ihre spezifischen Wertvorstellungen, Kompetenzen etc. sind und wie das — auch mit Blick auf Alter und Generation — sich von den Mitarbeitenden unterscheidet.

- „In welcher Konstellation fühle ich mich wohl?“
- „Was löst das bei meinen Mitarbeitenden aus, wenn ich jünger oder älter bin?“

Hierbei hilft die Auseinandersetzung mit den Spezifika jeder Generation. Wichtig und zentral bleibt aber die Auseinandersetzung mit sich selbst:

- Für was stehe ich?
- Was ist mir wichtig?
- Welche Kompetenzen und Stärken kann ich in die Führungsbeziehung einbringen?
- Wo wünsche ich mir Bereicherung durch andere.

Außerdem gilt es, aufmerksam zu betrachten, wie die Organisationskultur im eigenen Unternehmen funktioniert und mit welchen Ansprüchen die Mitarbeitenden konfrontiert werden. Thematisieren Sie diese und finden Sie einen menschlich kompetenten und situationsadäquaten Umgang damit, egal wie alt Sie selbst oder wie alt die Mitarbeitenden sind.

ARBEITSHILFE ONLINE

ARBEITSHILFE 17: LMX-Team-360°-Umfrage

Diese Arbeitshilfe finden Sie zum Download unter Arbeitshilfen online.
Die LMX-Umfrage basiert auf der Leader-Member-Exchange (LMX)-Theorie. Dieser liegt die Überlegung zugrunde, dass effektive Führung durch eine dyadische Austauschbeziehung zwischen Führungskraft und Mitarbeiterin bzw. Mitarbeiter entsteht. Der Austauschgedanke beinhaltet z.B. Information, Unterstützung, Aufmerksamkeit (seitens der Führungskraft) sowie Loyalität und Arbeitseinsatz (seitens des/der Mitarbeitenden).
Verwenden Sie den folgenden Kurzfragebogen mit den LMX-Items, um in Ihrer Organisation einen Überblick über das Führungsnetzwerk und seine Wirksamkeit zu erhalten. Er gibt Ihnen Orientierung darüber, wo Training und Mentoring im Führungsbereich nötig sind. Zudem kann ein Fortschritt von Teambildungsmaßnahmen statistisch erfasst werden. Werten Sie für die generationengerechte und -übergreifende Führung das Ergebnis der LMX-Team-Umfrage auch im Bezug auf generationale Einflüsse und Spezifika, Altersstereotype etc. aus und nutzen Sie dies für die weitere Arbeit im Führungsteam.

Kurzeinschätzung: Leiter-Mitarbeiter-Austausch[250]

Kurzform (Sechs Items)	Gar nicht	Eher nicht	Weder noch	Eher schon	Schon
Wie zufrieden ist Ihr Kollege / Vorgesetzter / Mitarbeiter mit Ihrer Arbeit?					
Mein Kollege / Vorgesetzter / Mitarbeiter würde mir bei einem Arbeitsproblem helfen.					
Mein Kollege / Vorgesetzter / Mitarbeiter hat Vertrauen in meine Ideen.					
Mein Kollege / Vorgesetzter / Mitarbeiter vertraut darauf, dass ich mein Arbeitspensum bewältige.					
Mein Kollege / Vorgesetzter / Mitarbeiter hat Respekt für meine Fähigkeiten.					
Ich habe ein ausgezeichnetes Arbeitsverhältnis zu meinem Kollegen / Vorgesetzten / Mitarbeiter.					

250 In Anlehnung an Grae & Schiemann, 2012.

Die folgende Checkliste (im Original *Checklist of Admired Leaders*) erfasst diejenigen Eigenschaften, die ein Teilnehmer an einer Führungsperson besonders bewundert. Die zehn Eigenschaften basieren auf der Forschung von Kouzes und Posner (2002). Diese befragten über 2.500 Personen, was diese an ihren Managern und Führungskräften besonders bewunderten. Die Untersuchungen wurden nicht nur in den USA sondern auch in 9 weiteren Ländern über 20 Jahre bestätigt. Die zehn Eigenschaften sind: **ehrgeizig, fürsorglich, kompetent, entschlossen, zukunftsorientiert, ehrlich, erfindungsreich, inspirierend, loyal und beherrscht**. Hier finden Sie diese Eigenschaften für den Einsatz zur Selbstreflexion und Klärung von Erwartungen.

ARBEITSHILFE ONLINE

ARBEITSHILFE 18: Checkliste: Für welche Eigenschaften werden Sie als Führungsperson am meisten geschätzt?[251]

Diese Arbeitshilfe finden Sie zum Download unter Arbeitshilfen online.

Generation: ______________________________

Interviewer/-in: ______________________________

Anleitung: Bitte geben Sie der Person, von der Sie Feedback einholen möchten diesen Fragebogen. Bitten Sie sie darum, die Items in eine Rangfolge von 1 bis 10 zu bringen: Für welche Eigenschaften werden Sie am meisten bewundert? (1 für die wichtigste Eigenschaft). Dieses Hilfsmittel eignet sich für Coaching, Mentoring und Führungsentwicklung und nicht für die Beurteilung von Führungspersonen.

Eigenschaft	**Rangfolge**
ehrgeizig	______
fürsorglich	______
kompetent	______
zukunftsorientiert	______
ehrlich	______
erfindungsreich	______
inspirierend	______
loyal	______
beherrscht	______

[251] Übersetzt und entnommen aus Arsenault, 2003; Kouzes & Posner, 2002.

ARBEITSHILFE ONLINE

ARBEITSHILFE 19: Praxistransfer – Führen im Generationenmix

Diese Arbeitshilfe finden Sie zum Download unter Arbeitshilfen online.

Was bedeutet das für die Praxis?

Machen Sie sich über die folgenden Fragestellungen Gedanken und überlegen Sie, welche Bedeutung generationsspezifische Führung in Ihrer Organisation hat:

- Mit welchen generationsspezifischen Führungsfragen werden Sie im Alltag konfrontiert und wie gehen Sie bislang damit um?
- Welche Möglichkeiten sehen Sie, um bei Ihren Mitarbeiterinnen und Mitarbeiter das Alter und die Zugehörigkeit zu einer Generation zu beachten und in ihr Führungsverhalten zu integrieren?
- Gibt es Hinweise in Ihrem Führungsalltag, dass Führungsthemen sich aus der Zugehörigkeit zu verschiedenen Generationen ergeben? (Missverständnisse, besondere Erwartungen oder Arbeitshaltungen etc.)
- Welcher Generation gehören Sie an, welcher Ihre Mitarbeitenden? Gibt es Besonderheiten auf die Sie achten können, wenn Sie dies bedenken?
- Nehmen Sie die Anregungen aus den verschiedenen Führungsstilen und probieren Sie den Transfer auf Ihre eigene Führungssituation. Sie werden neue Impulse zur Betrachtung Ihrer Führungsperspektive erhalten!

ZUSAMMENFASSUNG und Kernaussagen des Kapitels

Ein klassisches Führungsstilmodell empfiehlt das Führungsverhalten abhängig von der Reife eines Mitarbeitenden anzuwenden: *Telling, Selling, Participating* und *Delegating*.

Bei der Attributionstheorie der Führung ist der Ausgangspunkt die Beobachtung von Mitarbeiterverhalten. Die (Führungs-) Person beobachtet ein Verhalten und vergleicht es mit persönlichen Grundsätzen und mit Faktoren aus dem Umfeld. Daraus leitet sie die Gründe für das Verhalten ab. Das Führungsverhalten wird durch Wahrnehmungsfehler und Stereotype beeinflusst. So können auch Altersstereotype beim Führungsverhalten beeinflussend wirken.

Transformationale Führung gilt als geeigneter Führungsstil bei Veränderungsprozessen sowie bei der Führung altersgemischter Teams. In der transformationalen Führung werden vier verschiedene Einflussbereiche unterschieden:

- Idealisierter Einfluss.
- Inspirierende Motivation.
- Geistige Anregung.
- Individuelle Beachtung.

Bei der altersspezifischen Führung gibt es mehrere Ansätze: altersgruppenspezifische Führung, individuumszentriertes Vorgehen und generationenübergreifendes Vorgehen.

In einer internationalen Studie wurden Einstellungen und Verhalten von Führungskräften ArbeitnehmerInnen gegenüber erfragt. Es zeigte sich, dass die Einstellungen positiver sind als die Verhaltensweisen. Außerdem ergab sich, dass die Führungskräfte durchaus die Fähigkeiten und Erfahrungen der älteren Mitarbeitenden nutzen, aber nicht bereit sind, ältere Mitarbeitende neu einzustellen.

Für das generationsspezifische Führen können ausgehend von den Bedürfnissen jeder Generation Führungsstile und -verhaltensweisen erschlossen werden:

- Die Führung von **Babyboomern** sollte partizipativ und transaktional geschehen.
- Für die Führung von Angehörigen der **Generation X** steht eine klare Kommunikation von Erwartungen und Zielen und die Delegation von Aufgaben im Vordergrund.
- Die Führung von **Millennials** sollte den Mitarbeitenden Lernen ermöglichen. Arbeitsanweisungen und die tägliche Abstimmung von Aufgaben können sehr gut auf digitalem Weg stattfinden. Millennials brauchen Freiraum und Autonomie.

Generationen zusammen führen erfordert eine generationengerechte Führung. Hierfür ist eine Kombination aus generationsspezifischem oder altersgruppengerechten Vorgehen, der Beachtung individualisierter alternsgerechter Führung und ein generationenübergreifendes Vorgehen erforderlich.

7 Strategische Führung und Human-Resource-Management

Management ist die schöpferischste aller Künste: die Kunst, Talente richtig einzusetzen.

Robert Strange McNamara (amerikanischer Manager und Politiker)

Management Summary

Das gemeinsame Führen von Generationen wird durch strategische Führung, Age Management und (strategisches) Human-Resources-Management beeinflusst und unterstützt. In der Praxis ist eine Art Reifeprozess des Age Managements zu beobachten. Die ersten praktischen Ansätze fokussierten auf den Umgang mit älteren Mitarbeitenden und sind eher defizitorientiert. Im Fokus steht oftmals die Kompensation von Abbau oder die Ermöglichung eines Übergangs zur Phase der Pensionierung (z. B. Altersteilzeit). Neuere Age-Management-Ansätze fokussieren auf alle Generationen und eine ganzheitliche Integration über die Lebensspanne: Alle Generationen zählen, leisten ihren Beitrag und können zusammen die Möglichkeiten eines Unternehmens erhöhen. Age-Management-Praktiken können generationenübergreifend und/oder generationsspezifisch erfolgen. Themen sind z. B. Weiterbildungsförderung und Lebenslanges Lernen, Gesundheitsmanagement und eine auf die Lebensphase ausgerichtete Work-Life-Balance. Age Management berücksichtigt die Spezifika der Generationen und beachtet gleichwohl die verschiedenen Aspekte der Leistungsentwicklung, veränderte Kompetenzen und die Motivation aller Generationen. Für das Age Management steht eine Vielzahl an Handlungsfeldern zur Verfügung, z. B. Personalpolitik und Altersstrukturanalysen, Mitarbeitergewinnung und -bindung, Arbeitsbedingungen und Performance Management.

7.1 Führung, strategisches HR-Management und Age Management

7.1.1 Unternehmensführung und strukturelle Führung

Wie können Generationen durch die aktive Gestaltung der Rahmenbedingungen der Führung zusammen geführt werden?

In der Unternehmensführung geht es um die strategische Positionierung des Unternehmens und die Anforderungen, die sich hieraus auch an die Mitarbeitenden ergeben. Bei der **strategischen Führung** wird die strategische Positionierung eines Unternehmens definiert, die Strukturen und Prozesse einer Organisation werden so gestaltet, dass sie optimal zur Strategieumsetzung passen, und eine entsprechende Unternehmenskultur mit ihren grundlegenden Werten und Normen und der Art der Zusammenarbeit ermöglicht eine erfolgreiche Umsetzung der Strategie[252].

[252] Vgl. Armstrong, 2006; Lombriser & Abplanalp, 2005.

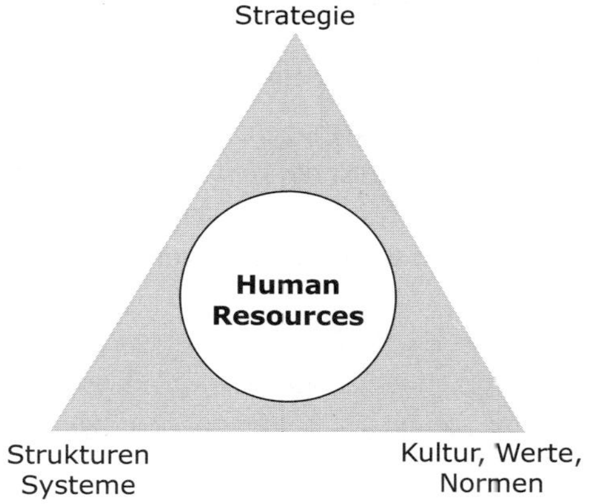

Abbildung 7.1: HRM als Teil der Unternehmensführung

Bei der **strukturellen Führung** geht es um die Schaffung von Rahmenbedingungen, Prozessen, Abläufen oder Führungshilfsmitteln, die in einer Organisation für alle Mitarbeitenden eingesetzt werden (z.B. Personalbeurteilungsprozesse und die für alle verbindlich eingesetzten Personalbeurteilungsbögen). Die Mitarbeiterführung wird durch solche Rahmenbedingungen vorstrukturiert, entlastet und teilweise auch ersetzt. Ansatzpunkte zur Gestaltung der strukturellen Führung finden sich in der Organisationslehre und im HR-Management.

In der **Organisationslehre** finden sich Modellvorstellungen und Gestaltungsoptionen, z.B. über den Organisationsaufbau, Entscheidungsprozesse in Organisationen oder auch über strategische Führung und deren Umsetzung. Diese haben indirekten Einfluss auf Führung im Generationenmix. Sind die organisatorischen Kernprozesse etwa darauf ausgerichtet, Aufgaben sehr global zu verteilen und via moderner Technologien zu koordinieren, folgen daraus Wechselwirkungen mit den unterschiedlichen Kompetenz- und Motivationsschwerpunkten der Generationen in der Organisation. Ist die Unternehmensstrategie z.B. darauf fokussiert, vielfältige Kundensegmente zu bearbeiten, die unterschiedliche Altersgruppen ansprechen, wird eine altersgemischte Belegschaft zum Erfolgsfaktor und damit zum Inhalt und Ziel der strategischen Führung. Es geht darum, zu klären, welche Qualifikationen und ggf. auch welche Generationen benötigt werden, um die anstehenden Aufgaben bestmöglich zu bewältigen.

7.1.2 Strategisches HR-Management und Age Management

Definition: Strategisches HR-Management

Im strategischen HR-Management geht es darum, alle mitarbeiterbezogenen Praktiken einer Organisation/eines Unternehmens auf die Unternehmensstrategie auszurichten und die Umsetzung mit Hilfe von Prozessen, Verfahren, Instrumenten und Beratung zu unterstützen[253].

Das strategische HR-Management bietet somit den Rahmen für alle mitarbeiterbezogenen Praktiken einer Organisation. Es leistet seinen Beitrag zum Geschäftserfolg indem es alle mitarbeiterbezogenen Praktiken so ausrichtet, dass ein ökonomischer Erfolg erreicht bzw. die Ziele der Organisation verwirklicht werden. Bei der Formulierung von Unternehmensstrategien und der Debatte um die Rolle des HR-Management gibt es unterschiedliche Grundpositionen, die u.a. zu verschiedenen Perspektiven in der Gestaltung von Age Management führen[254].

Strategisches HR-Management und seine Konkretisierung im Age Management hat sowohl in Großkonzernen als auch in KMU eine Chance auf Umsetzung. Falls keine ausformulierte Unternehmens- oder HR-Strategie existiert, hilft der Ansatz der gelebten Strategie, um schrittweise ein systematisches Vorgehen bei generations- und altersbezogenen HR-Praktiken zu etablieren.

Tabelle 7.1: Strategische Unternehmensführung und strategische Age Management

	HRM und strategisches Management	HRM und fähigkeitsorientierte Strategie	HRM und gelebte Strategie
Grundüberlegung strategisches Management	Das HRM wird auf die Unternehmensstrategie ausgerichtet.	Die Strategie des Unternehmens wird basierend auf den Fähigkeiten der Mitarbeitenden entwickelt.	Jedes Unternehmen hat eine Strategie, nicht immer eine formulierte aber eine gelebte.
Typische Vertreter der Wissenschaft	Chandler (1962) Ansoff & McDonnell (1990)	Porter (1991) Pümpin (1992)	Mintzberg (1999) Hamel und Prahalad (1994)

253 Eberhardt, 2010, S. 60.

254 Vgl. ebenda.

	HRM und strategisches Management	HRM und fähigkeitsorientierte Strategie	HRM und gelebte Strategie
Vorstellungen strategisches HRM	Alle Praktiken im HRM dienen der Umsetzung der Unternehmensstrategie.	Die spezifischen Fähigkeiten der Mitarbeitenden werden identifiziert und bei der Definition der strategischen Positionierung des Unternehmens gezielt eingesetzt.	Gelebte Praktiken im Unternehmen werden identifiziert und als gelebte (im Unterschied zur formulierten) Strategie identifiziert.
Konkretisierung Age Management	Die HR-Strategie konkretisiert Möglichkeiten zur Nutzung der Vielfalt verschiedener Generationen, um die strategische Positionierung des Unternehmens zu stärken.	Alters- und generationsspezifische Besonderheiten des Unternehmens werden erkannt und für die strategische Positionierung genutzt und beachtet.	Der Umgang mit altersspezifischen Themen wird identifiziert und sichtbar gemacht. Etwaiger Handlungsbedarf wird erkannt und diskutiert.
Beispiele	Ein Unternehmen möchte im Social-Media-Umfeld führend sein. Das strategische HRM richtet sich dann gezielt danach aus, z. B. die Arbeitgeberattraktivität für Millennials zu erhöhen und die Kompetenzen der Generation X und Babyboomer in diesem Bereich zu fördern.	Ein Unternehmen beschäftigt eine hohe Anzahl an erfahrenen Babyboomern und forciert gezielt die Marktbearbeitung in den Märkten der Generation 50plus, um das Potenzial seiner Mitarbeitenden zu nutzen.	Das Unternehmen achtet nicht auf Altersspezifika und handeln *ad hoc*, wenn etwa Nachwuchsmangel besteht mit der Schaffung von Lehrstellen. HRM kann solche Muster aufdecken und in ein systematischeres Vorgehen überführen.

ARBEITSHILFE ONLINE

ARBEITSHILFE 20: Checkliste: Kurzeinschätzung der strategischen Verankerung des Themas im Unternehmen

Diese Arbeitshilfe finden Sie zum Download unter Arbeitshilfen online.
Wie ist das Thema Age Management in Ihrem Unternehmen strategisch verankert und ausgerichtet? Prüfen Sie dies mi Hilfe des folgenden Fragebogens.

	Vorhanden	Teilweise vorhanden	Nicht vorhanden
Unternehmensstrategie oder Bereichsstrategie			
HR-Strategie oder HR-Schlussfolgerungen in Unternehmensstrategie			
HR-Strategie mit Aussagen zum Age Management			
HR-Strategie mit Teilstrategien/Aussagen zu HR-Praktiken in Age-Management-Themen: • Selektion • Retention • Arbeitsgestaltung • Gesundheit • Personalentwicklung • Entlohnung • Trennung (inkl.Vorruhestand etc.)			

Beim Thema Generationen zusammen führen geht es um viel mehr, als um Fairness den verschiedenen Generationen gegenüber[255]. Es geht darum, die Führung verschiedener Generationen durch eine aufeinander abgestimmte und sich ergänzende Ausrichtung der HR-Praktiken zu unterstützen und damit entscheidend zum Unternehmenserfolg beizutragen. Einerseits müssen hierzu bestehende HR-Praktiken überprüft und angepasst werden, sodass keine Altersdiskriminierung enthalten ist und sie positiv formuliert einem generationenübergreifenden Ansatz gerecht werden. Andererseits müssten auch gezielt HR-Praktiken zur Stärkung und Förderung einzelner und spezifischer Generationen etabliert werden. Dies geschieht auf Basis von Überlegungen, wie man sich z.B. gezielt die Stärken der jeweiligen Generation zu Nutzen macht oder für diese jeweilige Generation attraktiv ist, bleibt oder wird.

[255] Vgl. Eberhardt & Streuli, 2015.

BEISPIEL: Praxisbeispiel

Ein Tourismus-Unternehmen möchte v. a. im Segment Reisen für aktive Senioren wachsen, da es dort aufgrund der Kaufkraft und den Vorlieben dieser Kunden ein wachsendes Marktsegment sieht. Aus strategischen Gründen werden aktiv v. a. ältere Mitarbeitende für die Beratung in diesem Bereich eingesetzt, da deren Vertrauen in und der Kontakt zur Zielgruppe enger ist und diese im Verkaufsgespräch eher Zugang erhalten. Damit diese älteren Mitarbeitenden sich im Beispielunternehmen wohl fühlen, lebt das Unternehmen eine alterssensitive Unternehmenskultur und schätzt explizit die Zusammenarbeit und Beschäftigung unterschiedlicher Generationen. Die Prozesse und Abläufe sind so gestaltet, dass alle Generationen sich darin zurecht finden und die Zusammenarbeit unterstützt wird.

Das HR-Management ist für die Gestaltung von Führungssystemen und -prozessen wie auch für die Umsetzung strategischer Maßnahmen durch Projekte und Programme in der Expertenrolle und Umsetzungsverantwortung[256]. Generationengerechte Führung erfordert — wie Führung allgemein — eine aufeinander abgestimmte und proaktive Zusammenarbeit von HR-Management und Führungspersonen in mitarbeiterbezogenen Themen.

7.1.3 Age Management und HR-Praktiken

Im HR-Management stehen eine Vielzahl von HR-Praktiken zur Unterstützung der Mitarbeiterführung zur Verfügung. Die Bündelung dieser HR-Praktiken konkretisiert die Umsetzung des strategischen HR-Managements. Dabei ist es in strategischer Hinsicht wichtig, die ausgewählten Teilstrategien, die in HR-Praktiken umgesetzt werden, in ihrer Handlungssteuerung aufeinander abzustimmen, damit alle gemeinsam der Umsetzung der übergeordneten HR-Strategie dienen und das HR-Management in seiner Ausrichtung konsistent ist[257]. Eine übergeordnete HR-Strategie etwa mit Fokus Generationen zusammen führen achtet bei der Umsetzung in HR-Praktiken (oder ggf. HR-Teilstrategien) darauf, bei Selektion, Beurteilung, Entlohnung etc. keine altersspezifischen Diskriminierungen zu enthalten, gezielt die Stärken und Kompetenzen einzelner Generationen zu nutzen und die Rahmenbedingungen für eine generationenübergreifende Zusammenarbeit zu schaffen.

[256] Vgl. Ulrich, 1999; Ulrich & Brockbank, 2005.

[257] Vgl. Armstrong, 2006.

Werden die HR-Praktiken mit dem Fokus auf Age Management betrachtet, kommt es in der Praxis zu verschiedenen Ergebnissen: Die Ansätze werden im Hinblick auf Führung im Generationenmanagement unterschiedlich diskutiert:

- Abkehr von gängigen Vorgehensweisen (z.B. Forderung nach Entkoppelung von altersbedingten Lohnerhöhungen),
- Aufbau (generationen-) spezifischer Angebote (z.B. Angebote zur Pensionierungsvorbereitung),
- Spezifizierung von Angeboten (z.B. altersgemischte Teamarbeit, lebensphasenorientierte Personalentwicklung, Laufbahnberatung 50plus) etc.

Welche betriebliche Personalpolitik und welche HR-Praktiken werden von Unternehmen im Hinblick auf das Thema Führen von Generationen eingesetzt? Häufig steht bei Unternehmen und ihren HR-Strategien der Umgang mit dem demografischen Wandel im Fokus der Betrachtung.

In Befragungen von Unternehmen, welche Strategien sie anwenden, um einem demografisch bedingten Arbeitskräftemangel vorzubeugen, werden häufig die Weiterbildungsförderung, das Gesundheitsmanagement und die Work-Life-Balance von Mitarbeitenden genannt. Wenig Interesse zeigen Unternehmen hingegen an der Neueinstellung älterer Mitarbeiterinnen und Mitarbeiter[258].

Interessantes aus der Forschung

Die Forschung zum strategischen HR-Management zeigt zahlreiche Zusammenhänge zwischen Personalpraktiken und Unternehmenserfolg auf. Es gibt erste theoretische Arbeiten, die vorschlagen, diese Forschungen aus dem strategischen HR-Management mit der Psychologie der Lebensspanne zu verknüpfen, die altersbedingte Veränderungen von geistigen Fähigkeiten, Persönlichkeiten und Emotionen mit ihrem Einfluss auf HR-Praktiken beachtet. Es wird weiterhin empfohlen, die Arbeitszufriedenheit, das organisationale Commitment und die Arbeitsmotivation als Einflussgröße (Mediator) auf die Wirksamkeit von HR-Praktiken zu beachten[259].

▶ **BEISPIEL: Praxisbeispiel: Demografiemanagement im traditionellen Betrieb[260]**

Das **Stahlwerk Georgsmarienhütte GmbH** (D) ist ein Unternehmen aus dem klassischen Produktionsgewerbe (*old economy*). Bislang gab bei Mitarbeiten-

[258] Vgl. OECD, 2014; Swissstaffing, 2009.

[259] Vgl. Korff, Biemann, Voelpel, Kearney & Rossnagel, 2009.

[260] Aus: Widuckel et al., 2015.

den und Führungskräften wenig Bereitschaft zur Weiterbildung. Die Produktionsprozesse waren stabil und haben sich kaum verändert. Ebensowenig gab es eine lebenszyklusorientierte Personalentwicklung. Zumeist erreichte ein/e Mitarbeiter/in die höchste Qualifikationsstufe im Alter von 30–40 Jahren. Doch die HR-Demografie stellte das Unternehmen vor neue Herausforderungen. Es musste eine neue Arbeits- und Lernkultur, sowie eine neue Kommunikations- und Kritikkultur geschaffen werden. Ziel war die Schaffung einer selbstlernenden Organisation. Erster Schritt war der Aufbau von Veränderungsbereitschaft bei allen Mitarbeitenden: Die wahrgenommenen Befürchtungen und Bedrohungen wurden detailliert betrachtet, um Reaktanzen zu überwinden. Eine Sensibilisierung auf allen Ebenen sollte Vorbehalte abbauen. Im zweiten Schritt erhielten die Mitarbeitenden überfachliche Qualifikationen: Der Wandel hin zum Lebenslangen Lernen fand statt. Die Mehrfachqualifikationen führten zu erhöhter Flexibilität der Mitarbeitenden und zu einer abwechslungsreichen Arbeitsgestaltung. Die Belastung für ältere Arbeitnehmende wurde reduziert, um deren Arbeitsfähigkeit bis zum Renteneintritt zu erhalten. Außerdem wurde die Kommunikation verbessert, die in Folge offener, schneller und kreativer ablief.

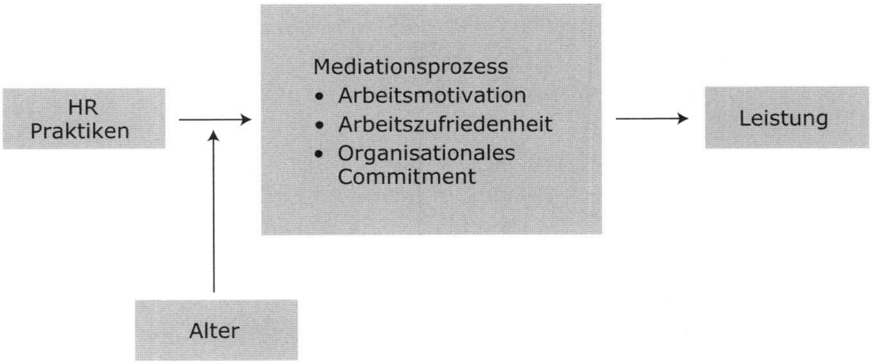

Abbildung 7.2: Strategisches HR-Management unter Beachtung des Lebensspannen-Ansatzes[261]

Welche HR-Praktiken können bei der Kombination des Lebensspannen-Ansatzes der Psychologie mit HR-Praktiken identifiziert werden? Häufig stehen bei solchen Fragestellungen die älteren Mitarbeitenden, also die Babyboomer im Fokus der Betrachtung. Nur selten ist eine umfassende Personalpolitik mit einem aktiven Altersmanagement zu finden.

261 Vgl. Korff et al., S. 210.

Untersuchungen haben in zahlreichen Unternehmen überprüft, welche HR-Praktiken im Hinblick auf den demografischen Wandel — v. a. den zunehmenden Anteil älterer Mitarbeitender — umgesetzt werden. Häufige Praktiken des Altersmanagements integrieren Maßnahmen zur Bekämpfung von Altersbarrieren oder unterstützen Altersvielfalt. Integrativ vorgehende Unternehmen wählen ein Gesamtpaket und kombinieren HR-Praktiken — z.B. flexible Arbeitszeiten — mit Maßnahmen zur Gesundheitsvorsorge. Unterschieden werden kann zwischen Maßnahmen,

- die zur Prävention und Unterstützung eingesetzt werden (z.B. Gesundheitsmanagement, Ausbildung, Ergonomie, Vereinbarkeit von Privat- und Berufsleben) und
- die die Kompensation von Möglichkeiten (Defizitausgleich) forcieren[262].

Eine europaweite Datenbank dokumentiert die Best-Practice-Fälle im Bereich von Altersmanagement (Eurofound-Datenbank http://bit.ly/1TIfEZT). Darin ist eine Vielzahl an Beispielen öffentlich-rechtlicher und privater Unternehmen unterschiedlicher Größen und Branchen enthalten.

Zur Einordnung von HR-Praktiken wurde von einem finnischen Forscherteam eine Systematisierung entwickelt, die u.a. aufzeigt, wie sich das Thema Altersbewusstsein in Organisationen verändert hat und wie die HR-Praktiken systematisiert werden können[263]. Die Organisationen durchlaufen beim Thema Age Management als Generationenmanagement eine Art Reifeprozess:

- Es gibt Unternehmen, in denen überhaupt **kein Altersbewusstsein** vorliegt oder in den HR-Praktiken nachweisbar ist.
- Auf der zweiten Stufe geht es reaktiv darum, dem Thema **Alter als Herausforderung** gerecht zu werden. Beispiel hierfür ist die Kompensation von Aufgaben, die nicht mehr ausgeführt werden können, durch andere Tätigkeiten.
- **Alter als Chance** nutzt die Stärken der unterschiedlichen Generationen und bringt diese bestmöglich zum Einsatz.
- HR-Praktiken, die auf **Chancengleichheit** und **individuellen Anpassungen** aufbauen, sind noch seltener. Sie nutzen und kombinieren gleichberechtigt verschiedene Altersgruppen und Generationen. Ein praktisches Beispiel ist die altersgemischte Teamarbeit oder das Reverse Mentoring.

---

262 Vgl. Europäische Stiftung zur Verbesserung der Lebens- und Arbeitsbedingungen, 2008.

263 Vgl. Wallin & Hussi, 2011.

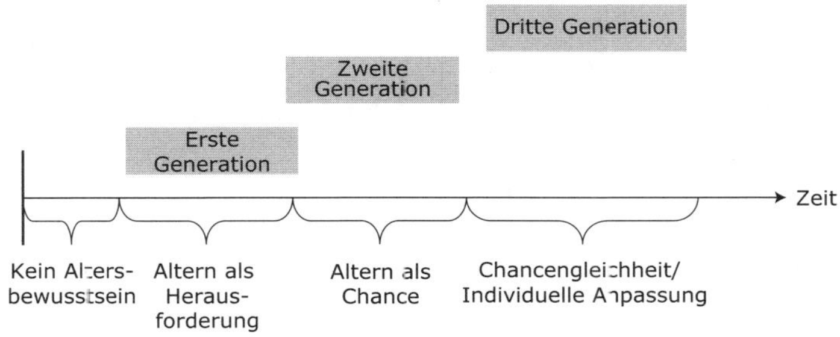

Abbildung 7.3: Der evolutionäre Prozess des Altersbewusstsein in Organisationen[264]

Das Altersbewusstsein von Organisationen lässt sich in einer Typologie der Praxis des Altersmanagement darstellen. Diese ermöglicht eine Einschätzung, auf welcher Entwicklungsstufe die HR-Praktiken einer Organisation einzustufen sind[265]:

- Problembezogenes Flickwerk
- Abnehmende Arbeitsanforderungen
- Förderung individueller Ressourcen
- Intergenerationales Lernen
- Lebensspannen-Ansatz

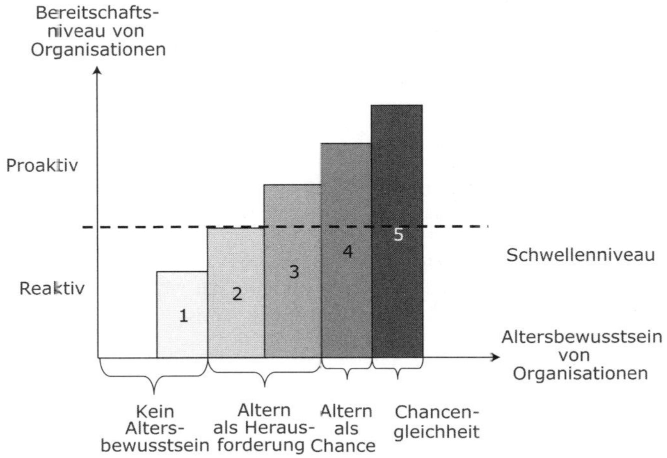

Abbildung 7.4: Typologie der Praxis des Age Management[266]

[264] Übersetzt und entnommen aus Wallin & Hussi, 2011, S. 16.

[265] Ebenda.

[266] Übersetzt und entnommen aus ebenda S. 21.

Für eine erste Einschätzung der Aktivitäten Ihrer eigenen Organisation beim Thema Age Management stellen wir im Folgenden einen Kurzfragebogen zur Verfügung.

ARBEITSHILFE ONLINE

ARBEITSHILFE 21: Checkliste: Kurzfragebogen Age Management[267]

Diese Arbeitshilfe finden Sie zum Download unter Arbeitshilfen online. Schätzen Sie die Aktivitäten Ihrer Organisation zum Thema Age Management mit Hilfe dieses Kurzfragebogens ein.

	Nein	Mögliche Maßnahmen	Ja
Altern als Herausforderung			
Die Arbeitsbelastungen für älter werdende MitarbeiterInnen wurden gesenkt (z. B. Aufgabenanpassung, Reduzierung von Arbeitszeit)			
Alte und älter werdende MitarbeiterInnen sind eine Herausforderung für unser Unternehmen.			
Wir haben festgestellt, dass älter werdende MitarbeiterInnen und Mitarbeiter in unserer Organisation: • Wegen erhöhter krankheitsbedingter Abwesenheit oder Frühpensionierungen die Kosten erhöhen. • Mühe haben bei körperlich anspruchsvollen Aufgaben. • Defizite bei den benötigten Fähigkeiten haben. • Defizite in der Lernmotivation haben.			
Altern als Chance			
Wir haben festgestellt, dass die Förderung älterer MitarbeiterInnen deren Arbeitsfähigkeit verbessert und die Grundlage für ein längeres Arbeitsleben darstellt.			
Wir haben festgestellt, dass die Kompetenzen und Fähigkeiten älterer MitarbeiterInnen unersetzlich sind.			
Für unser Unternehmen ist die Vielfalt verschiedener MitarbeiterInnen (wie z. B. Durchmischung des Alters oder des kulturellen Hintergrunds) erfolgskritisch.			
Chancengleichheit / individuelle Anpassung			
Die Arbeitsfähigkeit älter werdender MitarbeiterInnen wurde durch Maßnahmen im Gesundheitsmanagement (z. B. Fitness und Förderung eines gesunden Lebensstils) erhöht.			

[267] Aus: Wallin & Hussi, 2011.

	Nein	Mögliche Maßnahmen	Ja
Wir haben in unserem Unternehmen intergenerationales Lernen und Kompetenzaustausch erreicht (generationenübergreifendes Wissensmanagement, altersdurchmischte Teams, generationenübergreifendes Mentoring).			
Jeder Mitarbeiter / jede Mitarbeiterin hat die gleichen Möglichkeiten zur Teilnahme an regulären Trainings und Gesundheitsaktivitäten.			

7.2 Generationsspezifisches Age Management

Für die praktische Gestaltung des HR-Managements existiert eine Vielzahl wissenschaftlich überprüfter oder rein praktischer Ansätze. Häufig werden diese HR-Praktiken nicht für verschiedene Altersgruppen differenziert und knüpfen meist an den Bedürfnissen der etablierten Generation X an, die mit ihrer Ausbildung, Erfahrung und Kompetenzen eine Art Brücke zwischen den Generationen bildet. Die Berücksichtigung des Lebensspannenansatzes bei der Entwicklung und Bewertung von HR-Praktiken ist neu und erfordert die Berücksichtigung von Generation und Lebensalter in allen HR-Praktiken. Wenn es um die Beachtung ganz konkreter Perspektiven der jeweiligen Altersgruppe geht, sind ergänzend generationsspezifische Betrachtungen von Vorteil, die wir im Folgenden erläutern.

7.2.1 Age Management für Babyboomer

Das Thema Age Management und Babyboomer ist bislang häufig ein eher defizitorientiertes Thema: Ältere Arbeitssuchende finden kaum eine neue Stelle, es geht um den Ausgleich von Kompetenzdefiziten bei Neuen Medien oder um die hohen Löhne der älteren Mitarbeitenden. Und es geht darum, dass sie aufgrund der demografischen Entwicklung künftig vermehrt gebraucht werden. Eine Umfrage zum Thema personalpolitische Maßnahmen für ältere Mitarbeitende hat in der Schweiz ergeben, dass die Mehrzahl der Maßnahmen eher im Bereich der Kompensation abnehmender Leistungen sind.

Tabelle 7.2: Erste personalpolitische Maßnahmen im Umgang mit älteren Mitarbeitenden[268]

Verbreitung bestimmter personalpolitischer Maßnahmen und geplante Maßnahmen		
	Maßnahmen	
	Angeboten	Geplant
Teilzeitarbeit gegen Berufsende	52 %	17 %
Wechsel der Stelle innerhalb des Unternehmens	42 %	10 %
Austausch einzelner Aufgaben	35 %	13 %
Laufbahnberatung / -gestaltung ab 50	13 %	11 %
Spezifische Weiterbildung ab 50	15 %	9 %

Ältere Mitarbeitende verfügen jedoch über viele Vorteile: sie sind berufs- und lebenserfahren, mit vielfältigen Kompetenzen ausgestattet, loyal gegenüber dem Arbeitgeber, einsatzbereit und erfreuen sich oftmals guter Gesundheit. Wie können diese Stärken durch eine geschickte Auswahl und Bündelung von HR-Praktiken zum Wohle des Unternehmens und der älteren Mitarbeiterinnen und Mitarbeiter genutzt werden? Wie kann die Beziehung zwischen alternden und älteren Mitarbeitenden, HR- und Retention-Programmen im Kontext der Organisation definiert werden?

Der Umgang mit älteren Mitarbeitenden wird von verschiedenen Faktoren beeinflusst. Dazu gehören z. B. die Gesetzgebungen (Möglichkeiten zur Frühpensionierung, regelmäßiges Pensionierungsalter), der Arbeitsmarkt und kulturelle Faktoren (Werte und Einstellungen gegenüber Alter und Generationen in Gesellschaft und Organisation). Aber auch die Arbeitsumgebung (z. B. Ausstattung von Arbeitsplatz, Medieneinsatz) und die unternehmenseigene HR-Politik und -Praktiken beeinflussen die Arbeitsmotivation und die Leistung der Mitarbeitenden[269].

[268] Entnommen aus Höpflinger, 2006.

[269] Vgl. Claes & Heymans, 2008.

Abbildung 7.5: Einflussfaktoren auf die Beschäftigung älterer Mitarbeitender[270]

Eine gutes Age Management für ältere Mitarbeitende beachtet die unterschiedlichen Aspekte der Leistungsentwicklung, der Veränderungen in Kompetenzen und Motivation und auch die Effekte, die sich aus der Zugehörigkeit zu einer bestimmten Generation ergeben. Die individuellen Unterschiede der Fähigkeiten und des gesundheitlichen Status der Mitarbeitenden nehmen mit dem Alter zu. Um über das ganze Berufsleben hinweg gesund und kompetent und erfolgreich zu sein, bedarf es konstanter Anstrengungen zum Erhalt der Arbeitsfähigkeit.

In den Anfängen des Age Management wurden HR-Praktiken für ältere Mitarbeiterinnen und Mitarbeiter verstärkt für die Kompensation von Defiziten oder für abnehmende körperliche Belastbarkeit entwickelt. Dazu gehörten etwa maßgeschneiderte Lösungen für die Arbeitsplatzgestaltung, um bei praktischen Tätigkei-

[270] Dt. Übersetzung von ebenda, S. 105.

ten Beugen oder Heben zu erleichtern, oder die Einführung von Altersteilzeit, um die Belastung insgesamt zu reduzieren.

Sie verfügen oftmals über einen enormen Erfahrungshorizont und sind nach dem Auslaufen der alltäglichen Doppelbelastung von Familie und Beruf häufig in der Lage und willens, sich wieder frei zu entfalten. Um diesen Spezifika älterer Mitarbeitender gerecht zu werden, eignet sich eine Einteilung der HR-Praktiken für ältere Mitarbeiterinnen und Mitarbeiter in vier Kategorien[271]. Diese HR-Praktiken setzen bei der lebenslangen Förderung und Entwicklung von Mitarbeitenden, bei der Nutzung von vorhandenen Erfahrungen, bei der Anpassung (Reduktion) von Leistungsanspruch und Rahmenbedingungen und dem Erhalt von Kompetenz und Erfahrung an.

! WICHTIG

Folgende HR-Praktiken sollten für ältere Mitarbeitende eingesetzt werden[272]

- **Leistungsanspruch und Rahmenbedingungen anpassen**
  Diese HR-Praktiken zielen auf die Kompensation von Defiziten, wenn die Arbeit körperlich oder psychisch nicht mehr zugemutet werden kann oder sich an Veränderungen des privaten Umfeldes anpassen soll (z.B. Zusatzurlaub und Altersteilzeit; Stellenwechsel oder Anpassung des Anspruchsniveaus des Arbeitsplatzes/des Stellenprofils, reduziertes Arbeitspensum, Freistellung von Überstunden oder Schichtarbeit, Altersteilzeit, frühzeitige Pensionierung).
- **Erfahrungen nutzen und schätzen**
  Diese HR-Praktiken nutzen die Erfahrungen der älteren Mitarbeitenden, kombinieren diese mit Stärken anderer Generationen und zeigen Wertschätzung (z.B. Mentoring, Wissenstransfer und Generationenmanagement; Dienstaltersgeschenke).
- **Kompetenzen und Gesundheit erhalten**
  Diese HR-Praktiken unterstützen die Mitarbeitenden, neuen Herausforderungen souverän zu begegnen und ihr aktuelles Arbeitsniveau beizubehalten (z.B. Weiterbildung und Gesundheitsmanagement, Umgang mit Neuen Medien).
- **Mitarbeitende lebenslang entwickeln und fördern**
  Diese HR-Praktiken beinhalten Maßnahmen, die Mitarbeitende darin unterstützen, sich persönlich und beruflich kontinuierlich weiterzuentwickeln und zu verbessern (z.B. Schulungen, Lernen am Arbeitsplatz, Aufstiegsweiterbildungen).

---

271 Vgl. Kooij et al. 2014.

272 Vgl. Kooij et al. 2014.

Diese Einteilung der HR-Praktiken umfasst die Perspektiven von Kompensation bis zur aktiven Weiterentwicklung. Für die Gestaltung der eigenen Praxis empfiehlt es sich, die im eigenen Unternehmen vorhandenen und/oder durch Führung nutzbaren HR-Praktiken zu reflektieren und zu überlegen, welche Praktiken mehr oder aktiver genutzt und eingesetzt werden können. Mit der folgenden Arbeitshilfe 22 können Sie eine Standortbestimmung für Ihr eigenes Unternehmen vornehmen.

ARBEITSHILFE ONLINE

ARBEITSHILFE 22: Checkliste: Eingesetzte HR-Praktiken für ältere Mitarbeitende[273]

Diese Arbeitshilfe finden Sie zum Download unter Arbeitshilfen online.

Kurzeinschätzung möglicher und eingesetzter HR-Praktiken für ältere Mitarbeitende

	Welche Möglichkeiten haben oder brauchen wir im Unternehmen?	**Welche Möglichkeiten nutze ich / nutzen wir aktiv?**	**Wo habe ich in meinem Führungsbereich Handlungsbedarf?**
Leistungsanspruch und Rahmenbedingungen anpassen.			
Erfahrungen nutzen und schätzen.			
Kompetenzen und Gesundheit erhalten.			
Mitarbeitende lebenslang entwickeln und fördern.			

Beispielhafte Anwendung:

1. Entlastung im Schichtbetrieb.
2. Schulung in neuen Medien, so dass Kommunikation auch in neuer Form unverändert weitergeht.
3. Teil-Finanzierung von MBA-Programmen für Mitarbeitende 50plus.

[273] Eberhardt, 2015.

BEISPIEL: Praxisbeispiel: Gezielte Rekrutierung älterer Mitarbeitender[274]

Auf die **Schweizer Bundesbahnen (SBB)** kommt bis 2020 eine große Pensionierungswelle zu. Das Unternehmen hat deshalb insgesamt vier Modelle gezielt für ihre älteren Mitarbeitenden entwickelt, die Namen tragen wie Priora und Flexa. Das wichtigste Modell — Activa — hat zum Ziel, die Pensionsaltersgrenze von 65 Jahren aufzuweichen. Mitarbeitende können ab dem 60. Lebensjahr in Teilzeit arbeiten und als Ausgleich dafür bis 68 Jahre weiterarbeiten. Die Renten bleiben auf demselben Niveau und der Übergang vom Berufsleben in den Ruhestand kann fließend gestaltet werden.
Die SBB ist weiterhin Pionier auf dem Feld der Einstellungen: Stellenanzeigen werden gezielt auch auf ältere Mitarbeitende ausgerichtet. Diese sind oft Quereinsteiger, wenn z. B. nach der Familienphase eine neue Lebensphase eintritt. Ältere Stellensuchende werden gezielt angeworben. In den vergangenen fünf Jahren wurden 530 Beschäftigte über 50 Jahre eingestellt. Der Anteil der über 50-Jährigen beträgt jetzt 31 % der Gesamtbelegschaft. Die SBB sieht klare Vorteile in der Altersdiversität: Im Austausch zwischen den Generationen schulen die jüngeren ihre älteren Kollegen im Umgang mit Neuen Medien und profitieren zugleich von deren Erfahrung und Wissen. Dadurch wird die Einarbeitungszeit verkürzt.
Weitere Maßnahmen der SBB sind eine gezielte Einstellung von Frauen, ein großes Angebot von Teilzeitstellen sowie eine berufsbegleitende Ausbildung.

7.2.2 Age Management für Millennials

Age-Management-Ansätze für Millennials werden oft aus der Perspektive des *war for talents* diskutiert. Die Millennials sind derzeit noch die kleinste Gruppe im Arbeitsmarkt, die v. a. im Bereich neuer Technologien mehr Kompetenzen mitbringt als andere Generationen. Spezifisch für sie ist aber auch eine hohe Wertorientierung gegenüber Kollegen und dem Team bei gleichzeitig geringerer Bindung an das Unternehmen: Die Generation der Millennials weiß, was sie wert ist.

Das Denken der Millennials am Arbeitsplatz ist geprägt durch die kürzere Taktung der Social-Media —Kommunikation. Feedback und Entwicklung unterliegt kürzeren Zyklen, Kommunikation und Erfolge müssen unmittelbarer und regelmäßig möglich sein. Zur Gestaltung des HR-Management wird empfohlen, das elektronische HRM („eHRM“) auszubauen, v. a. im Recruiting und Talentmanagement[275].

[274] Vgl. Zukunftsmodelle der SBB, 2014, Maniera, 2013, sowie Schäfer, 2015.

[275] Vgl. Lammer, Eckhardt & Weitzel, 2010.

Welche Erwartungen haben Millennials an den Arbeitgeber und welche Age-Management-Ansätze eignen sich, um diesen Erwartungen gerecht zu werden?

Bei einer Befragung von Studierenden zur Arbeitgeberwahl ergaben sich die folgenden Prioritäten[276]:

- Jobsicherheit (61 %)
- Gehalt / mögliche Gehaltssteigerung (59 %)
- Vereinbarkeit von Familie und Beruf (57 %)
- Flexible Arbeitszeiten (41 %)
- Aufstiegschancen (34 %)
- Möglichkeit zur selbstständigen Arbeit (31 %)
- Arbeitsumgebung (24 %)
- Flache Hierarchien / Kollegialität (22 %)

Der Vergleich dieser Erwartungen mit den derzeitigen (nicht altersspezifischen) HR-Prioritäten in der Praxis zeigt eine starke Diskrepanz. Die prioritären Handlungsfelder der HR-Praxis sind u. a. Arbeitgeberattraktivität, Führungs- und Managementqualitäten, Change Management, Rekrutierung, Talent Management[277]. Die Millennials hingegen erwarten ein dynamisches Arbeitsumfeld, eine Vereinbarkeit, jedoch keine Trennung von Privat- und Arbeitsleben, beruflichen Erfolg, Weiterbildungsmöglichkeiten und sinnstiftende Beziehungen zu Kolleginnen, Vorgesetzten und ihrem Team[278].

Durch eine genauere Betrachtung der Karrierevorstellungen von Millennials (Abbildung 7.6) lassen sich folgende Empfehlungen für die Gestaltung von HR-Praktiken ableiten.

276 Vgl. Ernst und Young, 2014.

277 Vgl. Bethkenhagen 2014.

278 Vgl. Domsch & Ladwig, 2015.

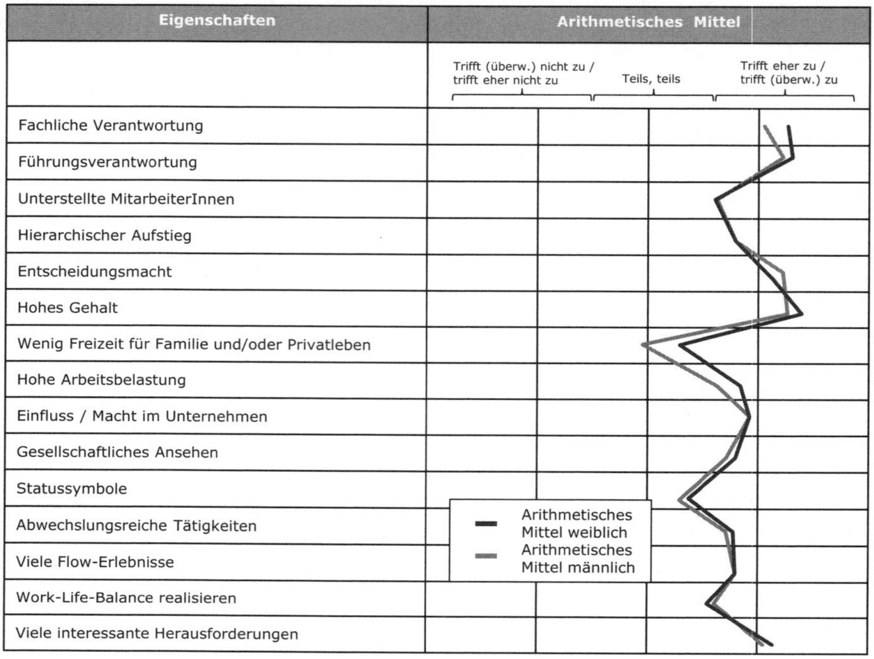

Abbildung 7.6: Was verbinden Sie persönlich mit dem Begriff „erfolgreiche Karriere"?[279]

Millennials werden als (potenzielle) Mitarbeiter umworben. Sie selbst sehen die Arbeit als eine Abfolge von Projekten, Aufgaben, Präsentationen etc. für eine Organisation. Sie erwarten vom Arbeitgeber eine hohe Mitarbeiterorientierung im Sinne einer professionellen Betreuung. Schwächen im Onboarding-Prozess legen bereits den Grundstock für eine mangelnde Bindung ans Unternehmen. Es empfiehlt sich, geeignete HR-Praktiken zu bündeln, zu kombinieren und zu spezifizieren.

! **WICHTIG**

Folgende Konkretisierungen von HR-Praktiken eigenen sich für Millennials[280]:

Performance Management

- Realistische Absprachen und für Millennials geeignete Ansprachen bei der Rekrutierung.

[279] Entnommen aus Domsch et al. 2013, S. 12.

[280] Vgl. Thoma, 2011.

- Regelmäßige Diskussionen über aktuelle Leistung, ideale Leistung, Stärken und Handlungsfelder, kurzfristige Feedback-Loops.
- Die Schaffung einer Kultur, die hohe Leistung fördert und belohnt und gegen schwache bis mittelmäßige Leistung Maßnahmen ergreift, erhöht die Bindung.

Talent Management und Mitarbeiterentwicklung

- Systematisierung von Talentidentifikation und Nachfolgeplanung.
- Intensive Förderung interner Karrieren.
- Aufbau mehrerer Personen pro Schlüsselposition und für die Nachfolgeplanungen (mind. 3–4)

Führung und Arbeitsumfeld

- Führungspersonen verstehen und definieren die Bedeutung von Performance Management und Talent Management.
- Beitrag der Mitarbeitenden zum Unternehmenserfolg aufzeigen.
- Fairer Umgang und Empowerment der Mitarbeitenden.
- Nutzung von Technologien ermöglichen.
- Auf gute Work-Life-Balance achten.

Organisation, Unternehmenskultur und Teamwork

- Teamarbeit und gutes Klima ermöglichen.
- Aufbau von Hochleistungsteams.
- Freiwilliges soziales Engagement (als Teil der unternehmerischen Tätigkeit) fördern.

7.3 Ausgewählte Handlungsfelder im HR-Age-Management

Für das Age Management steht eine Vielzahl an Handlungsfeldern zur Verfügung. Je nach Kompetenzen, Präferenzen und Bedürfnissen der verschiedenen Generationen werden diese generationsgerecht ausgestaltet. Sie fokussieren entweder auf eine spezifische Altersgruppe oder auf generationenübergreifendes Arbeiten.

7.3.1 Handlungsfeld Personalpolitik und Altersstrukturanalysen

Generationengerechte Führung integriert eine neue Perspektive in die Ausrichtung des HR-Managements. Darin ist die Beachtung von Spezifika unterschiedlicher Generationen und zugleich ein verstärktes Miteinander der Generationen entscheidend. In der Praxis wird der respektvolle Umgang mit den Stärken und Entwicklungsfeldern der verschiedenen Generationen benötigt, eine kritische Auseinandersetzung mit Altersstereotypen und die Abkehr von der bislang vorherrschenden Jungedfixierung in personalpolitischen Ausrichtungen[281].

7.3.1.1 Alterssensitive Personalpolitik

Die alterssensitive Personalpolitik begreift die Vielfalt der Generationen als Chance. Dabei gibt es verschiedene Perspektiven für die Abstimmung der Personalpolitik auf die strategische Ausrichtung des Unternehmens.

Personalpolitik im Diskriminierungs- und Fairness-Ansatz

In eher sozial ausgerichteten Unternehmen (z.B. Non-Profit-Bereich) empfiehlt sich die Forcierung des Diskriminierungs- und Fairness-Ansatzes in der personalpolitischen Zielsetzung.

Definition: Diskriminierungs- und Fairness-Ansatz

Der bewusste Umgang mit Verschiedenartigkeit trägt dazu bei, unterschiedliche Mitarbeiterinnen und Mitarbeiter (mit Blick auf Alter, Geschlecht, Rasse, Bildung etc.) gleichberechtigt im Unternehmen zu integrieren[282].

Die Personalpolitik wird so formuliert, dass sich idealerweise die demografischen Realitäten der Bevölkerung auch im Unternehmen widerspiegeln und die unterschiedlichen Mitarbeitergruppen fair behandelt werden. Im Fokus der Argumentation stehen moralische Begründungen. Altersselektive Aspekte der Personalpolitik, wie z.B. eine bewusste Bevorzugung jüngerer Mitarbeiterinnen und Mitarbeiter bei der Rekrutierung oder der Teilnahme an Weiterbildungen, entfallen.

[281] Vgl. Deller & Kolb, 2011.

[282] Vgl: Böhne & Wagner, 2002, S. 35.

Wettbewerbsvorteile durch alterssensitive Personalpolitik

Eine altersgemischte Personalstruktur erzielt Wettbewerbsvorteile für das Unternehmen. Diese strategische Positionierung kann aus verschiedenen Perspektiven erreicht werden. Sie wird durch eine Personalpolitik unterstützt, die die gemeinsame Führung von Generationen forciert.

Definition: (Markt-) Zutritts- und Legitimitäts-Ansatz

Eine heterogene Durchmischung der Belegschaft ist erfolgreicher bei der Bearbeitung heterogener Märkte als eine homogene Belegschaft.
Integrativer Ansatz: **Durch eine nachhaltige Integration verschiedener Generationen — ohne Egalisierung der bestehenden Unterschiede — werden intergenerative Lerneffekte erzielt und das Unternehmen profitiert auf vielfältige Weise[283].**

Wird etwa beachtet, dass Unternehmen sich zunehmend um ältere Kunden bemühen (z. B. durch ältere Gesichter in der Werbung) werden beim Zutritts- und Legitimitätsansatz unterschiedliche Generationen für die Bearbeitung unterschiedlicher Märkte eingesetzt. Die Altersstruktur der Mitarbeitenden spiegelt dann die Altersstruktur der anvisierten Käuferschicht.

Um eine strategisch fundierte Personalpolitik zu formulieren, hilft die Diskussion und Klärung folgender Fragen zur demografiegerechten Personalstrategie:

- Welche Altersstruktur haben unsere Kunden? Wie verändert sich diese?
- Gibt es eine Veränderung der Nachfrage nach Produkten oder Dienstleistungen aus einem Kundensegment mit spezifischer Altersstruktur?
- Verändern sich unsere Kundenbedürfnisse in Beratung oder auch Nutzung des Produktes?
- Können wir Wettbewerbsvorteile erzielen, wenn wir über eine bestimmte Altersstruktur bestimmte Kundensegmente ansprechen?
- Haben wir genügend Mitarbeitende in dieser Alterskategorie?
- Worauf müssen wir bei Neueinstellungen achten?

Bei der integrativen Sichtweise werden die ökonomischen Vorteile durch wechselseitiges Lernen und die wechselseitige Akzeptanz erreicht. Der Umgang mit Vielfalt erweitert die Perspektive der Mitarbeitenden und der Organisation. Die Differenzierung für verschiedene Personengruppen und die Integration von Vielfalt hält sich dabei die Balance.

283 Vgl. ebenda, S. 36–37.

Die Personalpolitik wird so formuliert, dass die Potenziale und ihre strategische Bedeutung der Generationen ebenso zum Ausdruck kommen, wie die Chancen durch eine echte Integration der Generationen. Dies entspricht auch dem Vorgehen der oben skizzierten HR-Praktiken, die dieser Vielfalt der Generationen gerecht werden.

7.3.1.2 Altersstrukturanalysen

Altersstrukturanalysen als Grundlage für Führungsentscheidungen

Aufbauend auf der strategischen Positionierung und der personalpolitischen Ausrichtung einer Organisation empfiehlt sich die gezielte Entwicklung der Altersstruktur in einer Organisation. Es gibt Branchen oder Unternehmen, die aufgrund ihrer strategischen Positionierung gezielt auf eine jugendzentrierte oder alterszentrierte Altersstruktur setzen.

- Bei einer **jugendzentrierten Altersstruktur** würde die Mehrzahl der Mitarbeitenden im Altersbereich zwischen 25–35 Lebensjahren liegen und Babyboomer stellten eher die Ausnahme. Das Risiko dabei besteht z.B. im Karrierestau — da alle gleichzeitig Karriere machen möchten — verbunden mit der Gefahr dann qualifizierte und aufstiegsorientierte Mitarbeitende zu verlieren. Für die wenigen älteren Mitarbeitenden fehlt es oftmals an Wertschätzung und Perspektive, was zu Motivations- und Leistungsrückgang führen kann.
- Bei einer **alterszentrierten Altersstruktur** wäre die Mehrheit der Mitarbeitenden 45–55 Jahre alt, Millennials wären eher die Ausnahme. Eine solche Altersstruktur birgt die Gefahr, dass in absehbarer Zeit ein immenser Know-how-Verlust droht, bei der hohen Anzahl an Rekrutierungen in kurzem Zeitraum Engpässe entstehen können und der Wissenstransfer nur schwer sichergestellt werden kann. Eine jugend- oder alterszentrierte Altersstruktur kann strategisch sinnvoll sein, z.B. wenn es um die Herausgabe einer Jugendzeitschrift geht.
- Weist ein Unternehmen eine **komprimierte Altersstruktur** auf, ist die Generation X am stärksten vertreten und stellt fast ausschließlich die Belegschaft. Dies kommt dann vor, wenn etwa vermehrt Frühpensionierungen vorgenommen wurden, wenig Ausbildung betrieben wird und allgemein kaum Berufsanfänger oder Millennials eingestellt werden. Auch hier besteht das Problem der „Massenpensionierung“, zeitlich lediglich etwas später als bei der alterszentrierten Altersstruktur.

Allgemein gesehen hat eine **gemischte (heterogene) Altersstruktur** verschiedene Vorteile: Es können Wettbewerbsvorteile erzielt werden, eine gesellschaftliche Verantwortung übernommen werden (Fairnessansatz) oder auch Konflikte um Karriere-Engpässe oder ähnliches vermieden werden (vgl. Kapitel 2). Es gibt jedoch kein Patentrezept für die Zusammensetzung der Altersstruktur. Sie muss für jedes Unternehmen in Abhängigkeit von dessen strategischer Positionierung, der Unternehmensgröße, dem Arbeitsmarkt u.a. individuell definiert und im operativen Geschäft kontinuierlich in diese Richtung entwickelt werden.

Eine altersgemischte Belegschaft macht ein Unternehmen gegenüber Personalrisiken — wie Pensionierungswellen und damit verbundenem hohem Recruitingbedarf und Know-how-Verlust — robust. Für eine altersgemischte Altersstruktur gibt es unterschiedliche Empfehlungen, z.B. ein Drittelmix von Millennials, Generation X und Babyboomern oder auch die repräsentative Zusammensetzung gemäß der Verteilung dieser Altersgruppen in der Gesellschaft[284].

Für die Durchführung einer demografischen Unternehmensanalyse und der Bestimmung des weiteren Vorgehens empfehlen wir folgendes Verfahren mit Entscheidungsträgern und Fachexperten aus Linien- und HR-Funktionen[285]:

1. **Vorbereitungsphase:** Verantwortliche benennen, Arbeitsschritte planen, Zeitplanung machen, ggf. Betriebs- oder Personalrat integrieren.
2. **Informationsphase:** Orientierung über die demografischen Entwicklungen und Auswirkungen im Arbeitsmarkt, Informationen über das Projekt Demografische Analyse.
3. **Analysephase:** Durchführung einer Altersstrukturanalyse, Informationen zu betrieblichen Rahmenbedingungen.
4. **Auswertungsphase:** Aufbereitung der Ergebnisse, Entwicklung von Szenarien, Diskussion von Aussagekraft und Bedeutung, Definition von Handlungsbedarf.
5. **Maßnahmenplanung:** Identifikation und Planung von Gesamtmaßnahmepaket und Einzelmaßnahmen (Ziele, Teilschritte, Aktionen, Erfolgskontrolle).

284 Vgl. hierzu auch Brandenburg & Doschke, 2007.

285 In Anlehnung Brandenburg & Domsch, 2007.

Altersstrukturanalysen erstellen

Die Erstellung einer Altersstrukturanalyse erfolgt in der Regel in zwei Schritten. Zunächst wird die aktuelle Altersstruktur dokumentiert (IST-Analyse), danach werden Prognosen entwickelt, wie die Altersstruktur sich in Zukunft entwickeln könnte[286].

Eine **einfache IST-Analyse** zur Bestimmung der Altersstruktur im Unternehmen beinhaltet

- die Altersstruktur nach Geburtsjahrgängen und Geschlecht,
- die Zusammenfassung individueller Altersgruppen zu Altersklassen (z.B. in Fünf-Jahreskategorien),
- die Auflistung der prozentualen Häufigkeiten der vertretenen Altersgruppen im Unternehmen.

Eine **erweiterte IST-Analyse** enthält darüber hinaus spezifischere Informationen:

- Berufs- (Elektriker, Mechatroniker) oder Funktionsgruppen (Marketing, Produktion etc.) ,
- Abteilungen,
- Funktionsstufen (Lohnklasse X–Y),
- Unternehmensstandorte,
- Qualifikationsniveau (ungelernt/angelernt, mit abgeschlossener Berufsausbildung, Hochschulabschluss etc).

Spezifische Altersstrukturanalysen können — je nach Bedarf — um weitere Angaben ergänzt werden, die sich auf das Weiterbildungsverhalten, betriebliche Einsatzbereiche, Entwicklungspotenzial, Dauer der Betriebszugehörigkeit u. a. beziehen.

Die **projektierte Altersstrukturanalyse** antizipiert künftige Entwicklungen. Dazu wird die gegenwärtige Altersstruktur in die Zukunft hinein fortgeschrieben. Entwicklungen wie Pensionierungsalter, Fluktuation, Veränderung der Ausbildungsquote oder gesetzliche Veränderungen (z.B. Anpassung des Rentenalters, Veränderung der Vorruhestandsregelungen), der Aufbau neuer Geschäftsbereiche und der damit verbundene Personalbedarf werden simuliert.

Weitere Möglichkeiten zur Durchführung umfassender Altersstrukturanalysen finden sich auf der Liste interessanter Internetlinks im Anhang, z.B. die Altersstrukturanalyse ASTRA® http://bit.ly/1HCAjuq.

[286] Vgl. Mücke, 2009; Brandenburg & Domschke, 2007; Bruch, Kunze & Böhm, 2010.

BEISPIEL: Altersstrukturanalyse bei der Stadt Zürich[287]

Eine umfassende Altersstrukturanalyse wurde von der **Stadt Zürich** im Jahr 2010 durchgeführt. Mit rund 26.000 Mitarbeitenden ist die Stadt eine wichtige Arbeitgeberin im Kanton Zürich.

Um den Verlauf der Altersstruktur in der Vergangenheit zu erfassen, wurden die Daten aus den Jahren 2005–2009 betrachtet. Daraus wurden Trends abgeleitet. Die Entwicklung des Durchschnittsalters wurde in verschiedenen Gruppen betrachtet, nach Departement, nach Funktionsstufen, nach Kadern, nach Geschlecht.

Beispielhafte Ergebnisse sind: Die durchschnittlichen Alters- und Dienstaltersstrukturen unterscheiden sich in den verschiedenen Diensteinheiten der Stadt Zürich zum Teil signifikant, insbesondere, wenn diese gruppiert nach Funktionsstufen betrachtet werden. Ein Grund dafür ist das breite Branchenspektrum der Stadt mit teilweise ausgeprägten Monopolberufen. Generell findet sich in Bereichen mit starker Verwaltungstätigkeit ein höheres Durchschnittsalter als in anderen Diensteinheiten. Bei höheren Kaderstufen ist das durchschnittliche Lebensalter und auch das durchschnittliche Dienstalter generell höher. Dies geht auf die interne Stellenbesetzungspraxis mit erfahrenen Mitarbeiterinnen und Mitarbeitern zurück. Ein Trend für die Jahre bis 2014 prognostiziert eine ansteigende Entwicklung des Durchschnittsalters und eine ansteigende Entwicklung der frühzeitigen Altersrücktritte (Vorruhestand). Bemerkenswert ist auch der Befund, dass in mittleren Funktionsstufen die Dynamik bezüglich Fluktuationen und Beförderungen größer ist als in unteren und oberen Funktionsstufen.

Die Auswirkungen der Erhöhung des Durchschnittsalters wurden für die betriebliche Gesundheitsförderung vertiefend untersucht. Ziel war es, geeignete Maßnahmen zu identifizieren, um diese Auswirkungen abzufedern. Im Gesundheitsmanagement wurde eine Mitarbeiterbefragung durchgeführt (N=12 698), die Aussagen zum Gesundheitszustand und zu Beschwerden erfasste. Aus den Angaben zu Rückenschmerzen, Energielosigkeit, Schlafstörungen, Herzproblemen, Kopf- und Gelenkschmerzen sowie weiteren Beschwerden wurde ein Gesamtwert ermittelt. Außerdem wurde in der Befragung ein Gesundheitsindex erfasst, der die psychische Beanspruchung, die Vereinbarkeit von Familie und Beruf und das Arbeitsklima erfasste.

Es konnte ein direkter Zusammenhang zwischen dem Alter und der Verschlechterung des Gesundheitszustandes und einer Zunahme an Beschwerden festgestellt werden. Eine Erhöhung des Durchschnittsalters führt somit auch zur Zunahme gesundheitlicher Beschwerden und zur Erhöhung von krankheits-

[287] Aus: Ehrismann, Kissling, Piatti, Pressner & Reuter, 2010.

und unfallbedingten Case-Management-Fällen. Um dieser Entwicklung entgegenzuwirken, wurden Maßnahmen umgesetzt wie Informationsveranstaltungen zum Thema Alter, Gesundheit und Führung, Bildungsveranstaltungen im Rahmen der Personalentwicklung, Impulsworkshops für Führungskräfte und Freizeit- und Kursangebote zur Reduktion körperlicher Beschwerden. Als weitere Maßnahmen wurden etwa die Nachfolgeplanung, das Talent Management, die Stärkung der Arbeitgeberattraktivität vorgeschlagen. Diese und andere Maßnahmen werden künftig im Rahmen einer umfassenden HR-Strategie der Stadt Zürich aufeinander abgestimmt bearbeitet.

Die Durchführung der Altersstrukturanalyse liefert Daten und Prognosen und dient der Personalplanung. Die Umsetzung erfolgt über spezifische Umsetzungsprojekte, HR-Programme und die Konkretisierung von HR-Prozessen. Ein beispielhaftes Vorgehen lässt sich der Abbildung 7.7 entnehmen.

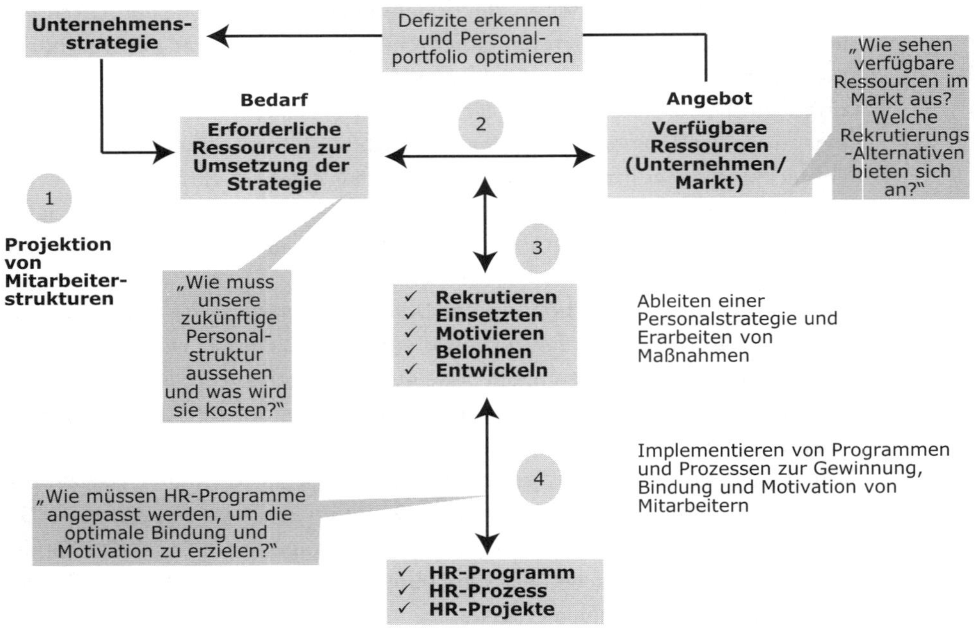

Abbildung 7.7: Prozess der Personalplanung[288]

[288] Entnommen aus: Towers Perrin in Brandenburg & Domschke, 2007. S. 121.

Für den eigenen Führungsbereich eignet sich die folgende Arbeitshilfe 23 zur Analyse und Reflexion der Alterszusammensetzung und die damit verbundenen Auswirkungen.

ARBEITSHILFE ONLINE

ARBEITSHILFE 23: Altersstrukturanalyse für Teams[289]

Diese Arbeitshilfe finden Sie zum Download unter Arbeitshilfen online.
Im Gegensatz zu den Altersstrukturanalysen, die sich für größere Organisationen eignen, kann diese Analyse auch für kleine Unternehmen oder einzelne Teams der Führungskraft eingesetzt werden und von Hand erfolgen. Die Struktur kann z. B. folgendermaßen visualisiert werden:

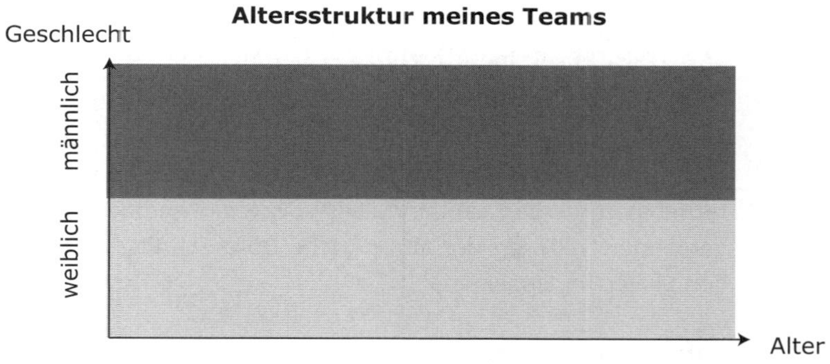

Jeder Mitarbeitende wird auf diesem Schema eingetragen. Bei Bedarf kann mit verschiedenen Symbolen (Punkte, Dreiecke, Sternchen) eine Differenzierung weiterer Merkmale (z. B. Teilzeitarbeit, Qualifikation, Abteilung, Berufsgruppe) vorgenommen werden.
Die Alterslandkarte wird im Nachhinein mit den folgenden Fragen reflektiert:

- Wie könnte man die derzeitige Altersstruktur beschreiben?
- Wie kommt diese Altersstruktur zustande (Gründe)?
- Worin liegen Vorteile und Nachteile dieser Struktur?
- Welche weiteren Merkmale (Geschlecht, Teilzeitarbeit etc.) sind relevant und warum?
- Wo verorte ich mich selbst im Team (Nähe oder Distanz zum Team)?
- Gibt es Handlungsbedarf?
- Wie könnte die Entwicklung in den nächsten fünf bis zehn Jahren aussehen?

289 In Anlehnung an: Mücke, A., 2009.

Durch Altersstrukturanalysen können Unternehmen ihre demografische Aufteilung im Unternehmen sichtbar machen und frühzeitig erkennen, wie die Alterszusammensetzung in verschiedenen Funktionsstufen oder Bereichen aussieht.

Darüber hinaus kann der Demografische-Fitness-Index (DFX) helfen, einen Überblick zu erhalten, ob Unternehmen auf die demografischen Veränderungen vorbereitet sind. Der demografische-Fitness-Index untersucht mit festen Bewertungskriterien fünf Handlungsbereiche der Personalpolitik, die den Grad der Vorbereitung auf den demografischen Wandel messen. Diese Bereiche sind: **Karrieremanagement, Lebenslanges Lernen, Wissensmanagement, Gesundheitsmanagement und Altersvielfalt**.

ARBEITSHILFE ONLINE

ARBEITSHILFE 24: Initiative: DFX — Demografischer Fitness Index[290]

Diese Arbeitshilfe finden Sie zum Download unter Arbeitshilfen online.
Zur Berechnung des DFX werden Unternehmen auf einer Skala von 100 bis 400 Punkten bewertet. Auf Basis der Umfrageergebnisse von über 2.000 Unternehmen werden Länderindizes sowie ein europäischer Durchschnittswert berechnet. 2007 lag der europäische Durchschnittswert bei 182 Punkten. Zu den Skalen im Einzelnen:

Karrieremanagement

Welche dieser Instrumente werden gegenwärtig in Ihrem Unternehmen genutzt?
Welcher Anteil Ihrer Angestellten nimmt die individuellen Möglichkeiten des Karrieremanagements in Anspruch?
Neun der wichtigsten Steuerungsinstrumente im Karrieremanagement:

- Lebensarbeitszeitmodelle,
- Berufliche Veränderungen bzw. Wechsel des eingeschlagenen Karriereweges,
- Schaffung völlig neuer Stellen,
- Programme für Mitarbeiter mit besonderem Potenzial,
- Trainingsprogramme,
- Interne Karriereberatung,
- Externe Karriereberatung,
- Mentorenprogramme,
- Individuelle Karriereprogramme.

[290] Aus: Adecco Institut, 2008.

Lebenslanges Lernen

Welche dieser Instrumente werden gegenwärtig in Ihrem Unternehmen genutzt?
Welcher Anteil Ihrer Angestellten nimmt die individuellen Möglichkeiten der Personalentwicklung in Anspruch?
Wie viele Tage haben Ihre Mitarbeiter 2007 im Durchschnitt für die Fort- und Weiterbildung verwendet?

Acht der wichtigsten Steuerungsinstrumente im Bereich Lebenslanges Lernen:

- Analyse individueller Trainingsanforderungen / regelmäßige Gespräche,
- Auf den Arbeitsplatz zugeschnittene Trainingsprogramme,
- Interne, vom Arbeitsplatz unabhängige Trainingsprogramme,
- von externen Dienstleistungsanbietern organisierte Trainingsprogramme,
- Programme zur Vermittlung technischen Know-hows,
- Programme zur Vermittlung methodologischer Kompetenzen,
- Programme zur Vermittlung sozialer Kompetenzen,
- Förderung durch individuelle Betreuung/Beratung.

Wissensmanagement

Inwiefern haben Sie das Wissen Ihrer Mitarbeiter auf seine Bedeutung für das Unternehmen hin analysiert?
Wissen Sie, welche Personen für das Geschäft entscheidende Kenntnisse besitzen?
Sind Sie sich über das Risiko eines Wissensverlusts bewusst, sollten einzelne Mitarbeiter das Unternehmen verlassen?
Wissen Sie, welcher Mitarbeiter technisches, spezifisch an einen Arbeitsplatz gebundenes Wissen besitzt?
Wissen Sie, welcher Mitarbeiter technisches, spezifisch an das Unternehmen gebundenes Wissen besitzt?

Gesundheitsmanagement

Welche dieser Möglichkeiten bieten Sie in Ihrem Unternehmen gegenwärtig an?
Welcher Anteil Ihrer Arbeitnehmer nimmt die im Bereich Gesundheitsförderung angebotenen Möglichkeiten wahr?

- Sportangebote des Unternehmens
- Rückenschule
- Entspannungsprogramme
- Gesundheitsbewusste Ernährung
- Ernährungsberatung

- Vorsorgeuntersuchungen im Unternehmen
- medizinische Untersuchungen vor der Einstellung
- Regelmäßige medizinische Untersuchungen
- Gesundheitsberatung / ärztliche Betreuung

Altersvielfalt

Welche der folgenden Möglichkeiten zur Förderung der Altersvielfalt werden in Ihrem Unternehmen gegenwärtig wahrgenommen?

- Stellenausschreibungen ohne Altersangaben,
- vom Alter unabhängige Vorstellungstermine,
- Chancengleichheit für alle Altersgruppen,
- leistungsorientierte Löhne,
- Junior / Senior Round Tables,
- Arbeitsgruppen mit Kollegen aller Altersklassen,
- nach Altersklassen aufgeteilte Arbeitsgruppen,
- Seminare zum Teambuilding,
- Plattformen zum Austausch unter Angestellten,
- Mentoringprogramme ,
- Workshops zur Sensibilisierung von Managern zum Thema Altersvielfalt.

7.3.2 Handlungsfeld Mitarbeitergewinnung und -bindung

Die Rekrutierung neuer Mitarbeiterinnen und Mitarbeiter ist eine zentrale Führungsaufgabe, die zusammen mit dem HR-Management erfolgt. Bei der Personalbeschaffung steht im Zentrum, Mitarbeiterinnen und Mitarbeiter in hinreichender Anzahl (quantitativer Aspekt) mit den erforderlichen Kompetenzen und entsprechender Motivation (qualitativer Aspekt) anzusprechen und auszuwählen. Beeinflusst wird die Mitarbeitergewinnung von mehreren Faktoren, eine zentrale Einflussgröße ist der Arbeitsmarkt. Der demografische Wandel bringt eine wesentlich kleinere Anzahl in die Arbeitswelt eintretender Millennials (oder Generation Z) als ausscheidende Babyboomern mit sich. Viele Unternehmen haben in der Vergangenheit v. a. jüngere Mitarbeitende eingestellt, deshalb finden sich auf dem Arbeitsmarkt weniger offene Stellen für ältere Mitarbeitende. Darüber hinaus sind die Babyboomer weniger bereit die Stelle zu wechseln, das Risiko ist wird als zu groß eingestuft. Der Arbeitsmarkt ist somit für ältere Mitarbeiterinnen und Mitarbeiter schon heute beschränkt.

Der *war for (young) talents* geht in Deutschland wie auch in der Schweiz von einem drohenden Fachkräftemangel aus. In einer Studie bestätigen dies ca. 30 % der Unternehmen. Einzelne Berufsgruppen und Branchen haben bereits heute Probleme, offene Stellen zu besetzen, was bereits gut die Hälfte deutscher Unternehmen v. a. bei Fach- und Führungspositionen bestätigt[291]. Die einseitige Fokussierung auf die Rekrutierung jüngerer Mitarbeiterinnen und Mitarbeiter greift zu kurz. Künftig werden Neueinstellungen aus allen Altersgruppen erforderlich sein. Die Rekrutierung von begehrten Millennials behält einen hohen Stellenwert, parallel geht es jedoch darum, attraktiver Arbeitgeber für die Generation X und die Babyboomer zu sein.

Bei der Gewinnung von Mitarbeitenden ist neben dem Arbeitsmarkt auch die Arbeitgebermarke, das Employer Branding von Bedeutung. Hat ein Unternehmen sich z. B. für eine alterssensitive Personalpolitik und HR-Strategie entschieden, ist es Aufgabe der strategischen Führung, die HR-Praktiken so auszugestalten und anzuwenden, dass diese alterssensitiv sind. Nur wenn dies konsequent und konsistent erfolgt, kann eine starke Arbeitgebermarke im Bereich Generationengerechtigkeit mit entsprechender Wirkung im Arbeitsmarkt aufgebaut werden. Auch hier gilt: die unterschiedlichen Maßnahmen im Employer Branding werden von den Generationen unterschiedlich wahrgenommen. Die externe und interne Kommunikation muss somit entsprechend diversifiziert werden.

Definition: Employer Branding

„Employer Branding ist die identitätsbasierte, intern wie extern wirksame Entwicklung und Positionierung eines Unternehmens als glaubwürdiger und attraktiver Arbeitgeber. Kern des Employer Brandings ist immer eine die Unternehmensmarke spezifizierende oder adaptierende Arbeitgebermarkenstrategie. Entwicklung, Umsetzung und Messung dieser Strategie zielen unmittelbar auf die nachhaltige Optimierung von Mitarbeitergewinnung, Mitarbeiterbindung, Leistungsbereitschaft und Unternehmenskultur sowie die Verbesserung des Unternehmensimages. Mittelbar steigert Employer Branding außerdem Geschäftsergebnis sowie Markenwert.“[292]

7.3.2.1 Rekrutierung von Millennials

Jüngere Mitarbeiterinnen und Mitarbeiter werden häufig bereits beim Eintritt in das Berufsleben über Ausbildungs- und Berufseinstiegsmöglichkeiten gewonnen und anschließend ans Unternehmen gebunden. Um sie auszuwählen können Praktika vergeben, die betriebliche Ausbildung intensiviert oder aktiv Hochschulkon-

[291] Vgl. Bruch et al. 2010, S. 207.

[292] DEBA, 2007.

takte gepflegt werden (z. B. Vergabe von Bachelor- und Masterarbeiten, Teilnahme an Absolventenkongressen, Vorträge).

Für die Rekrutierung von Millennials ist der Aufbau einer attraktiven Arbeitgebermarke erfolgskritisch. Es wird empfohlen, die **Employer Value Proposition** (EVP) klar zu definieren und eine konsistente Positionierung der Arbeitgebermarke zu forcieren. Für Millennials sind dabei v. a. die Bündelung emotionaler Werte und das rationale Nutzugsversprechen zentral. Weiterhin empfehlen sich die folgenden Maßnahmen[293]:

- Gezielte Kommunikationsmaßnahmen,
- Gestaltung des Karrierebereichs im Internetauftritt,
- Unternehmenspräsentationen auf Plattformen wie Xing, LinkedIn, Facebook, YouTube,
- Mitarbeitende und ehemalige Mitarbeitende steigern mit positive Beiträgen in Social Media die Attraktivität der Arbeitgebermarke,
- Beschleunigung der Rekrutierungsabläufe und stärkere Personalisierung des Bewerbermanagements,
- Aufbau intelligenter webbasierter Bewerberportale (inkl. Tele-Tutoring zur Orientierung bei Online-Bewerbungen),
- Ggf. zeitnahe Absagen mit dem Angebot, sich später nochmals zu bewerben,
- Bewerbungsprozesse simpel gestalten und aktiv auf BewerberInnen zugehen,
- im Personalmarketing die relevanten Kriterien für die Arbeitgeberwahl herausstreichen: soziales Umfeld, interessante Aufgabenfelder, Möglichkeiten zur Weiterbildung.

BEISPIEL: Praxisbeispiel: Förderung junger Menschen mit erschwerter Ausgangslage[294]

Viele Unternehmen können ihre Stellen schon jetzt nicht mehr besetzen. Deshalb müssen Wege gefunden werden, auch diejenigen Menschen dem Arbeitsmarkt zuzuführen, denen bislang zu wenig Beachtung geschenkt wurde. Das umfasst sowohl Menschen mit körperlichen oder geistigen Einschränkungen, Menschen mit chronischen Krankheiten, Menschen mit psychischen Krankheiten als auch Menschen mit erschwerten Lebensbedingungen und mangelnder Ausbildung.

Ein Beispiel für die Integration Jugendlicher mit erschwerten Voraussetzungen ist das LIFT-Projekt des **Netzwerks für Sozialverantwortliche Wirtschaft**

[293] Vgl. Klaffke & Parment, 2011; Schudy & Wolf, 2014.

[294] Vgl. Walser, 2015 sowie Netzwerk für Sozialverantwortliche Wirtschaft, 2015.

(NSW). Das Netzwerk hat sich zum Ziel gesetzt, „Projekte zur Lösung wichtiger gesellschaftlicher Probleme in die Wege zu leiten" und „Netzwerke aus WissenschaftlerInnen und Verantwortlichen der Wirtschaft zu etablieren"[295].
Im Fokus des LIFT-Projekts stehen Jugendliche in der Volksschule (Hauptschule), für die ein direkter Übertritt in die Erwerbstätigkeit geschaffen und Jugendarbeitslosigkeit verhindert werden soll.
Das Projekt setzt ab der 7. Klasse an und versteht sich als schulergänzend. Die Jugendlichen erhalten während der Schulzeit einen Wochenarbeitsplatz in einem KMU der Region, in dem sie mindestens drei Monate 2–3 Stunden pro Woche arbeiten. Währenddessen erhalten sie eine professionelle Begleitung und ein Coaching in der Gruppe. Die Schulen arbeiten eng mit den Ausbildungsbetrieben zusammen.
Die Jugendlichen erhalten damit nicht nur einen ersten Einblick in die Arbeitswelt, sondern stärken auch ihre Sozial- und Selbstkompetenz. Die Ausbildungsbetriebe können sich im Vorfeld bereits auf potenzielle Kandidaten einstellen.

7.3.2.2 Rekrutierung von Babyboomern

Babyboomer wechseln seltener den Arbeitgeber und zeichnen sich i. d. R. durch ein hohes Commitment gegenüber dem Arbeitgeber aus. Ältere Mitarbeitende werden weniger aktiv rekrutiert als jüngere und haben es oftmals schwer bei Neueinstellungen. Bei älteren Mitarbeiterinnen und Mitarbeitern findet zumeist eine gezielte Suche und bei Fach- und Führungskräften eine Ansprache über Headhunter statt. Bei einer Abwerbung älterer Expertinnen und Experten stehen gezielt deren spezifisches Wissen, die langjährige Erfahrung oder auch das berufliche Netzwerk oder die langjährigen Kundenbeziehungen im Mittelpunkt des Interesses.

Online-Stellenportale sind inzwischen zwar stark verbreitet, es gibt jedoch recht selten Stellenportale, die sich auf ältere Mitarbeitende spezialisiert haben. Eine Methode ist auch die Einstellung älterer (Langzeit-) Arbeitssuchender: hier findet sich wenig Konkurrenz mit anderen Arbeitgebern und bei guter Selektion findet sich auch die benötigte Qualifikation und Motivation[296].

[295] Ebenda, S. 3.

[296] Vgl. Bruch et al, 2010.

Eine gute Möglichkeit zur verstärkten Rekrutierung von Babyboomern besteht darin, Stellenausschreibung altersunspezifisch zu formulieren oder ältere BewerberInnen gezielt anzusprechen.

7.3.2.3 Mitarbeiterbindung

Mitarbeiter erwarten Tätigkeiten, bei denen sie ihre Qualifikationen einsetzen können und die ihre im Einstellungsprozess geweckten Erwartungen erfüllen. Vor allem Mitarbeitende mit mittleren und höheren Qualifikationen erwarten Entwicklungsmöglichkeiten und es liegt im ureigenen Interesse der Unternehmen (und der Führungskraft), neu eingestellte Mitarbeitende mittel- bis langfristig an das Unternehmen zu binden. Das beginnt mit einer offenen Aufnahme und einer guten Einführung.

Generationsspezifisch bestehen bestimmte Erwartungen an den Arbeitsplatz. Angehörige der Generation X genießen es, höhere Einkommen zu erzielen und Karrieremöglichkeiten zu haben[297]. Millennials wünschen sich regelmäßiges und rasches Feedback, Wertschätzung für geleistete Arbeit, Partizipation und eine Ansprache auf emotionaler Ebene[298]. Anerkennung und Respekt haben einen nachgewiesenen und signifikanten Einfluss auf ihre Leistung und das Commitment[299]. Babyboomer schätzen v. a. das Vertrauen in das Senior Management und schätzen ein gutes Talent Management[300].

Zusammenfassend gibt Abbildung 7.8 einen Überblick, welche Faktoren für die verschiedenen Altersgruppen die Arbeitgeberattraktivität steigern, unterschieden nach Mitarbeiterrekrutierung und -bindung. Auf Platz eins ist immer der Grundlohn, gefolgt von einer fast durchgängig hohen Attraktivität von Arbeitsplatzsicherheit und Karrieremöglichkeiten.

[297] Vgl Özcelik, 2015.

[298] Vgl. Klaffke & Parment, 2011.

[299] Vgl. Hennekam & Herrbach (2013.

[300] Vgl. Tower Watson, 2014; Oladapo, 2014.

Top Anziehungspunkte und Bindungstreiber nach Alter				
	<30	30 - 39	40 - 49	50+
1	()★ Grundgehalt/Salär	()★ Grundgehalt/Salär	()★ Grundgehalt/Salär	()★ Grundgehalt/Salär
2	★ Arbeitsplatzsicherheit () Karriereentwicklungsmöglichkeiten	★ Arbeitsplatzsicherheit () Karriereentwicklungsmöglichkeiten	★ Arbeitsplatzsicherheit () Karriereentwicklungsmöglichkeiten	★ Arbeitsplatzsicherheit () Vertrauen in obere Führungsebene (Kader)
3	★ Karriereentwicklungsmöglichkeiten () Arbeitsweg	★ Karriereentwicklungsmöglichkeiten () Vertrauen in obere Führungsebene (Kader)	★ Karriereentwicklungsmöglichkeiten () Vertrauen in obere Führungsebene (Kader)	★ Arbeitsinhalt (Spannende/-herausfordernde Arbeit) () Karriereentwicklungsmöglichkeiten
4	★ Lern- und Entwicklungsmöglichkeiten () Umgang/ Begrenzung von arbeitsbedingtem Stress	★ Lern- und Entwicklungsmöglichkeiten () Beziehung zu Vorgesetzten	★ Ruf als guter Arbeitgeber () Arbeitsplatzsicherheit	★ Ruf als guter Arbeitgeber () Arbeitsplatzsicherheit
5	★ Ruf als guter Arbeitgeber () Vertrauen in obere Führungsebene (Kader)	★ Arbeitsinhalt (Spannende/-herausfordernde Arbeit) () Arbeitsweg	★ Arbeitsinhalt (Spannende/-herausfordernde Arbeit) () Beziehung zu Vorgesetzten	★ Karriereentwicklungsmöglichkeiten () Beziehung zu Vorgesetzten

★ Anziehungspunkt () Bindungstreiber

Abbildung 7.8: Top-Treiber für Arbeitgeberattraktivität und Mitarbeiterbindung nach Altersgruppen[301]

Interessantes aus der Forschung[302]

Best Practices zur Mitarbeitergewinnung und -bindung Hochqualifizierter

In einer Studie wurden 23 HR-Maßnahmen auf ihre generationsspezifische Eignung für die Mitarbeitergewinnung und -bindung hin untersucht. Annähernd 400 Führungspersonen und Personalverantwortliche wurden zu den Ansprüchen der Millennials, der Generation X und der Babyboomer befragt. Außerdem wurden die Ansprüche in regionalen und branchenübergreifenden Best-Practice-Workshops mit den Teilnehmern erarbeitet. Bei der Eignung der Maßnahmen ergaben sich deutliche Unterschiede für die drei Generationen. Der Fokus der Praxis liegt klar auf der **Generation X**. Für diese werden die meisten Maßnahmen als relevant eingestuft, v. a. fachliche Weiterbildung,

301 Übersetzt aus: Tower Watson, Global Workforce Study, 2014, S. 2. Auch unter http://www.vbw-bayern.de/Redaktion/Freizug%C3%A4ngliche-Medien/Abteilungen-GS/Sozialpolitik/2013/Downloads/Best-Practice-zur-Mitarbeitergewinnung-und-Bindung_final.pdf.

302 Vgl. Gerpott, Hackl & Schirnach, 2013.

Vereinbarkeit von Beruf und Familie und attraktive Vergütung. Für **Millennials** hat die persönliche Weiterbildung und das Feedback sowie attraktive Karrieremöglichkeiten und selbstorganisierte Arbeitsgruppen die größte Bedeutung. Die **Babyboomer** hingegen stufen Karriereförderung und Personalentwicklung als nicht relevant ein und schreiben lediglich der Arbeitsplatzsicherheit eine hohe Relevanz zu. Die über 50-Jährigen stehen bei den meisten Personalinstrumenten nicht im Fokus.

7.3.3 Handlungsfeld Arbeitsbedingungen

! **WICHTIG: Alternsgerechte Arbeitsgestaltung und -organisation**

„Wenn Mitarbeiter in Zukunft länger im Unternehmen bleiben müssen, reicht es nicht aus, nur die Arbeit der Älteren besser zu gestalten. Vielmehr muss die Arbeit schon beginnend bei den jüngeren Mitarbeitern so gestaltet werden, dass Gesundheitsbeeinträchtigungen durch die Arbeit oder Arbeitsumgebung vermieden, Lernmöglichkeiten am Arbeitsplatz eröffnet und dadurch flexible Einsätze der Mitarbeiter ermöglicht werden. Im Laufe des gesamten Berufslebens muss immer wieder versucht werden, zwischen den Arbeitsanforderungen des Arbeitsplatzes und der individuellen Arbeitsfähigkeit ein Fit zu erreichen.“[303]

Für die Gestaltung der Arbeitsbedingungen stehen der Führung unterschiedliche Ansatzpunkte zur Verfügung. Wichtige Handlungsfelder sind die Arbeitsgestaltung und die Arbeitszeitgestaltung, die im Folgenden behandelt werden.

7.3.3.1 Arbeitsgestaltung und betriebliches Gesundheitsmanagement

Die alternsgerechte Arbeitsgestaltung schafft Bedingungen, um die Arbeitsfähigkeit ein Berufsleben lang zu erhalten. Dazu gehören u. a. präventive Maßnahmen aus dem Betrieblichen Gesundheitsmanagement oder die ergonomische Arbeitsgestaltung. Für die Führung ist wichtig zu wissen, dass überdurchschnittliche Belastungen und Beanspruchungen am Arbeitsplatz aus dienstlichen Gründen immer wieder notwendig und für Mitarbeitende gut zu bewältigen sind, sofern sie durch Phasen ergänzt werden, in denen die Mitarbeiterinnen und Mitarbeiter sich regenieren und erholen können.

[303] Knauth, 2007, S. 33.

Interessantes aus der Forschung

Eine altersdifferenzierte Studie mit über 1.000 Pflegenden in Altersheimen, Krankenhäusern und ambulanten Diensten hat untersucht, welche Faktoren den Gesundheitszustand der Pflegekräfte über die Zeit hinweg vorhersagen. Insgesamt weisen ältere Pflegende einen schlechteren Gesundheitszustand auf als jüngere. In allen Altersgruppen führt eine Belastungssituation im Spannungsfeld von Vereinbarkeit von Lebensbereichen – meist Arbeit-Familien-Konflikte – zu einem schlechteren Gesundheitszustand. Bei jüngeren Pflegekräften (Millennials) spielt die Führungsqualität eine große Rolle, bei Angehörigen der Generation X sind es die quantitativen Anforderungen und die Beziehungen zu Kollegen, bei Babyboomern ist die gute Beziehung zu den Vorgesetzten die wichtigste Komponente[304].

BEISPIEL: Demografiemanagement bei BMW[305]

In der Automobilindustrie ist Generationenmanagement ein großes Thema, so auch bei **BMW**. Der Führungskader hat das ehrgeizige Ziel formuliert, ein demografiefestes Unternehmen zu werden.

In den Jahren 2007 und 2008 startete BMW in seinem Werk in Dingolfing das Pilotprojekt Arbeitssystem 2017. Dieses Projekt simuliert die Altersstruktur des Unternehmens im Jahr 2017: Das Durchschnittsalter der Belegschaft wird dann bei 47 Jahren liegen. Um den Mitarbeitenden ein gesundes Älterwerden zu ermöglichen und gleichzeitig die Produktivität hoch zu halten werden die Arbeitsplätze ergonomischer gestaltet und neue Arbeitszeitmodelle getestet.

Es ging dabei konkret um die Fertigungsschiene der Hinterachsgetriebemontage, ein Bereich, an dem pro Schicht 560 Getriebe im 46-Sekunden Takt montiert werden. Es handelte sich bewusst um einen Fertigungsbereich, der die Beschäftigen stark fordert und der kein ruhiges Tempo vorsieht. Das Projekt wurde von Führungskräften und Physiotherapeuten begleitet, die Mitarbeitenden wurden intensiv eingebunden und konnten eigene Vorschläge einbringen. Das führte insgesamt zu einem positiven und progressiven Klima. Dementsprechend hoch war die Anzahl an Verbesserungsvorschlägen und Maßnahmen. Diese waren zum Teil mit sehr wenig Aufwand realisierbar und brachten spürbar verbesserte Arbeitsbedingungen. Es wurde z.B. ein gelenkschonender Holzfußboden installiert, schwenkbare Monitore mit vergrößerter Schrift und Lupen eingebaut sowie Sitzmöglichkeiten zur Entlastung des Bewegungsapparates geschaffen.

304 Vgl. Galatsch, Iskenius, Müller & Hasselhorn, 2012.

305 Vgl. Loch, Sting, Bauer, Mauermann, 2010.

Weiterhin wurden folgende Konzepte definiert:

- Belastungen am Arbeitsplatz sollen gleichmäßig auf die Arbeitsplätze und ebenso innerhalb eines Arbeitsplatzes / Taktes verteilt werden. Ziel ist ein ruhiger, stabiler Fertigungsfluss, der sich auch stressvermeidend auswirkt.
- Bei der Implementierung neuer Arbeitsplätze sollen auch die Mitarbeitenden einbezogen werden, um effiziente und ergonomische Arbeitsplätze zu gestalten. Dabei werden zuerst Computermodelle entwickelt, die mit Karton und Holz simuliert werden, um sie hinsichtlich der Belastungen und Raumfreiheiten zu testen und zu verbessern.
- Job Rotation wird bei BMW mittlerweile von einem computergesteuerten Rotationstool organisiert. Dieses Programm berechnet ergonomische Einsatzpläne, damit einseitige körperliche Belastungen vermieden und im Sinne eines Fitness-Parcours möglichst viele Körperregionen gefordert werden.
- Regelmäßig werden die Mitarbeitenden von PhysiotherapeutInnen besucht, die gezielte Ausgleichsübungen zeigen, um Muskel- und Skeletterkrankungen vorzubeugen.

Im Ergebnis lag die Produktivität ebenso hoch wie beim Vergleichsband, die Krankenquote war unauffällig. Die Qualität hingegen war gestiegen und die Ergonomie deutlich verbessert.

In der Folge wurden weitere Pilotprojekte durchgeführt und Standards für das gesamte Unternehmen definiert. Diese werden nicht als endgültige Lösung erachtet, sondern stetig weiter entwickelt und optimiert.

Die physische und psychische Leistungsfähigkeit ändert sich im Lebensverlauf. Es gibt Tätigkeiten, die ein gesundes und leistungsfähiges Altern im Erwerbsleben erschweren, v. a. wenn dauerhafte Fehlbelastungen stattfinden. Auch hierfür existieren Handlungsfelder alternsgerechter Arbeitsgestaltung, um Gesundheit, Motivation und Qualifikation zu erhalten.

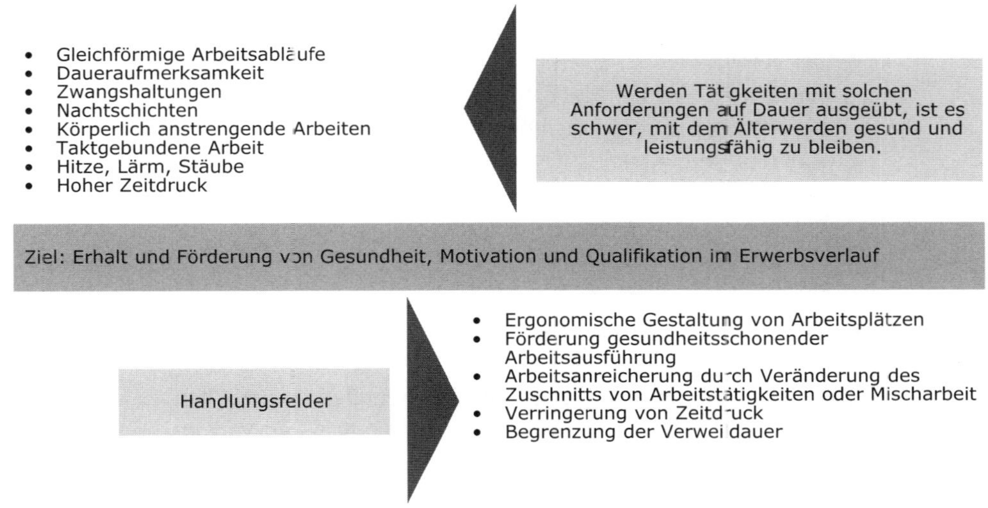

Abbildung 7.9: Handlungsfelder alternsgerechter Arbeitsgestaltung[306]

In allen Lebensphasen ist eine lernförderliche Arbeitsgestaltung und eine Orientierung an den individuellen Bedürfnissen der Mitarbeiterinnen und Mitarbeiter wichtig. Dies kann durch die Organisation der Arbeitsinhalte sowie die Flexibilisierung von Arbeitsort und Arbeitszeit gesteigert werden. Angebote wie Telearbeit, Homeoffice u.a. unterstützt Mitarbeitende in Phasen der Familiengründung, der Pflege älterer Angehöriger oder sie ermöglicht eine gute Abstimmung mit Weiterbildungsangeboten[307]. Für eine generationenübergreifende Arbeitsgestaltung eignet sich der Einsatz von projektorientierten Arbeitsformen mit gezielter Altersdurchmischung.

Für eine alternsgerechte Arbeitsgestaltung werden Maßnahmen speziell für eine Altersgruppe gewählt, passend zu deren Leistungsvermögen und den Erwartungen, die mit dieser jeweiligen Gruppe assoziiert werden

Speziell für **Millennials** eignen sich[308]:

- Arbeitsprozesse, die einen breiten Erfahrungsaufbau ermöglichen und Möglichkeiten zur Kollaboration und Vernetzung innerhalb und außerhalb vom Unternehmen bieten,

[306] Aus: Kistler u.a., 2006, S. 94.

[307] Vgl. Deller & Kolb, 2010.

[308] Vgl. Klaffke & Parment, 2011.

- Kooperationsformen in realen, virtuellen oder abteilungsübergreifenden Teams und Projekten (z. B. Online-Zusammenarbeit),
- der Einsatz webbasierter Technologien, Homeoffice, alternierende Telearbeit (unterwegs / Homeoffice / Office), Vertrauensarbeitszeit,
- neue Konzepte der Laufbahn- und Karrieregestaltung,
- Experten- und Projektlaufbahnen parallel zur Führungskarriere und klare Kommunikation über Laufbahnen,
- Transparenz über Entwicklungsoptionen,
- eine Kombination von Lernmethoden, z. B. computer- und internetbasierte Methoden, der spielerische Einsatz von Didaktik,
- Gesundheitsförderung (v. a. Stressprävention und -bewältigung).

Speziell für **Babyboomer** eignen sich Anpassungen von Arbeitsplatz und -umgebung um altersbezogenen physischen und psychischen Veränderungen gerecht zu werden[309]:

- Vermeidung von Aktivitäten mit länger andauernder, ungewöhnlicher Körperhaltung,
- Der Einsatz von Kontrollgeräten und Werkzeugen für kräfteschonendes Arbeiten, Einsatz von Hebehilfen,
- genügend Pausen zwischen Arbeitsaufgaben,
- lautere Signale, größere Schrift, Erhöhung der Signal-Geräusch-Relation,
- Optimierung von Umgebungstemperaturen, Beleuchtung etc.,
- die Bearbeitung von Aufgaben, die eine gute Mischung von Erfahrungswissen benötigen,
- regelmäßige Gesundheitschecks,
- flexible Arbeitsbedingungen: das Job Design hat einen statistisch signifikanten Einfluss auf das Commitment gegenüber der Organisation.

PRAXISBEISPIEL: Betriebliches Gesundheitsmanagement der Axpo Group

Die **Axpo Gruppe** ist ein Energieunternehmen in der Schweiz, das 3.700 Angestellte aus den Bereichen Technik, Betriebswirtschaft und Marketing beschäftigt.

Die Axpo bietet allen Mitarbeitenden ein dreiteiliges Gesundheitsprogramm Fit im Job. Dies kann während der Arbeitszeit absolviert werden und besteht aus drei Modulen. Das erste Modul *Move* soll den Mitarbeitenden helfen, die Stressoren im Arbeitsalltag besser zu bewältigen und beinhaltet unter anderem ein Herz-Kreislauftraining. Im zweiten Modul werden die eigenen Essge-

[309] Vgl. Roth, Wegge & Schmidt, 2007; Hennekamp & Herrbach, 2013.

wohnheiten hinterfragt, mit dem Ziel Angestellten eine gesunde Ernährung näher zu bringen. Mit dem letzten Programmteil dem *Relax*-Modul, wird Mitarbeitenden ermöglicht, ihr Stresspotenzial einzuschätzen. Im Modul werden einfach durchzuführende Maßnahmen zur Entspannung gezeigt, damit sich die Mitarbeitenden mental auf neue Herausforderungen vorbereiten können. Ziel dieses Gesundheitsprogrammes ist die Steigerung des Wohlbefindens und der Erhalt der Leistungsfähigkeit[310].

7.3.3.2 Arbeitszeitgestaltung

Bei der Gestaltung der Arbeitszeit kann Dauer, Verteilung und Lage der Arbeitszeit variiert werden. Um lebenszyklisch unterschiedlichen Zeitbedürfnissen und Präferenzen gerecht zu werden, werden Lebensarbeitszeitkonten empfohlen, bei denen z.B. durch Ansparen von Zeitguthaben ein flexibler Übergang in die Rente ermöglich wird. Die Lebensarbeitszeitgestaltung ist ein flexibilisiertes Verteilungsmuster von Arbeitszeit, das — abgestimmt auf berufliche und private Ziele und Voraussetzungen — Phasen von Vollzeitarbeit, Teilzeitarbeit, Weiterbildungsphasen, Sabbaticals und Freistellungen miteinander kombiniert. Für ältere Mitarbeitende wird die Möglichkeit zur Altersteilzeit, der flexible Übergang in den Ruhestand oder die Weiterbeschäftigung von pensionierten Expertinnen und Experten empfohlen[311]:

Lebensphasengerechte Arbeitszeitgestaltung

- Anpassung ungünstiger Arbeitszeitregelungen (z.B. Optimierung im Schichtbetrieb).
- Teilzeitarbeit und Job Sharing.
- Jahresarbeitszeit und Arbeitszeitkonten.
- Sabbaticals.

Übergang in den Ruhestand

- Verrentung auf Probe (bedeutet eine Pensionierung mit Widerrufsmöglichkeit).
- Wechsel von Experten- und Führungsposition in eine Beratungsrolle mit reduzierter oder flexibel wählbarer Arbeitszeit.

310 Vgl. Fercher, Baumann & Peter,2009.

311 Vgl. Bruch, Kunze und Böhm, 2010; Admedzro St-Hilaire & Toure, 2010.

- Beschäftigung von pensionierten Expertinnen und Experten.
- Aushilfs- und projektbezogene Tätigkeit nach der Pensionierung.
- Altersteilzeit / Teilzeit-Pensionierung.
- Reduktion des Pensums, flexibler Übergang in den Ruhestand, um dem Gesundheitszustand oder familiären Anforderungen gerecht zu werden.
- Möglichkeit zur Frühpensionierung.

7.3.4 Handlungsfeld Performance Management und Lohn

Im systematischen Performance Management sind Feedbackprozesse ein zentraler Bestandteil der Beurteilungsverfahren und der täglichen Zusammenarbeit mit der Führung. An dieser Stelle sei nochmals auf die Generationenunterschiede im Umgang mit Feedback verwiesen: Millennials suchen das regelmäßige Feedback und sind kaum damit zufrieden zu stellen, dieses einmalig und komprimiert im Jahresgespräch zu erhalten. Das professionelle und regelmäßige Feedback im Rahmen des Performance Managements unterliegt den typischen Herausforderungen der Mitarbeiterbeurteilung und systematischen Beurteilungsfehlern. Als Führungskraft sollten Sie erkennen, wenn Ihre Beurteilung auf Altersstereotype aufbaut und Sie z. B. einen ungeduldigen Mitarbeiter als dynamisch kennzeichnen, wenn er zu den Millennials gehört und als altersstarrsinnig, wenn es ein Babyboomer ist. Typische Beurteilungsfehler liegen auch in der Altersinteraktion (vgl. Kapitel 6) und der Interpretation von Verhalten von Mitarbeitenden, die einer anderen Generation angehören. Der Wunsch nach Teilzeitarbeit wird z. B. von Führungskräften, die den Babyboomern angehören, eher als weniger karriereorientiert wahrgenommen, während für Millennials eine hohe Karriereorientierung und der Wunsch nach einem reduzierten Arbeitspensum durchaus gut vereinbar ist.

Um Führungsaufgaben im Rahmen des generationengerechtenen Performance Managements wahrzunehmen, ist es hilfreich, sich an den benötigten und eingebrachten Fähigkeiten der Mitarbeitenden auszurichten und genau hinzuschauen, welche Kompetenzen (unabhängig vom Alter) benötigt werden und wie diese eingebracht werden. Eine komplexe Angelegenheit ist es, Lohnsysteme so weiterzuentwickeln, dass sie dem demografischen Wandel Rechnung tragen. Es wird empfohlen, diese so zu gestalten, dass sie leistungs- und kompetenzbasiert ausgerichtet sind und das Lebensalter weniger stark gewichten als bislang[312]. Dies unterstützt den *war for talents* bei Millennials, die eher stärker ausgeprägte Orientierung an Lohn und materieller Anerkennung bei der Generation X und beugt

[312] Vgl. Bieling, Stock & Dorozalla, 2014.

dem Risiko des Personalabbaus bei älteren Mitarbeitenden vor, die oft als zu teuer gelten. Variable Vergütungssysteme mit einem fixen Basisgehalt und einem leistungsabhängigen, variablen Lohnanteil sind ebenfalls geeignet, der Problematik der hohen Alterslöhne entgegenzuwirken.

Generationsspezifische Präferenzen im Bereich der Entlohnung ergeben, dass

- Babyboomer gute Leistungen erwarten,
- Die Generation X als ergebnisorientiert gilt und sich stärker am Lohn als an den Benefits orientiert,
- Millennials sich auf kurzfristige Zielerreichung und Honorierung fokussiert: Sie möchten kurzfristig einen guten Deal machen und sehen weniger eine Verbindung zwischen Arbeitgebererwartungen und Leistungs-Paketen.

Total-Compensation-Pakete können weitere generationstypische Erwartungen und Bedürfnisse auffangen, wie z. B. der Zugang zu vergünstigten Krankenkassen-Prämien u. a.[313]

Für die Standortbestimmung zur Art der Umsetzung von Age Management in Ihrem Unternehmen eignet sich die folgende Arbeitshilfe 25: Handlungsfelder im Age Management.

ARBEITSHILFE ONLINE

ARBEITSHILFE 25: Age Management — eine Standortbestimmung

Diese Arbeitshilfe finden Sie zum Download unter Arbeitshilfen online.
Bitte notieren Sie in Stichworten, in welchen HR-Praktiken Sie Aussagen oder Konkretisierungen für eine generationengerechte Führung finden und welche in Ihren Unternehmen gibt. Ergänzen Sie den wahrgenommenen Handlungsbedarf. Nutzen Sie diese Übersicht als Einstieg in das Thema und als Diskussionsgrundlage für weitere interne strategische Überlegungen.

Konkretisierung Age Management	**Handlungsbedarf**
Personalpolitik & Altersstruktur	
Strategisches HRM	
Mitarbeitergewinnung & -bindung	
Arbeitsbedingungen	

[313] Vgl. ProQuest, 20.03.2015.

Konkretisierung Age Management	Handlungsbedarf
Performance Management & Lohn	
Lebenslanges Lernen & Personalentwicklung	
Gesundheitsmanagement	
Unternehmenskultur	

ARBEITSHILFE ONLINE

ARBEITSHILFE 26: Praxistransfer: Strategische Führung und Human-Resource-Management

Diese Arbeitshilfe finden Sie zum Download unter Arbeitshilfen online.

Was bedeutet das für die Praxis?

Machen Sie sich über die folgenden Fragestellungen Gedanken und überlegen Sie, welche Bedeutung HR-Management in Ihrer Organisation hat:

- Gibt es in Ihrem Unternehmen spezielle Maßnahmen im Bereich Age Management? Gibt es Möglichkeiten zur Weiterbildung und Gesundheitsförderung für alle Personengruppen? Würden Sie sich noch weitere Angebote wünschen? Welche Angebote könnte man leicht einführen?
- Wie würden Sie die HR-Praktiken Ihrer Organisation anhand der Arbeitshilfe 21 (Kapitel 7.1.3) einschätzen? Stellen die Praktiken eher ein problembezogenes Flickwerk, einen integrativen Lebensspannen-Ansatz oder etwas dazwischen dar?
- Im Hinblick auf die Altersstruktur Ihres Unternehmens: Welche Ansprüche der Generationen herrschen und welche generationsspezifischen Maßnahmen können Sie einführen, um diese Ansprüche zu erfüllen?

Zusammenfassung und Kernaussagen des Kapitels

In der strategischen Führung, dem Age Management und strategischen Human-Ressource-Management (HR-Management) geht es darum, alle mitarbeiterbezogenen Praktiken aneinander auszurichten und zu koordinieren, um zum Geschäftserfolg beizutragen. Es gibt spezifische Maßnahmen, um den Herausforderungen der zukünftigen Entwicklung zu begegnen.
Klassische HR-Management-Themen im Age Management sind eine Weiterbildungsförderung für alle Generationen, Gesundheitsmanagement und eine auf die Lebensphasen angepasste Work-Life-Balance.

Ein Schema für eine Einschätzung der insgesamt im Unternehmen vorhandenen HR-Praktiken bilden folgende fünf Stufen:

1. Problembezogenes Flickwerk.
2. Abnehmende Arbeitsanforderungen.
3. Förderung individueller Ressourcen.
4. Intergenerationales Lernen.
5. Lebensspannen-Ansatz.

Diese fünf Stufen kann man in ihrer Reihenfolge als Reifeprozess des Age Managements bezeichnen, der von einer defizitorientierten Alterssicht zu einer ganzheitlichen Lebensspannenintegration reicht. Die Strategie des HR-Management sollte konsistent sein, d.h. die einzelnen Maßnahmen sollten gut aufeinander abgestimmt sein. Liegt der Fokus auf Age Management, empfehlen sich HR-Praktiken, die individuelle Ressourcen und intergenerationales Lernen fördern und idealerweise einen Lebenspannen-Ansatz anstreben.

Verschiedene Generationen haben unterschiedliche Erwartungen an Unternehmen. Es gibt HR-Praktiken, die sich an spezifischen Generationen oder Mitarbeitergruppen ausrichten und solche, die auf ein generationenübergreifendes Age Management abzielen. Die Kombination von beiden ist empfehlenswert. Im Age Management gilt es, verschiedene Aspekte der Leistungsentwicklung, veränderte Kompetenzen und Motivation aller Generationen zu berücksichtigen.

Für das Age Management steht vielfältige Handlungsfelder zur Verfügung, z.B. Personalpolitik und Altersstrukturanalysen, Mitarbeitergewinnung und -bindung, Arbeitsbedingungen oder Performance Management. Auch hierfür existieren generationsspezifische Maßnahmen.

8 Alterssensitive Führungs- und Unternehmenskultur

Werte kann man nicht lehren, sondern nur vorleben.

Viktor Frankl (österreichischer Psychiater und Autor)

Management Summary

Die Altersheterogenität in Unternehmen nimmt zu und erfordert einen adäquaten Umgang mit Diversität. Eine altersheterogene Belegschaft ist für die Führung anspruchsvoll. Diversität hat ein großes Potenzial für den Unternehmenserfolg, das Risiko von Reibungsverlusten in der Zusammenarbeit nimmt jedoch zu.
Kultur gehört zu den Softfaktoren einer Organisation, sie ist in der Praxis jedoch einer der härtesten Faktoren. Die Unternehmenskultur prägt das Verhalten der Mitarbeitenden (und umgekehrt) und hat Einfluss auf das Leistungsverhalten, den Wert einer Organisation und den Unternehmenserfolg.
Für die Analyse und Gestaltung einer alterssensitiven Organisationskultur stehen unterschiedliche praktische Handreichungen zur Verfügung. Für die Förderung einer alterssensitiven Organisationskultur empfehlen sich sechs Prinzipien, die an späterer Stelle ausgeführt werden. Eine alterssensitive Unternehmenskultur muss neben Respekt und einem proaktiven Umgang der Generationen untereinander auch Aspekte des Wissens, Lernens, der Innovation und der Gesundheitsförderung beinhalten.

8.1 Generationenvielfalt als Teil der Führungs- und Organisationskultur

Um im Berufsleben erfolgreich zu sein, muss man in jeder Lebensphase den Anforderungen an die Bewältigung der Aufgabe gerecht werden können. Die Grundlage hierfür bietet die körperlich-seelische Vitalität, Lebenslanges Lernen sichert die erforderliche (Weiter-) Qualifizierung und Kompetenz und entsprechende Arbeitsbedingungen geben die Rahmenbedingungen für lebenslange Beschäftigung. Eine zentrale Rolle im Hinblick auf den Erhalt der Arbeitsfähigkeit spielt die individualisierte alternsgerechte Führung. Die Führungs- und Unternehmenskultur hat einen wichtigen Einfluss auf den Erhalt der Arbeitsfähigkeit und ist für die Akzeptanz und Zusammenarbeit der Generationen untereinander und für die Erhöhung der Produktivität eines Unternehmens — trotz oder mit altersgemischter Belegschaft — von sehr hoher Bedeutung.

Definition: Unternehmenskultur

Unter Kultur ist die Gesamtheit des gewachsenen Meinungs-, Norm- und Wertgefüges zu verstehen, die das Verhalten von Führungspersonen und Mitarbeitenden prägt[314]. Kultur ist die kollektive Programmierung des menschlichen Verstandes[315].

In den meisten Unternehmen wird die Altersheterogenität zunehmen. Eine strategische Ausrichtung des Age Management bietet den Rahmen, dass die verschiedenen Generationen im Unternehmen zu einer optimalen strategische Ausrichtung und Leistungssteigerung des Unternehmens beitragen können. Dies ist jedoch nicht zwangsläufig der Fall. In einigen Studien konnte nachgewiesen werden, dass eine starke Alters-Heterogenität einen negativen Einfluss auf die Betriebsproduktivität hat[316]. Es gibt Hinweise darauf, dass große demografische Ähnlichkeiten am Arbeitsplatz zu einer vermehrten Wahrnehmung von Unterstützung und Fairness führen, während bei größerer Altersvielfalt eher Altersdiskriminierung vorliegt[317]. Insgesamt gibt es kaum wissenschaftlich fundierte Aussagen, die speziell zu Alters-Heterogenität und deren Auswirkungen auf die Unternehmensleistung Gestaltungshinweise für die Praxis liefern. Eine Zunahme der Altersvielfalt kann jedoch zu zunehmender Altersdiskriminierung und somit einem negativen Effekt auf die Unternehmensleistung führen[318].

314 Vgl. Pümpin, Kobi und Wütherich, 1985.

315 Vgl. Hofstede, 1980.

316 Vgl. Spengler, 2009; Bruch & Kunze, 2013.

317 Vgl. Avery, McKay & Wilson, 2008.

318 Vgl. Kunze, 2011.

Ein professionelles Diversitätsmanagement und der Aufbau einer Kultur der Vielfalt fördert die Vorteile von Vielfalt und mindert die negativen Folgen von Diversität, wie etwa die zunehmende Altersdiskriminierung. Dabei können verschiedene Potenziale von Diversität unterschieden werden[319]:

- **Akquisitions- und Personalmarketingpotenzial**
  Der drohende Fachkräftemangel erhöht die Bedeutung der Arbeitgeberattraktivität zunehmend. Eine Kultur der Diversität kann die Arbeitgeberattraktivität steigern und macht das Unternehmen für die unterschiedlichsten Personengruppen attraktiv.
- **Marketing- und Vertriebspotenzial**
  Mit unterschiedlichen Mitarbeitenden, z.B. älteren und jüngeren, wird eine breitere und vielfältigere Käuferschicht angesprochen und damit das Marktpotenzial erhöht.
- **Kreativitäts- und Innovationspotenzial**
  Gruppen, die sich in demografischen Merkmalen unterscheiden, haben ein höheres Innovationspotenzial. Aus der Forschung ist bekannt, dass innovationsrelevante Kompetenzen ungleich auf verschiedene Altersgruppen im Unternehmen verteilt werden[320].
- **Problemlösungs- und Entscheidungsfindungspotenzial**
  Analog zum Innovationspotenzial kann das Problemlösungs- und Entscheidungsfindungspotenzial durch eine Vielfalt an Entscheidungsträgern erhöht werden. Dabei ist eine aktive Steuerung der Gruppenprozesse wichtig, um gegenteilige Effekte zu vermeiden, etwa dass einzelne Perspektiven nicht gehört werden oder sich alle zu schnell einigen und die Vielfalt nicht zum Tragen kommt (Stichwort: Gruppendenken).
- **Systemflexibilisierungspotenzial**
  Der Vorteil einer vielfältigen Belegschaft liegt in der Erhöhung von der Handlungs- und Anpassungsfähigkeit des Unternehmens, vorausgesetzt es werden geeignete Rahmenbedingungen für die Zusammenarbeit der unterschiedlichen Mitarbeiter geschaffen.

Welche Rolle spielt nun die Führungs- und Organisationskultur? Kultur gehört zu den Softfaktoren einer Organisation, ist in der Praxis aber einer der härtesten Faktoren. Die Unternehmenskultur prägt das Verhalten der Mitarbeitenden (und umgekehrt) und hat unmittelbaren Einfluss auf das Leistungsverhalten, den Wert einer Organisation und den Unternehmenserfolg[321]. Dieser kann positiv oder

---

319 Vgl. Schulz, 2009; Froese, Hildisch & Kemper, 2015.

320 Vgl. Ciesinger, Klatt & Wendt, 2015.

321 Vgl. Eberhardt, 2013a; Flatt & Kowalczyk, 2008; Freiling & Fichtner, 2010.

negativ sein. Zu Vermeidung von Altersdiskriminierung und Leistungsminderung von altersheterogenen Belegschaften ist auf den Aufbau einer alterssensitiven Führungs- und Organisationskultur besonderes Augenmerk zu legen. Einstellungen und Wahrnehmungen von Führungskräften und Mitarbeitenden gegenüber Alter und älter-werdenden Mitarbeitenden können als Indiz dafür gelten, welche Ausprägung einer altersbezogener Unternehmenskultur vorliegt[322]. Werden z. B. Erfahrung, Wissen und Fähigkeiten der Mitarbeitenden über 50 Jahre gewürdigt oder etwaige Rationalisierungsmaßnahmen und Personalfreisetzungen alters(un) abhängig umgesetzt?[323]

Definition: *Ageism* oder das Klima der wahrgenommenen Altersdiskriminierung

Urprungsbedeutung

Prozess der systematischen Stereotypisierung oder Diskriminierung von älteren Personen[324].

Weiterentwicklung

Altersverzerrungen und Altersdiskriminierung beinhalten potenzielle Vorurteile, können sich auf jede Altersgruppe beziehen und beinhalten eine Verzerrung und Unfairbehandlung von Personengruppen, weil sie zu alt oder zu jung sind[325].

Erweiterung um die Perspektive Organisation

Die Wahrnehmung von Altersstereotypen gegenüber verschiedenen Altersgruppen und wie diese behandelt werden sollen, erfolgt relativ einheitlich im Unternehmen. Daraus entsteht eine Altersdiskriminierung, sprich eine unfaire und altersspezifische Behandlung bestimmter Altersgruppen[326].

Woran kann Kultur festgemacht werden? Am bekanntesten ist das Drei-Ebenen-Modell[327], das die Unterscheidung Grundannahmen, Werte und Artefakte vornimmt. Kultur basiert auf ganz grundlegenden Vorstellungen (die **Grundannahmen**) über das Wesen des Menschen und seiner menschlichen Beziehungen. Für die Zusam-

[322] Vgl. Eberhardt et al., 2013a; Bruch, Böhm & Kunze, 2010.

[323] Vgl. Bruch et al., 2010.

[324] In Anlehnung an Butler, 1969.

[325] Vgl. Snape & Redman, 2003.

[326] Vgl. Kunze et al., 2011.

[327] Schein, 1983.

menarbeit verschiedener Generationen spielen hier v. a. die Altersstereotypen und Altersbilder (vgl. Kapitel 3) eine wichtige Rolle. Im Unternehmen kommunizierte Werte und von den Mitarbeitenden verinnerlichte Werte (**Werte**) sind an personalpolitischen Aussagen zum Thema Altersvielfalt oder ältere Mitarbeiter oder Diversity erkennbar (oder auch nicht). Wenn Personen aufgrund ihres Lebensalters diskriminiert werden (Ageism oder Altersdiskriminierung) oder wenn eine Offenheit gegenüber bestimmten Personen gezeigt wird, dann sind diese Verhaltensweisen auch durch persönliche Werthaltungen geprägt. Diese persönlichen Werthaltungen beeinflussen ebenfalls die Unternehmenskultur. Die räumlichen Gegebenheiten, die Bürogestaltung und aber auch die gesprochene Sprache, Rituale, Zeremonien, Legenden u.a. transportieren Kulturelemente auf konkret erlebbare Art und Weise (**Artefakte**): eine ausgeprägt saloppe Jugendsprache oder die Zuteilung der großen und prestigeträchtigen Büros an älteren Mitarbeitende, die Erzählungen über all die ehemaligen älteren Mitarbeitenden, die aus unterschiedlichen, kaum nachvollziehbaren Gründen noch vor Erreichen des 60. Lebensjahrs die Stelle verloren haben, all dies sind Beispiele für den kulturellen Umgang mit Alter im Sinne der Artefakte.

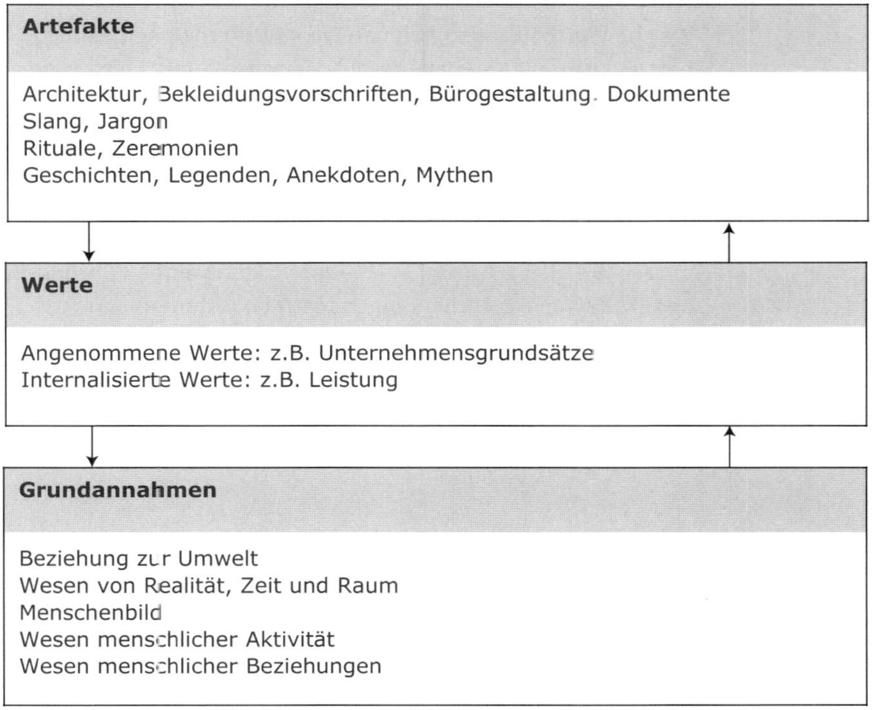

Abbildung 8.1: Das Drei-Ebenen-Modell von Schein (1983, S. 14)

Das Drei-Ebenen-Modell

Das Modell geht davon aus, dass eine Kultur durch Grundannahmen, Werte und Artefakte geprägt wird. Dieses Modell lässt sich auf die Unternehmens-Kultur übertragen. Die Ebene Grundannahmen bezeichnet hierbei das Menschenbild, Anschauungen und Normen. Die Ebene Werte bezeichnet angenommene und internalisierte Werte, wie etwa Unternehmensgrundsätze und das Leistungsprinzip. Artefakte in Unternehmen sind z. B. Bekleidungsvorschriften, Rituale und Verhalten wie durchgearbeitete Nächte in *High-Performance Cultures*, der firmeninterne Sprachjargon aber auch große Firmengebäude mit repräsentativer Architektur.

ARBEITSHILFE ONLINE

ARBEITSHILFE 27: Übung: Unternehmenskultur – das Drei-Ebenen-Modell[328]

Diese Arbeitshilfe finden Sie zum Download unter Arbeitshilfen online.
Untersuchen Sie die Unternehmenskultur Ihrer Organisation in Anlehnung an das Drei-Ebenen-Modell (Grundannahmen, Werte und Artefakte). Dabei helfen Ihnen folgende Leitfragen:

- Welche Annahmen haben Sie über die Millennials, die Angehörigen der Generation X und die Babyboomer in ihrem Führungsbereich?
- Wie funktionieren diese Angehörigen dieser Generationen?
- Welche Werthaltungen nehmen Sie im Unternehmen wahr?
  Gibt es offizielle Dokumente mit Aussagen zum Thema Umgang mit Alter?
  Welche Werthaltungen haben Sie gegenüber den Generationen?
- Gibt es Artefakte im Unternehmen, die sich auf eine bestimmte Altersgruppe beziehen oder diese begünstigen? In welche Richtung gehen diese Privilegien, Nachteile oder Geschichten?
- Bitte notieren Sie ganz konkret ihre Überlegungen und Beobachtungen und nutzen Sie diese für die Weiterentwicklung ihres Führungshandelns und den Diskurs mit Entscheidungsträgern im Unternehmen.

Die Analyse oder Diagnose einer Organisationskultur kann auf verschiedene Arten erfolgen. Für eine systematische Kulturentwicklung hilft die Bestandsanalyse der derzeitigen Situation und daran anschließend eine aktive Auseinandersetzung mit der gewünschten Soll-Kultur.

Wie kann herausgefunden werden, wie alterssensitiv die bestehende Organisationskultur ist? Die etablierten Instrumente zur Organisationsdiagnose haben meist keinen spezifischen Fokus auf das Thema Altersvielfalt und kaum Bezug zur Demografie. Diese Diagnoseinstrumente reichen von strukturierten Fragebögen (z. B. DOCS

[328] In Anlehnung an: Eberhardt, 2013d. Hier findet sich auch eine ausführliche Übersicht zu Instrumenten der Organisationskultur inkl. Bezugsquellen.

— Denison Organisation Culture Survey; OCI — Organizational Culture Inventory) bis hin zu offenen Fragen und Beobachtungen. Insgesamt kann für die Diagnose einer Organisationskultur auf eine Vielzahl an Instrumenten zurückgegriffen werden.

Für das Thema alterssensitive Organisationskultur empfiehlt sich ein offenes Vorgehen. Bei einem Rundgang im Unternehmen sollte betrachtet werden, wie Gebäude, Empfang, Stimmung, Kommunikation und Umgang mit spontanen Begegnungen erfolgt und ob es Hinweise auf den Umgang mit Alter oder bestimmten Generationen gibt. Weitere Möglichkeiten sind gezielte Beachtung von Wortmeldungen bei Sitzungen oder Präsentationen oder Einzelgesprächen. Auf der Basis der Beobachtungen sollte dann einen Leitfaden zur Erhebung der Unternehmenskultur konzipiert werden, mit dem eine Kulturdiagnose erstellt werden kann. Dieser Leitfaden kann auf allgemeinen Fragen zur Organisationskultur aufbauen[329]. Im Folgenden ein Muster dazu.

ARBEITSHILFE ONLINE

ARBEITSHILFE 28: Leitfragen zur Erhebung der Unternehmenskultur

Diese Arbeitshilfe finden Sie zum Download unter Arbeitshilfen online.

Teil 1: Allgemeine Kulturdiagnose[330]

- Gute Leistung erreicht man bei uns durch ...
- Wer seinen Kollegen vertraut, ist bei uns ...
- Die Trennung von Privat- und Berufsleben ist bei uns ...
- Wenn man als Führungsperson den Mitarbeitenden vertraut, dann ...
- Anerkennung bekommt derjenige / diejenige, der / die ...

Teil 2: Alterssensitive Kulturdiagnose

- Wenn jemand schon lange bei uns arbeitet, dann gilt er / sie als ...
- Ältere Mitarbeiter gelten bei uns im Unternehmen als ...
- Millennials gelten bei uns im Unternehmen als ...
- Unsere Form der Zusammenarbeit und unsere Kommunikation wird besonders von den Altersgruppen ... als besonders adäquat eingestuft
- Prestigeträchtige Aufgaben bekommen v. a. die Angehörigen der Generation ... übertragen
- Wer Wertschätzung den älteren Mitarbeitenden gegenüber zeigt, der ...
- Wer Wertschätzung den jüngeren Mitarbeitenden gegenüber zeigt, der ...

329 Vgl. Eberhardt, 2013a.

330 Entnommen aus Martins, 2007, S. 69–70.

8.2 Die Entwicklung einer alterssensitiven Führungs- und Organisationskultur

Ob eine gezielte Entwicklung einer Organisationskultur überhaupt möglich ist, wird umfangreich debattiert. Optimisten setzen voraus, dass das Top-Management Kulturgestaltung planen, beeinflussen und kontrollieren kann. Hierzu werden die einzelnen Werte identifiziert (hier der Aufbau einer alterssensitiven Führungs- und Organisationskultur) und im Interesse aller Führungskräfte über alle Hierarchiestufen hinweg geteilt.

An dieser Stelle zeigen sich bereits die ersten Schwierigkeiten in der Umsetzung. Sofern sich nicht alle Führungspersonen auf ein alterssensitives Vorgehen einlassen oder gar selbst Vorbehalte bestimmten Altersgruppen gegenüber haben, wird die konsequente Umsetzung schwierig. Mitarbeitende erkennen auch subtile Hinweise auf einen bevorzugten oder weniger wertschätzenden Umgang mit bestimmten Altersgruppen. Eine solche realistische Einschätzung nimmt an, dass Kultur sich verändern kann und auch beeinflussbar ist, sie aber aufgrund der zahlreichen Einflussgrößen nicht komplett steuer- und modellierbar ist.

Führungskräfte können über unterschiedliche Mechanismen eine Organisationskultur beeinflussen und verändern. Am wirksamsten ist die Verteilung der eigenen Aufmerksamkeit:

- Was wird kommentiert?
- Was wird eingefordert?
- Was wird beurteilt und bewertet?
- Welche Themen sind wichtig?
- Welche Themen gehen unter?

Es gibt eine Reihe primärer Verankerungsmechanismen, mit denen die Führungspersonen direkt die Kultur gestalten können[331]:

Primäre Verankerungsmechanismen

- Was wird von der Führungsperson beachtet, beurteilt, kontrolliert?
- Wie geht die Führungsperson mit problematischen Ereignissen und Krisen um?
- Nach welchen Kriterien werden Ressourcen zugeteilt?
- Wie wird bewusst die Vorbildfunktion übernommen und vermittelt?

[331] Vgl. Schein, 1995, S. 185-202.

- Nach welchen Kriterien wird Belohnung und Status zugeteilt?
- Nach welchen Kriterien erfolgt die Einstellung, Auswahl, Beförderung, Trennung und Pensionierung?

Bei der Auseinandersetzung mit diesen Fragen ist es sinnvoll, diese generationsspezifisch zu bearbeiten und sich Gedanken zu machen, wie welche Generation mit welchem Fokus behandelt wird.

Führungspersonen können auch über die Gestaltung von Rahmenbedingungen Einfluss auf die Kultur nehmen, das sind die sekundären Veränderungsmechanismen[332]:

- Aufbau und Ablaufstruktur eines Unternehmens,
- Systeme und Prozesse, die eingesetzt werden,
- Gestaltung der Räumlichkeiten, Fassaden und Gebäude.

Auch bei der Gestaltung der Rahmenbedingungen können altersspezifische Präferenzen aufgegriffen werden, wenn z.B. alle Räumlichkeiten eher für jüngere Generationen gestaltet werden (wie z.B. Zimmer mit *Games* als Aufenthaltsräume für Mitarbeitende) und die Prozesse der Zusammenarbeit einseitig auf Social-Media-Plattformen ausgerichtet ist.

Modellvorstellungen zeigen, wie der Unternehmenserfolg durch Personalführung und Kulturmanagement erreicht werden kann. Wenn diese Faktoren gezielt um alternsgerechte und generationenübergreifende Perspektiven ergänzt werden, hilft das dem Aufbau einer alterssensitiven Organisationskultur und wirkt negativen Auswirkungen einer altersheterogenen Belegschaft entgegen.

Eine bewusst alternsgerecht und generationenübergreifend Personalführung stellt die Wertschätzung und Beachtung aller Altersgruppen sicher. Je nach Bedarf erfolgt dies spezifisch für bestimmte Gruppen (aber gleichberechtigt für alle Gruppen) oder generationenübergreifend. Konkretes Beispiel hierfür ist die altersunabhängige Unterstützung von Weiterbildungen für alle Mitarbeitenden. Durch derartige Führungsinterventionen kann eine alterssensitive Unternehmenskultur entstehen, die sichtbar und gelebt wird.

Die positiven Auswirkungen liegen auf der Hand: Eine alterssensitive Unternehmenskultur koordiniert das Verhalten aller Mitarbeiter im Alltag und verhindert Altersdiskriminierung. Weitere Effekte sind eine erhöhte Identifikation aller Altersgruppen mit dem Unternehmen und eine motivierende integrierende Wirkung und damit eine insgesamt stärkere Mitarbeiterbindung und eine verbesserte Arbeitgeberattraktivität.

332 Vgl. ebenda.

Für eine alterssensitive Kulturentwicklung empfiehlt es sich, nach den folgenden Prinzipien vorzugehen[333]:

- **Prinzip 1: Die erforderliche Ausrichtung der Veränderung verstehen**
  Häufig ist es gar nicht nötig, die Kultur komplett neu auszurichten. Es hilft, lediglich die bestehenden guten Ansätze innerhalb der bestehenden Kultur stärker zu fördern und hemmende Faktoren gezielt zu unterdrücken.
- **Prinzip 2: Vorbild sein und andere anleiten und einbinden**
  Führungskräfte sind Vorbilder und Sponsoren der kulturellen Neuausrichtung. Es gilt also, kongruent zum Verhalten, das von den Mitarbeitenden erwartet wird, zu agieren. Wie wäre es mit einem Stellvertreter / einer Stellvertreterin aus einer anderen Generation oder einer gezielt altersgemischten Besetzung eines Projektteams? Wichtig ist auch, die organisatorische Notwendigkeit, Wichtigkeit und Vision einer alterssensitiven Unternehmenskultur, einer heterogenen Belegschaft aufzuzeigen.
- **Prinzip 3: Auf verschiedenen Ebenen arbeiten**
  Unternehmenskultur ist vielschichtig und erfordert ein Wirken auf verschiedenen Ebenen, um nachhaltig etwas zu verändern. Es empfiehlt sich eine Kombination von symbolischen Handlungen, konkreten Verhaltensweisen (wertschätzendes Verhalten gegenüber aller Altersgruppen und Vermeiden von Altersdiskriminierung) und dem Aufbau entsprechender Rahmenbedingungen (z.B. Erfassung von Kompetenzen als Grundlage für die Auswahl für Projektteams; Weiterbildung für Ältere).
- **Prinzip 4: Die gesamte Organisation und ihre Schlüssel-Gremien breit einbetten**
  Die Neuausrichtung der Kultur erfordert ein breit abgestütztes Engagement und Partizipation verschiedener Organisationseinheiten, Funktionen und Hierarchieebenen. Kulturveränderung bedeutet, Gruppen zu neuen Formen der Zusammenarbeit zu bewegen, etwa bei einer Gruppenzusammensetzung aktiv auf eine Altersdurchmischung zu achten oder generationsspezifische Anliegen zu thematisieren (wie arbeiten wir zusammen, welche Medien nutzen wir, etc.)
- **Prinzip 5: Mit Strenge und Disziplin managen**
  Die Neuausrichtung einer Kultur ist eine bedeutende Führungsaufgabe. Wie für alle Führungsaufgaben wird eine detaillierte Planung, eine realistische Abschätzung von Ressourcen und Commitment für diese Anforderungen und ein koordiniertes Handeln benötigt. Einzelne Handlungen, Meilensteine, Termine, erwartete Ergebnisse etc. sind zu definieren.

[333] In Anlehnung an Levin und Gottlieb, 2009.

- **Prinzip 6: In das tägliche Arbeitsleben integrieren**
  Die Neuausrichtung der Kultur gelingt dann, wenn ein wertschätzender Umgang mit allen Generationen und die Förderung der generationenübergreifenden Zusammenarbeit in das tägliche Arbeitsleben integriert ist und kein einmalige Sonderprogramm bleibt.

Diese Prinzipien können durch Praktiken systematisch in die Praxis umgesetzt werden.

! WICHTIG: Acht Praktiken, um Kultur neu auszurichten[334]

1. Infrastruktur und Übersicht etablieren.
2. Angestrebte Kultur definieren.
3. Kulturaudit durchführen.
4. Modellierung von Führung sicherstellen.
5. Ebenen der kulturellen Neuausrichtung priorisieren.
6. Partizipative Anstrengungen unterstützen.
7. In strategische Initiativen integrieren.
8. Fortschritt periodisch beurteilen.

▶ BEISPIEL: Begegnung der Generationen

Der deutsche Automobilzulieferer **Seissenschmidt** setzt auf eine Begegnung der Generationen. Unter dem Projektnamen **Seissenschmidt-Erfahrungswelt** werden die jüngste und die älteste Generation miteinander in Kontakt gebracht, damit beide Gruppen viel voneinander lernen.
An diesem Projekt nimmt jeder Azubi teil. Diese planen die Treffen und bereiten sie vor, die älteren MitarbeiterInnen bringen Unterlagen, Fotos und Geschichten aus ihrer Beschäftigungszeit mit. Dadurch stärken die Azubis ihre Planungsfähigkeit und Sozialkompetenz. Beide Gruppen bauen Vorurteile ab und erweitern ihren Horizont. Bei den Treffen berichten die Dienstältesten von den Herausforderungen, mit denen sie zu Anfang ihres Berufslebens zu kämpfen hatten, und wie sie diese meisterten. Die Azubis berichten von ihren Herausforderungen und können vom Erfahrungsschatz der alten Kollegen stark profitieren.
Eine weitere Diversity-Maßnahme bei Seissenschmidt ist eine **Potenzialdatenbank**, die besondere Fähigkeiten und Stärken der Mitarbeiter erfasst, die außerhalb ihrer beruflichen Tätigkeit liegen. So kann bei neuen Aufgaben bereits vorhandenes Potenzial genutzt werden, das ohne diese Datenbank nicht erkannt worden wäre. Darüber hinaus gibt es Workshops und Mitarbeiterbefra-

[334] Vgl. Levin & Gottlieb, 2009.

gungen sowie eine Mitarbeiterzeitschrift, die eine intensivere Kommunikation der Mitarbeiter untereinander ermöglicht. Alle Beschäftigten sind Multiplikatoren der Diversity-Maßnahmen. Sobald am Hauptstandort hinreichend Erfahrungen gesammelt wurden, soll die Implementierung der Diversity Maßnahmen auch an den anderen Standorten der Firma erfolgen[335].

Für die langfristige und nachhaltige Verankerung einer Kultur der Vielfalt im Unternehmen ist es wichtig, dass Führungskräfte die Verantwortung hierfür selbst wahrnehmen und diese Aufgabe nicht an eine Spezialabteilung (Stabstelle) delegieren. Von zentraler Bedeutung ist dabei die Unterstützung des Top-Managements[336]. Eine Kulturveränderung muss immer auch strategisch verankert sein, um die Bedeutung für den Unternehmenserfolg aufzuzeigen. Besonders sensibel muss auf Hinweise für Altersstereotypen und -diskriminierung geachtet werden. Vorurteile gegenüber Angehörigen bestimmter Generationen werden durch Sensibilisierung, Weiterbildung, Feedback und kritischer Reflexion bearbeitet. Aufklärung und Information über Unterschiedlichkeit und Ausgrenzung hilft, Vorurteile zu reduzieren[337]. Neben der Verankerung der Verantwortung in der Linie und einer aktiven Bearbeitung von Einstellungen und Wahrnehmungen hilft es, Minoritäten zu integrieren, indem Kontaktmöglichkeiten, Austausch oder auch Mentoring-Angebote platziert werden[338].

8.3 Themenschwerpunkte einer alterssensitiven Organisationskultur

Die Entwicklung hin zu einer alterssensitiven Organisationskultur fokussiert den wertschätzenden Umgang mit allen Generationen im Unternehmen. Unterschiede und Schwerpunkte werden respektiert, der Beitrag des Einzelnen und der einzelnen Generationen wird geschätzt und die Zusammenarbeit verschiedener Generationen als Chance und Bereicherung angesehen. Zentral dafür ist die Wahrnehmung der Unterschiede und die Vielfalt unterschiedlicher Generationen und eine Kommunikationskultur, die zulässt, Unterschiede und Gemeinsamkeiten anzusprechen, anzuerkennen und in Dialog und Austausch einen konstruktiven Umgang damit zu entwickeln.

335 Vgl. Winkler, 2014.

336 Vgl. Kalev et al., 2006.

337 Vgl. Fiske, 1998.

338 Vgl. Froese et al. 2015; siehe auch Kapitel 5.

Relevant für eine gute Zusammenarbeit der Generationen und eine nachhaltige und anhaltend erfolgreiche Beschäftigung der Mitarbeiterinnen und Mitarbeiter über die Lebensspanne sind verschiedene Elemente einer alterssensitiven Führungs- und Organisationskultur. Dies sind v. a.:

- generationsspezifische Kompetenzschwerpunkte und der Umgang mit Erfahrungswissen,
- eine positive Lern- und Innovationskultur,
- eine gesundheitsförderliche Arbeitskultur.

8.3.1 Generationsspezifische Kompetenzschwerpunkte und der Umgang mit Erfahrungswissen

Bezüglich der einzelnen Kompetenzschwerpunkte der Generationen wird häufig das neueste abrufbare Fachwissen der jüngeren Generationen dem langjährigen Erfahrungswissen der älteren Generationen gegenübergestellt und der Vorsprung an Erfahrungswissen im Umfeld neuer Technologien der jüngeren Generation diskutiert. Beim Aufbau einer alterssensitiven Organisationskultur spielt das Thema Umgang mit Erfahrungswissen eine große Rolle.

! **WICHTIG**

Erfahrungswissen kann sich auf verschiedene Aspekte der Tätigkeit beziehen:

- Fachwissen,
- das Wissen über bestimmte Produkte,
- das Wissen, wie Abläufe und Prozesse funktionieren,
- das Wissen über das Unternehmen, die informellen Spielregeln und die relevanten Personen innerhalb und außerhalb des Unternehmens[339].

Das Wissen über das Unternehmen, seine Prozesse und Produkte ist unternehmensspezifisch und für jedes Unternehmen sehr wertvoll. Eine Ausnahme bilden Change-Situationen, in denen genau an dieser Stelle Veränderungen stattfinden sollen - die Bedeutung des Erfahrungswissens rückt dann in den Hintergrund oder wird ggf. gar als hinderlich eingestuft. Es kann aber auch vorkommen, dass das über viele Jahre gesammelte spezifische Erfahrungswissen bei veränderten Arbeitsbedingungen nicht mehr benötigt wird. Diese Art von Erfahrungswissen wird aktiv unterdrückt, weil es zu aufwändig scheint, die neue Strategie mit dem vorhandenen Erfahrungswissen umzusetzen[340]. Alternativ werden die Wissensberei-

339 Vgl. Bahl, Koch & Setter, 2015.

340 Vgl. Böhle, 2005.

che im Unternehmen neu priorisiert, damit erhält das Erfahrungswissen eine neue Wertigkeit[341]. Ergänzend werden auf einer übergeordneten Ebene Erfahrungen im Umgang mit Kunden, mit der Branche etc. abgespeichert, was zu einer Art Meta-Erfahrungswissen führt und gerade in Veränderungssituationen dazu führen kann, trotz einer Change-Situation Stabilität und Ordnung zu gewährleisten.

Folgende Leitlinien eignen sich für den Aufbau einer wertschätzende Arbeitskultur im Umgang mit Erfahrungswissen[342]:

1. **Wissen über Erfahrungswissen aufbauen:** Welche Bestandteil hat Erfahrungswissen? Welches Erfahrungswissen wird bei uns in der Organisation benötigt?
2. **Maßnahmen für neue Führungskräfte entwickeln**, um fehlendes Erfahrungswissen zu kompensieren.
3. Bei Neu- und Umstrukturierungen **Konflikte** um die Wertigkeit von Wissensbestände **konstruktiv lösen.**
4. **Unterschiede** zwischen den Generationen **identifizieren** und Konflikte lösen.

Die folgende Arbeitshilfe unterstützt Sie dabei, den Umgang mit Erfahrungswissen in Ihrem Unternehmen zu erfassen.

ARBEITSHILFE ONLINE

ARBEITSHILFE 29: Übung: Umgang mit Erfahrungswissen

Diese Arbeitshilfe finden Sie zum Download unter Arbeitshilfen online.
Diese Übung lässt sich am besten als Paaraufgabe gestalten und z. B. bei einem Reverse Mentoring oder in Peer-Coaching-Programmen einsetzen sowie bei Führungsweiterbildungen mit Angehörigen verschiedener Generationen.
Überlegen Sie sich zu jedem Bereich des Erfahrungswissens drei Stichworte und tauschen Sie sich in der Diskussion mit ihrem/ihrer KollegIn aus:

Welches Erfahrungswissen ist in unserer Organisationseinheit besonders wichtig?

- Fachwissen.
- Wissen über bestimmte Produkte.
- Wissen über Abläufe und Prozesse.
- Wissen über das Unternehmen und die informellen Spielregeln.

[341] Vgl. Koch & Warnecken, 2012.

[342] Vgl. Bahl et al., 2015.

BEISPIEL: Das Generationen-Tandem

Ein interessantes Beispiel ist die **i2s Sensor Systeme**. Das mittelständische Unternehmen aus Dresden beschäftigt rund 100 Mitarbeiter. Es entwickelt, fertigt und vertreibt Druck-, Luftmassen- und Temperatursensoren für den Automobilbau und Industrieanlagen.

Das Projekt fokussiert den Erhalt des Wissens durch Wissenstransfer und fördert unter dem Namen **Generationen-Tandem** den Austausch von Wissen zwischen den Generationen.

Die Erfahrungsträger geben dabei ihr implizites Wissen und die Erfahrung mit Netzwerken an die Erfahrungssuchenden weitergeben. Im Gegenzug können diese neues Fachwissen ins Unternehmen einbringen. Ziel sind kürzere Einarbeitungszeiten und die Vermeidung von Fehlern, die sich wiederholen. So wird der Verlust an Wissen so gering als möglich gehalten, wenn ein Mitarbeiter das Unternehmen verlässt.

Tandem-Arbeit eignet sich nicht nur für den Wissensaustausch oder die Gestaltung einer Nachfolgesituation, sondern auch in anderen Konstellationen, etwa bei der Einarbeitung eines Stellvertreters oder bei der Weiterqualifizierung eines Mitarbeiters. Die Herausforderungen bestehen in einer klaren Kommunikation durch die Unternehmensführung, der Bereitschaft der Beteiligten und einer angemessenen Dokumentation des Prozesses[343].

8.3.2 Lern- und Innovationskultur

Sicherung der Innovationsfähigkeit ist ein zentrales Thema in vielen Unternehmen. Der Anteil an Babyboomern wird zunehmen und das Verhältnis der Generationen in der Arbeitswelt wird sich in den nächsten Jahren rein quantitativ zu Gunsten der älteren Mitarbeitenden verschieben. Gerade ältere Mitarbeitende werden jedoch häufig als weniger innovativ eingeschätzt. Dieser Zusammenhang zwischen Alter und weniger innovativem Verhalten ist bei genauerer Betrachtung jedoch nicht haltbar. Oftmals liegt dies lediglich an unterdurchschnittlichen Trainingsmöglichkeiten oder weniger Weiterbildungsangeboten und ist keinesfalls auf das biologische oder chronologische Alter zurückzuführen[344]. Das Innovationspotenzial aller Altersgruppen ist somit zu fördern und zu nutzen.

Zentraler Bestandteil der alternsgerechten Führung ist Lebenslanges Lernen. Dazu braucht es eine Lernkultur, die dies unterstützt, fördert und einfordert.

[343] Vgl. Schulze, 2012.

[344] Vgl. Holz, 2007

! **WICHTIG**

Kulturelle Werte, die für den Aufbau einer Lernkultur notwendig sind:

- **Lernen ist notwendig.**
- **Lernen ist erwünscht.**
- **Lernen wird gefördert.**
- **Lernen macht erfolgreich.**[345]

Diese Lernkultur wird durch den Abbau von Lern-Hindernissen, die Entwicklung einer lernförderlichen Kultur, lernförderliche Strukturen und lernförderliche Arbeitsgestaltung gepflegt. Damit wird Lernen im betrieblichen Kontext neu verankert. Eine Lernkultur, die allen Generationen gerecht wird, forciert einerseits das Lebenslange Lernen und berücksichtigt andererseits neue Lernformen. Letzteres erfolgt um einerseits die jüngeren Generationen in ihrem Lern- und Informationsverhalten abzuholen und um andererseits bei den älteren Generationen neben den Fachinhalten auch die Methodenkompetenz im Umgang mit neuen Medien zu fördern. Mitarbeitende, die sich eigenverantwortlich und selbstbestimmt um ihre berufliche Qualifizierung kümmern, sind wesentlicher Bestandteil dieser Lernkultur. Personalentwickler werden zu Lernnavigatoren im Netz, zu individuellen Lernberatern und zu Wegbegleitern für selbstbestimmtes Lernen[346].

Für die Steigerung von Innovation ist eine lern- und innovationsförderliche Organisationskultur sinnvoll und notwendig. Eine innovationsförderliche Kultur kennzeichnet sich durch eine hohe Fehlertoleranz, Lernbereitschaft, Flexibilität, Reaktionsfähigkeit, Wachstum und Ressourcengewinnung aus[347].

Innovationsrelevante Kompetenzen sind auf unterschiedliche Altersgruppen im Unternehmen verteilt. Eine lern- und innovationsförderliche Kultur hilft, die Innovationspotenziale in den verschiedenen Lebensphasen und Altersgruppen zu entwickeln und aufeinander abzustimmen. Dazu werden Ansätze, wie erwerbsbiografische Verläufe innovationsfreundlicher gestaltet werden können und wie altersgemischte Innovationsteams zusammenarbeiten können, benötigt[348].

---

345 Vgl. Osterheider, 2015, S. 552.

346 Vgl. Meiss, 2015.

347 Vgl. Schmitt, 2015.

348 Vgl. Ciesinger, Klatt & Wendt, 2015.

Definition: Innovationsfähigkeit

„Innovationsfähigkeit bedeutet, neue, innovative Gedanken hervorzubringen und diese erfolgreich umzusetzen und zu implementieren"[349].

Innovationen können sich auf neue Produkte oder Dienstleistungen (Produktinnovation), verbesserte Organisationsstrukturen und -abläufe (Prozess oder Verfahrensinnovation) oder auch auf eine Verbesserung in der Zusammenarbeit und Kommunikation (soziale Innovation) beziehen. Welche Art von Innovation wird als besondere Stärke der einzelnen Altersgruppen oder Generationen zugeschrieben? Prozess- und soziale Innovationen profitieren oftmals von der langjährigen Erfahrung älterer Mitarbeitender und deren intensiver Auseinandersetzung mit Fachthemen, Methoden und Branchenwissen. Die Herausforderung besteht darin, die Mitarbeitenden zu befähigen und zu motivieren, dieses Wissen in innovative Produkte und Dienstleistungen zu überführen. Break-Through-Innovationen werden eher den jüngeren Generationen wegen ihres modernen und unkonventionellen Denkens und neuesten Wissens aus Ausbildung und Hochschulen zugeschrieben. Von ihnen wird Innovation in Schlüsseltechnologien, Jugendmarken etc. erwartet[350]. Eine Innovationskultur, die die verschiedenen Innovationsarten kombiniert und zusammenbringt, Innovationen für Kundensegmente in verschiedenen Altersgruppen ermöglicht und den Wissenstransfer verschiedener Stärken fördert, erhöht das soziale und wirtschaftliche Potenzial eines Unternehmens.

Interessantes aus der Forschung

Kreativität und Innovation werden als Eigenschaften im Allgemeinen eher jüngeren Arbeitnehmerinnen und Arbeitnehmer zugeschrieben. Eine Befragung des Fraunhofer Instituts zu innovationsrelevanten Kompetenzen bei 1.000 jüngeren und älteren Arbeitnehmerinnen und Arbeitnehmer ergab, dass die Beschäftigten selbst deutliche Unterschiede in den Kompetenzen wahrnehmen. Die Kompetenzen der Ältere sind in den Bereichen Fachwissen und Erfahrung massiv und auch im Bereich Team- und Kommunikationsfähigkeit den Kompetenzen der Jüngeren überlegen. Dafür werden den Jüngeren mehr Kompetenzen im Bereich von Flexibilität, Netzwerkfähigkeit und Lernbereitschaft zugeschrieben.

In altersgemischten Innovationsteams kann durch die Kombination aller Kompetenzschwerpunkte ein **Innovationsoptimum** entstehen. Dazu wird eine Organisationskultur benötigt, die die Lernbereitschaft, Flexibilität und Kreativität der älteren Mitarbeitenden erhöht. Wichtig ist, die innovationsförderlichen Kompetenzen

349 Sammerl 2006, nach Ciesinger et al, 2015, S. 507.

350 Vgl. Holz, 2007.

transparent und nutzbar zu machen und Altersstereotype zu verhindern. Eine Kultur nach dem Motto „Jedes Alter zählt" ermöglicht die Erschließung von Innovationspotenzialen über alle Altersgruppen hinweg und einen Ausgleich bzw. eine Ergänzung der unterschiedlichen Generationen in ihren jeweiligen Stärken und Schwächen[351].

Die folgende Arbeitshilfe liefert Ihnen ein Instrument zur Einschätzung der innovationsrelevanten Kompetenzen in Ihrem Unternehmen.

ARBEITSHILFE ONLINE

ARBEITSHILFE 30: Kompetenzprofiling

Diese Arbeitshilfe finden Sie zum Download unter Arbeitshilfen online. Innovationsfähigkeit setzt bestimmte Kompetenzen in der Mitarbeiterschaft voraus. Sie finden hier ein kurzes Instrument zur Einschätzung wissenschaftlich ermittelter, innovationsrelevanter Kompetenzen. Bitte beantworten Sie für Ihre Mitarbeitenden, in welchem Maße Sie ihnen die folgenden Eigenschaften zuschreiben würden:

Innovationsrelevante Kompetenzen	Trifft überhaupt nicht zu	Trifft überwiegend nicht zu	Weder noch	Trifft überwiegend zu	Trifft voll und ganz zu
Erfahrung					
Fachwissen					
Lernbereitschaft					
Motivation					
Kreativität					
Netzwerkfähigkeit					
Teamfähigkeit					
Kommunikationsfähigkeit					
Flexibilität					

(in Anlehnung an: Ciesinger, Klatt, Wendt, 2015)

Insgesamt betrachtet hat das allgemeine Arbeitsklima großen Einfluss auf die Lern- und Innovationskultur einer Organisation. Arbeitsunzufriedenheit, Zeitdruck, unzureichendes Führungsverhalten, Angst vor Arbeitsplatzverlust gelten als lernfeind-

[351] Vgl. Ciesinger et al., 2015.

lich und innovationshemmend. Ebensowenig förderlich für Lernen und Innovation sind zu viel Harmonie, Zufriedenheit und Monotonie. Der konstruktiver Umgang mit Unterschieden und Konflikten fördert die Erweiterung des eigenen Horizontes, ermöglicht Lernen und ist oft Quelle für Innovationen. Es gibt keinen Beleg dafür, dass die Babyboomer weniger innovativ sind. Die Schwerpunkt ihrer Innovation liegen allerdings in anderen Bereichen als bei den Millennials und benötigen eine Führungs- und Organisationskultur, der es gelingt, das Innovationspotenzial zu aktivieren und für künftige Aufgaben einzusetzen. Die Angehörigen der Generation X konnten bislang unterschiedliche und vielfältige Lernerfahrungen sammeln, haben mehrere Arbeitsplatzwechsel erlebt, sind mit Entwicklungen wie Globalisierung und Change Prozessen vertraut und haben Erfahrung im Lebenslangen Lernen. Sie verfügen auch über entsprechende Schlüsselkompetenzen in Technologie, Fremdsprachen etc. Mitarbeitende, die es gewohnt sind, selbstständig und innovativ im Unternehmen zu handeln, setzen diese Fähigkeit auch für die eigenen Interessen ein. Gerade deshalb ist eine lern- und innovationsfreundliche Organisationskultur ein wichtiges Element der Mitarbeitergewinnung und -bindung.[352]

8.3.3 Gesundheitsförderliche Arbeitskultur

Ein weiterer wichtiger Teilaspekt einer alterssensitiven Organisationskultur ist das Thema gesundheitsförderliche Arbeitskultur. Die physische und die psychische Gesundheit ist Basisbestandteil der Arbeitsfähigkeit und Grundvoraussetzung für eine Beschäftigung in allen Altersgruppen. Gesundheit am Arbeitsplatz wird durch das Betriebliche Gesundheitsmanagement (BGM) unterstützt und gefordert und kann auf verschiedenen Ebenen unterstützt werden. BGM dient den strategischen Unternehmenszielen, die nur mit einer gesunden Belegschaft erreicht werden können - insbesondere auch bei wachsendem Anteil älterer Mitarbeiterinnen und Mitarbeiter. Dabei ist zu beachten, dass v. a. Risikogruppen oftmals Verhaltensangebote wie Fitness- und Ausgleichstraining, Rückenschule, Ergonomieberatung, gesunde Ernährung, Bike-to-work etc. nicht annehmen und es wenig zielführend ist, die Mitarbeitenden zwangsweise damit „zu beglücken".

! **WICHTIG**

Die fünf Schlüsselelemente eines gesunden Arbeitsplatzes (Standards der Weltgesundheitsorganisation WHO):

- **Element 1: Einsatz und Engagement der Führungskräfte,**
- **Element 2: Einbeziehung der Mitarbeitenden und deren Vertreter,**

352 Vgl. Holz, 2007.

- Element 3: Geschäftsethik und Legalität,
- Element 4: Gebrauch von systematischen, nachvollziehbaren Prozessen, um Effektivität und kontinuierliche Verbesserung zu gewährleisten,
- Element 5: Nachhaltigkeit und Integration.

Erfolgskritisch ist die Haltung der verantwortlichen Führungspersonen. Oftmals sind es winzige Nuancen im Umgang mit Mitarbeitenden, etwa das echte Interesse an deren Gesundheit und Wohlbefinden etc., die über den Aufbau einer gesundheitsförderlichen Kultur entscheiden.

Führung und Gesundheit kann auf verschiedenen Ebenen ansetzen[353]. Es geht dabei u.a. um die Gestaltung gesundheitsförderlicher Organisationsstrukturen, das gesundheitsförderliche Verhalten und den eigenen Umgang mit Gesundheit. Nachhaltig unterstützend ist eine Unternehmenskultur, die gesundheitsförderliches Verhalten fördert. Um diese aufzubauen, hilft eine positive innerbetriebliche Kommunikation, eine stimmige Führungs- und Konfliktkultur, damit Mitarbeitende Angebote als ernsthaft wahrnehmen, das Vorleben der Führungskräfte durch eigenes gesundheitsförderliches Verhalten (z.B. Pausen einlegen, Arbeitsstunden/Tag; Erreichbarkeit), Belastungsabbau und Ressourcenaufbau sowie praxisgerechte Programme für Führungskräfte im Umgang mit der eigenen Gesundheit und der der Mitarbeitenden.

Interessantes aus der Forschung

Ausgewählte Ergebnisse zum Thema gesunde Führung aus der Top-Job-Trendstudie

Insgesamt wurden über 15.000 Mitarbeitende in knapp 100 mittelständischen Unternehmen mit ca. 270 Geschäftsleitungsmitglieder in Deutschland befragt.

- **Psychische Gesundheit** wirkt sich positiv aus auf Wohlbefinden (+30 %), Engagement (+ 19 %), Unternehmensleistung (+15 %) und negativ auf Kündigungsabsicht (–75 %), destruktives Engagement (–63 %), Resignation (–52 %).
- Nur eine Minderheit der Unternehmen hat **gesunde Führung** etabliert (in 2 % der Unternehmen „sehr gut", in 22 % „gut" ausgeprägt).
- **Gesunde Chefs** fördern gesunde Mitarbeiter: In Unternehmen, in denen die Geschäftsführung gesund führt, ist die gesunde Führung des mittleren Managements um 90 % und beim unteren Management um 32 % besser.
- **Selbstbestimmung und Selbstbefähigung** am Arbeitsplatz erhöht die Gesundheit um 31 %.

[353] Vgl. Frank, 2010; Eberhardt, 2013c.

- Ein vernetztes, aufeinander abgestimmtes **Gesundheitsmanagement** erhöht die Gesundheit um 11 %, unverbundene Einzelmaßnahmen (nur) um 5 %.
- Wenn auf anstrengende Veränderungsphasen **Phasen der Reflexion, der Regeneration und Auszeiten** folgen, verbessert sich die psychische Gesundheit um 23 %, die Unternehmensleistung steigt um 6 %[354].

Im Folgenden empfehlen wir neun Maßnahmen für den Aufbau einer gesunden Performancekultur[355]:

1. **Top-Management als Vorreiter einer gesunden Performancekultur**:
   Die oberste Führungsspitze eignet sich am besten, um das Thema anzustoßen, zu fördern und zu festigen.
2. **Gesunde Selbstführung**:
   Vertrauen ins Thema wird geschaffen durch den eigenen positiven Umgang der Führungskraft mit dem Thema Gesundheit.
3. **Ganzheitliches betriebliches Gesundheitsmanagement**:
   Eine Abstimmung einzelner Maßnahmen untereinander erhöht deren Wirkung.
4. **Freiheit mit Auffangnetz:**
   Handlungsspielraum erhöht die Gesundheit der Mitarbeitenden, allerdings sollte bei Bedarf Unterstützung angeboten werden.
5. **Sinn der Arbeit:**
   Sinnhafte Arbeit erhöhte die Motivation; bei stark spezialisierten Aufgaben wird empfohlen, durch Führung und Kommunikation die Sinnhaftigkeit der Aufgaben aufzuzeigen.
6. **Wertschätzung:**
   Anerkennung und Wertschätzung (die echt gemeint sind und über das Loben hinausgehen) hat einen gesundheitsförderlichen Effekt.
7. **Fordern und Fördern:**
   Aufgaben sollen so zugeteilt werden, dass die Ressourcen im Einklang mit dem Anspruchsniveau der Person und deren Fähigkeiten steht. Dabei gilt es, auch Entwicklungsperspektiven zu berücksichtigen.
8. **Gesundheits-Konsumhaltung**:
   Die Verantwortung für die Gesundheit soll nicht von den Mitarbeitenden an die Führungspersonen transferiert werden.
9. **Psychisches Immunsystem**:
   Bei der Arbeitsgestaltung dürfen die Anforderungen nicht die Ressourcen übersteigen. Mitarbeitende können in einem solchen Umfeld widerstandsfähig und immun gegen Stressoren bleiben oder werden.

[354] Vgl. Bruch & Kovalevski, o.J.

[355] Ebenda, S. 7.

8.4 Altersgemischte Teamarbeit

Die Zusammenarbeit in altersgemischten Teams kann Vor- und Nachteile haben. Sie bedarf beim Aufbau einer alterssensitiven Unternehmenskultur einer gesonderten Betrachtung. Die Gruppenleistung kann durch die Zusammensetzung der Gruppe oder die Art der Gruppenzusammensetzung beeinflusst werden.

Top-Management-Teams sind in diverser Zusammensetzung erfolgreicher, die Befundlage insgesamt ist jedoch sehr heterogen. Bei Alterdiversität in Teams wird von schlechterem Gruppenklima, weniger Kommunikation, höherer Fluktuationsrate und Entscheidungsschwierigkeiten berichtet. Tendenziell hat eine homogene Gruppe häufig eine bessere Anfangsleistung als eine heterogene Gruppe. Die Gruppenzusammensetzung bringt auch heterogene Ergebnisse hervor, z. B. bei der Leistung und dem Gruppenzusammenhalt. Generell gilt, dass heterogene Gruppen überlegen sind bei Aufgaben, die komplex sind und bei denen es keine eindeutig richtige oder falsche oder eine klare Expertenlösung gibt. Wenn es gelingt, im Gruppenprozess alle zu integrieren, steigt die Ausgewogenheit und die Akzeptanz des Ergebnisses[356].

Tabelle 8.1: Vor- und Nachteile altersgemischter Teamarbeit

Vorteile	Nachteile
Verbesserte Entscheidungsfindung und Vermeidung von Gruppendenken	Kommunikations- und Koordinationsprobleme
Steigerung von Kreativität und Innovation	individuelle Unzufriedenheit
Wissenstransfer und Baustein für eine lernende Organisation	Zeitaufwand und Produktivitätsverluste
verbessertes Kundenverständnis	Konflikte wegen Vorurteilen, Altersstereotypen, Misstrauen

(vgl. auch van Knippenberg & Schippers, 2007)

Probleme in altersgemischten Teams sind mit der Theorie der sozialen Identität zu erklären. Menschen tendieren dazu, sich einer bestimmten Gruppe zugehörig zu fühlen und grenzen diese von anderen Gruppen ab („wir Jungen“, „die Älteren“)[357].

[356] Vgl. Mc Grath, 1984; Bowers, Pharma & Sales, 2000.

[357] Vgl. Ely, 2004.

Das Diversitätspotenzial altersgemischter Teams kann folgendermaßen aktiviert und nutzbar gemacht werden[358]:

- **Unterstützende organisatorische Rahmenbedingungen schaffen**
  Durchführung von Teamanlässen und Teamentwicklungen; erfahrungs- und verhaltensbasierte Lernmethoden, damit auch ältere Teamkollegen sich gut einbringen können; regelmäßige Teammeetings mit einer Gelegenheit zum Austausch und Kennenlernen, Schaffung von teambasierten Anreiz- und Kompensationssystemen.
- **Interaktive Führung altersgemischter Teams**
  Als Führungsperson den regelmäßigen und direkten Austausch mit den Teams pflegen; transformational Führen und die Mitarbeiter den mit ihren Werten und Zielen ansprechen; kollektive Teamziele setzen und verfolgen; eine Vision für das gesamte Team verfolgen und die Teammitglieder inspirieren, ein Wir-Gefühl schaffen.

Interessantes aus der Forschung[359]

Wie wirkt die Gruppenzusammensetzung?

- Außenstehende nehmen war, wer in der Gruppe mitmacht: z.B. wird ein Ergebnis als legitim beurteilt, wenn alle Interessengruppen beteiligt waren oder umgekehrt (Erwartungen und Urteile Außenstehender).
- Prozesse innerhalb der Arbeitsgruppe führen zu einer Akzeptanz der Lösung (z.B. abnehmende Kooperationsbereitschaft aufgrund von Vorurteilen gegenüber Mitgliedern der eigenen Gruppe; Selbstwahrnehmung der Gruppe).
- Handlungen, die auf außenstehende Personen zielen, sind erfolgreicher bei einer heterogenen Gruppe, weil die Vernetzung vielfältiger ist (Nutzung von Ressourcen außerhalb der Gruppe).

Die Selbstwahrnehmung der Gruppe kann durch Führung positiv beeinflusst werden: Wenn älteren Mitarbeitenden im Team positive Wertschätzung entgegengebracht wird, findet weniger Altersdiskriminierung statt, die Gruppe nimmt sich selbst erfolgreicher war und ist dies auch[360].

[358] Vgl. Kunze, 2015.

[359] Vgl. Wegge, Roth & Schmidt, 2008.

[360] Vgl. Wegge et al., 2008.

Effektivitätssteigerung durch altersgemischte Teams, wie geht das?

Die Effektivität von altersgemischten Teams wird gesteigert, wenn Teams entlang der Kompetenzen und Erfahrungen der Mitglieder zusammengesetzt, die Konflikte der Teamarbeit gemildert werden und nicht zu stark auf die Unterschiede im Team fokussiert wird, sprich die Selbstwahrnehmung der Gruppe nicht negativ beeinflusst wird. Bei großer Altersvielfalt im Team kommt es darauf an, dass die eingebrachten Kompetenzen unterschiedlich sind und sich komplementieren, idealerweise auf Basis der Zugehörigkeit zu verschiedenen Generationen. Millennials können z. B. ihre stärkere Social-Media-Kompetenz mit dem Erfahrungswissen der Babyboomer kombinieren. Die Teameffektivität kann gesteigert werden, wenn die individuellen wie auch die Teamkompetenzen durch Weiterbildungsmaßnahmen gefördert werden.

Der Zusammenhalt in altersgemischten Teams wird durch eine gemeinsam getragene Kultur mit gemeinsamen Werten, Einstellungen und geteilten Handlungsmustern gefördert. Gemeinsame Handlungsmuster entstehen durch Kommunikation und Austausch über die Generationen hinweg und durch gemeinsames, kollektives Lernen, das ebenfalls identitätsstiftend sein kann. Altersgemischte Teams tragen mit dem aktiven Austausch zwischen den Generationen, einer positive Interaktion und einem breiten Spektrum an Kompetenzen, die gemeinsam genutzt werden, wesentlich zu einer alterssensitiven Unternehmenskultur bei.

Der TEAM-Ansatz

Das Akronym **TEAM** steht für den Ansatz, mit einer alternden Belegschaft in Hochleistungsteams umzugehen. Die Buchstaben stehen für die vier Bereiche

- Zusammensetzung des Teams (**t**eam composition),
- Ausbildung und Training (**e**ducation and training),
- Bewusstsein / Verantwortung / Anpassung (**a**wareness / accountability / accommodation) und
- Betreuung (**m**entoring).

Die **Teamzusammensetzung** bezieht sich auf eine ausgeglichene Zusammensetzung des Teams im Hinblick auf das Alter ebenso wie auf Diversität. Der Vorteil von generationenübergreifenden Teams ist die Vermeidung von starkem Wissensverlust, wenn die älteste Generation pensioniert wird. Dafür muss das Wissen aktiv an die nachkommenden Generationen weitergegeben werden.
Ausbildung und Training umfasst die Sensibilisierung der Mitarbeitenden hinsichtlich der rechtlichen und ethischen Aspekte des Alterns. Damit sollten sich v. a. die Angehörigen der Generation X und die Millennials auseinandersetzen. Für die Babyboomer ist es hingegen wichtig, die Werte der nachkommenden Generationen zu verstehen. Dies fällt unter das Stichwort Diversitäts-

Schulung. Weiterhin sollen allen Mitarbeitenden Weiterbildungsangebote zur Verfügung stehen. Gegebenenfalls benötigen ältere Mitarbeitende spezielle Schulungen im fachlichen und technischen Bereich. Vorgesehen ist auch die Durchführung von Weiterbildungsstudien.

Unter die Begriffe **Bewusstsein / Verantwortung / Anpassung** fällt die Aufklärung über Stereotype und Diskriminierung. Ebenfalls als sinnvoll wird der Ausbau flexibler Arbeitswelten mit Heimarbeit und Telearbeit eingestuft. Betreuung oder besser Mentoring ist künftig nicht mehr nur von „alt" zu „jung" zu sehen. Ebenso können die jüngeren Generationen die älteren v. a. im Umgang mit Neuen Medien schulen[361].

ARBEITSHILFE ONLINE

ARBEITSHILFE 31: Praxistransfer — Alterssensitive Führungs- und Unternehmenskultur

Diese Arbeitshilfe finden Sie zum Download unter Arbeitshilfen online.

Was bedeutet das für die Praxis?

Machen Sie sich über die folgenden Fragestellungen Gedanken und überlegen Sie, welche Bedeutung die Unternehmenskultur in Ihrer Organisation hat:

- Wie sieht die Unternehmenskultur in Ihrer Organisation aus? Welche impliziten Werte gibt es gegenüber älteren oder jüngeren Mitarbeitenden? Welche Werte beeinflussen die Zusammenarbeit der Generationen?
- Gibt es in Ihrer Organisation ein Diversitätsmanagement? Werden altersspezifische Punkte berücksichtigt? Wie wird Altersvielfalt unterstützt und gefördert?
- Welchen Beitrag können Sie als Führungskraft für den Aufbau einer alterssensitiven Unternehmenskultur leisten?
- Gibt es Maßnahmen, um einem Wissensverlust durch den Weggang von Mitarbeitenden entgegenzuwirken?
- Welche Möglichkeiten möchten Sie ergreifen, um den intergenerationalen Austausch zu fördern und zu unterstützen?

Zusammenfassung und Kernaussagen des Kapitels

Kulturentwicklung ist eine erfolgskritische und zentrale Führungsaufgabe und erfordert das Zusammenspiel Vieler. Die Unternehmenskultur sollte zur Unternehmensstrategie und den eigenen Werten passen, damit die Botschaften glaubwürdig und handlungsleitend sind. Von zentraler Bedeutung bei der Kulturentwicklung ist die Unterstützung durch das Top-Management.

361 In Anlehnung an: Gibson, Jones, Cella, Clark, Epstein & Haselberger, 2010.

Bedingt durch den demografischen Wandel wird in den meisten Unternehmen die Altersheterogenität zunehmen. Das macht ein ausgeklügeltes Diversitätsmanagement nötig. Diversität birgt ein großes Potenzial für den Unternehmenserfolg auf verschiedenen Ebenen:

- Akquisitions- und Personalmarketingpotenzial.
- Marketing- und Vertriebspotenzial.
- Kreativitäts- und Innovationspotenzial.
- Problemlösungs- und Entscheidungsfindungspotenzial.
- Systemflexibilisierungspotenzial.

Die Unternehmenskultur spielt eine zentrale Rolle, um das Potenzial der Diversität richtig auszunutzen. Das Drei-Ebenen-Modell beschreibt, wodurch sich eine Kultur auszeichnet: Grundannahmen, Werte und Artefakte. Das gilt für gesellschaftliche wie für organisatorische Kultursysteme gleichermaßen. Die Entwicklung einer alterssensitiven Organisationskultur wird in Unternehmen künftig eine Schlüsselfunktion einnehmen.

Die Entwicklung einer alterssensitiven Kultur wird durch sechs Prinzipien verfolgt[362]:

- Prinzip 1: Die erforderliche Ausrichtung der Veränderung verstehen.
- Prinzip 2: Vorbild sein und andere anleiten und einbinden.
- Prinzip 3: Auf verschiedenen Ebenen arbeiten.
- Prinzip 4: Die gesamte Organisation und ihre „Schlüssel"-Gremien breit einbetten
- Prinzip 5: Mit Strenge und Disziplin managen.
- Prinzip 6: In das tägliche Arbeitsleben integrieren.

Um eine breite Akzeptanz in der Belegschaft zu erhalten, bedarf es des adäquaten Umgangs mit Heterogenität. Das beinhaltet auch die Integration von Meinungen der Minoritäten und einen insgesamt wertschätzenden Umgang miteinander.

Im Umgang mit Wissen wird oft das Senioritätsprinzip angenommen, d.h. der Wissenstransfer erfolgt von den älteren auf die jüngeren Mitarbeitenden. Neu ist, dass jüngere Generationen im Bereich der Neuen Medien mehr Erfahrungswissen aufweisen, als ältere. Der intergenerationale Austausch kann durch die Unternehmenskultur entscheidend gestützt werden, um von den spezifischen Kompetenzschwerpunkten jeder Generation zu profitieren. Eine geeignete Lern- und Innovationskultur gehört ebenso zur ganzheitlichen Unternehmenskultur wie die Integration der Gesundheitsförderung.

[362] Levin & Gottlieb, 2009.

Nützliche Internetlinks zu ausgewählten Themen

Die folgende Linkliste enthält weiterführende Informationen (Stand: Juni 2015) und Verknüpfungen zu Webseiten Dritter (externe Links). Diese Webseiten unterliegen der Haftung der jeweiligen Betreiber. Bei der erstmaligen Verknüpfung der externen Links wurden diese geprüft, es waren keine Rechtsverstöße ersichtlich. Für die Inhalte, die Sicherheit und die Gebührenfreiheit der verknüpften Seiten kann trotz sorgfältiger Prüfung keine Haftung übernommen werden.

Die Auswahl der externen Links erfolgte rein subjektiv und beinhaltet keinerlei Bewertung oder Präferenz bestimmter Institutionen.

Die Links sind in alphabetischer Reihenfolge angeordnet. Sie finden bei den meisten Links eine Kurzversion in der Form „bit.ly/xyz“, mit der Sie direkt zu der Webseite gelangen. Die Erläuterungen der Links sind z.T. den Angaben der jeweiligen Webseite entnommen.

Altersdifferenzierte Arbeitssysteme – ein Schwerpunktprogramm der DFG
http://www.altersdifferenzierte-arbeitssysteme.de/

Wie können Mitarbeiter in Unternehmen altersgerecht eingesetzt werden, um sie länger im Berufsleben zu halten? Welche Gestaltungsprinzipien für Werkzeuge, Arbeitsmittel, Informationssysteme etc. sind für Nutzer unterschiedlichen Alters optimal? Wie sind Personalentwicklungsmaßnahmen unter Berücksichtigung des Lebensalters auszuformen? Wie ist die Arbeitszeit (einschließlich der verschiedenen Schichtsysteme) für verschiedene Altersgruppen am besten zu organisieren?

Die Antworten auf diese Fragen sind das Ziel des DFG-Schwerpunktprogramms Altersdifferenzierte Arbeitssysteme. An ihm beteiligen sich 13 universitäre und außeruniversitäre Forschungseinrichtungen mit arbeitswissenschaftlicher bzw. arbeitspsychologischer Orientierung. Durch eine breit gefächerte Kombination von grundlagen- und anwendungsorientierter Labor- und Feldforschung werden relevante und generalisierbare Erkenntnisse gewonnen, umgesetzt und evaluiert.

Altersstrukturanalyse
https://www.inqa.de/SharedDocs/PDFs/DE/Handlungshilfen/Instrumente-zur-Altersstrukturanalyse.pdf?__blob=publicationFile
http://bit.ly/1HCAjuq

Eine Altersstrukturanalyse bietet die Möglichkeit, die bestehenden Altersstrukturen in einem Unternehmen zu analysieren und mögliche Entwicklungen dieser Altersstrukturen zu prognostizieren. Diese Datei bietet Ihnen eine Übersicht über die momentan verbreiteten Instrumente.

Arbeit 50plus
http://www.50plusworks.com/

Diese Webseite ist umfangreich und bietet viele praktische Hinweise für den Arbeitsmarkt 50plus.

Beschäftigungsfähigkeit und demografischer Wandel im Unternehmen (betriebliche Beschäftigungsfähigkeit im demografischen Wandel)
www.demobib.de

Online-Unterstützung für bessere Beschäftigungsfähigkeit im demografischen Wandel. Die Informationen, Instrumente und Beispiele auf dieser Webseite unterstützen dabei, vor Ort betriebliche Handlungsbedarfe im demografischen Wandel zu erkennen und für bessere Beschäftigungsfähigkeit aktiv zu werden.

Berufsstart für Absolventen und Praktikanten
http://www.berufsstart.de/

Diese Jobbörse bietet eine große Zahl von attraktiven Stellenangeboten für den Berufseinstieg, Praktika und Abschlussarbeiten. Außerdem gibt es wertvolle Tipps.

Bundesamt für Statistik / BFS
http://www.bfs.admin.ch/bfs/portal/de/index.html
http://bit.ly/1oaR1Lu

Das Bundesamt für Statistik BFS ist eine Bundesbehörde der Schweizerischen Eidgenossenschaft. Das BFS ist das nationale Dienstleistungs- und Kompetenzzentrum für statistische Beobachtungen in wichtigen Bereichen von Staat und Gesellschaft, Wirtschaft und Umwelt. Das BFS ist der wichtigste Statistikproduzent des Landes und führt den Datenpool Statistik Schweiz. Es stellt Informationen in allen thematischen Bereichen der öffentlichen Statistik bereit.

Demografiefitness
http://www.demografiefitness.ch/instrumente
http://bit.ly/1dr6R0R

Die Seite bietet ausgewählte Instrumente, mit denen Sie überprüfen können, ob Ihr Unternehmen fit für die Herausforderungen des demografischen Wandels ist. Sie helfen Ihnen, Handlungsbedarf aufzudecken und konkrete Handlungsfelder abzuleiten.

Demografie Portal des Bundes und der Länder
http://www.demografie-portal.de (→ Startseite → Informieren → Ihre ausgewählten Fakten)
http://bit.ly/1F36MpU

Das Demografieportal bietet grundlegende Informationen zu demografierelevanten Themen von Bund, Ländern, Kommunen und Verbänden. Es beinhaltet

- Zahlen und Fakten: Kommentierte Diagramme mit Hintergrundwissen,
- Berichte und Konzepte: Sammlung von Veröffentlichungen aus Bund und Ländern,
- Studien: Darstellung von wissenschaftlichen Erkenntnissen.

Deutsches Statistisches Bundesamt / Destatis
www.destatis.de

Das Statistische Bundesamt (oft auch Destatis abgekürzt) ist eine deutsche Bundesoberbehörde im Geschäftsbereich des Bundesministeriums des Innern. Sie erhebt, sammelt und analysiert statistische Informationen zu Wirtschaft, Gesellschaft und Umwelt. Hier finden sich interessante Befunde auch zu ökonomischen Kennzahlen und gesellschaftlichen Entwicklungen und Trends.

DGfP Diversity
http://static.dgfp.de/assets/news/2014/DGFPDiversity.pdf
http://bit.ly/1p3ZsFj

In Zeiten der Globalisierung und Mobilität werden die DGfP-Mitgliedsunternehmen zunehmend von weltumspannenden Belegschaften sowie vielfältigen Belegschaften in Deutschland geprägt. Dabei steht Diversity ganz oben auf der HR-Agenda.

Inspiriert vom ersten Diversity-Tag 2013, der Charta der Vielfalt, entstand die Idee, gute Unternehmenspraxis aus DGfP-Mitgliedsunternehmen zusammenzutragen und vorzustellen. Damit soll einerseits der Erfahrungsaustausch zwischen den Mitgliedsunternehmen gefördert werden und andererseits auch die Ansätze von Diversity-Management der Mitgliedsunternehmen über die Fachöffentlichkeit hinaus transparent gemacht werden. Unter obigem Link finden sich zahlreiche Unternehmensbeispiele, die zur Anregung für die eigene Praxis dienen mögen.

Eurostat
http://ec.europa.eu/eurostat/de

Das Statistische Amt der Europäischen Union — kurz Eurostat oder ESTAT — ist die Verwaltungseinheit der Europäischen Union (EU) zur Erstellung amtlicher europäischer Statistiken. Die wichtigste Aufgabe Eurostats ist die Verarbeitung und Veröffentlichung vergleichbarer statistischer Daten auf europäischer Ebene. Dort finden sich Themen wie Wirtschaft & Finanzen, Bevölkerung und soziale Bedingungen, Internationaler Handel etc.

Eurofound
http://eurofound.europa.eu (→ obervatories → eurowork → case-studies → ageing-workforce')
http://bit.ly/1TlfEZT

Die Europäische Stiftung zur Verbesserung der Lebens- und Arbeitsbedingungen (Eurofound) ist eine dreigliedrige Einrichtung der Europäischen Union. Ihre Aufgabe besteht darin, Fachwissen im Bereich der sozial- und arbeitspolitischen Maßnahmen bereitzustellen. Eurofound wurde 1975 durch die Verordnung (EWG) Nr. 1365/75 des Rates errichtet, um zur Planung und Gestaltung besserer Lebens- und Arbeitsbedingungen in Europa beizutragen. Unter diesem Link finden Sie zahlreiche europäische Fallbeispiele zum Thema alternde Arbeitskräfte.

Fachkräfteinitiative: Bessere Ausschöpfung des inländischen Fachkräftepotenzials der Schweiz
https://www.wbf.admin.ch/de/themen/bildung-forschung-innovation/fachkraefteinitiative/
http://bit.ly/1HC67Tg

Die Fachkräfteinitiative (FKI) wurde 2011 von Bundesrat Johann N. Schneider-Ammann vor dem Hintergrund der demografischen Entwicklung lanciert. Die verstärkte Zuwanderung, der Volksentscheid vom Februar 2014 und die noch nicht in allen Details absehbaren Folgen der Frankenstärke haben die Bedeutung der FKI seither stark erhöht. Ziel der FKI ist es, verstärkt das inländische Potenzial an Fachkräften auszuschöpfen.

Gesundheitsförderung für Generation 50plus
http://www.hrtoday.ch/news/gesundheitsf-rderung-f-r-generation-50plus-erwartet
http://bit.ly/1JKMQyi

Die Jobindex Media AG ist ein führendes Schweizer Medienunternehmen im Bereich Human-Resource-Management. Seit 1998 publiziert jobindex das Journal HR Today mit einer Auflage von 5.000 deutschsprachigen und 2.600 französischsprachigen Exemplaren. Hrtoday bietet täglich Artikel, News, Tipps und weitere relevante Informationen, die im HR-Arbeitsalltag hilfreich sind.

Great Place to work / Institut Deutschland / Sonderpreis „Förderung älterer Arbeitnehmer"
http://www.bmas.de/SharedDocs/Downloads/DE/PDF-Gesetze/anlage-liste-gewinner-great-place-to-work.pdf?__blob=publicationFile
http://bit.ly/1en7gl1

Ausgezeichnete und nominierte Unternehmen im Rahmen der Benchmarkstudie „Deutschlands Beste Arbeitgeber. In dem Projekt werden Unternehmen vorgestellt, die im Rahmen der Great Place to Work® Benchmarkstudie 2008 bis 2010 für den Sonderpreis „Förderung älterer Arbeitnehmer" ausgezeichnet und nominiert wurden. Die Darstellung der Sonderpreisträger in den jeweiligen Jahren erfolgt detailliert, die Darstellung der Unternehmen im engeren Kreis der Nominierten stichpunktartig.

Es werden ausschließlich Angaben der Unternehmen im Great Place to Work® Kultur Audit (Fragebogen zur Erfassung der eingesetzten Personalmaßnahmen) aufgeführt, keine Ergebnisse der Mitarbeiterbefragung oder Kommentare der Mitarbeiter (die bei der Auswahl der Preisträger ebenfalls berücksichtigt werden).

GRUNDTVIG Lebenslanges Lernen in Europa 2007–2013
https://www.na-bibb.de/bildungsprogramme/grundtvig_im_programm_fuer_lebenslanges_lernen.html
http://bit.ly/1en74SX

GRUNDTVIG ist das Programm der Europäischen Union für die **allgemeine Erwachsenenbildung**. Es ist benannt nach dem dänischen Philosophen und Pädagogen Nikolai Frederik Severin Grundtvig, der als Vater der Volkshochschulbewegung gilt. Das Programm umfasst das Lebenslange Lernen von Erwachsenen aller Altersgruppen und gesellschaftlicher Hintergründe auf europäischer Ebene. Das Programm steht Einrichtungen und Organisationen der formalen, nicht-formalen und informellen Erwachsenenbildung sowie Einzelpersonen in den europäischen Teilnahmestaaten offen.

GRUNDTVIG fördert zum einen die grenzüberschreitende Zusammenarbeit in der europäischen Erwachsenenbildung. Damit sollen die durch die Alterung der Bevölkerung entstehenden Bildungsherausforderungen angegangen werden. Zudem unterstützt es Erwachsene bei der Erweiterung ihres Wissen und ihrer Kompetenzen durch die Teilnahme an individuellen Fortbildungen im europäischen Ausland.

HR Best practices in Age management evaluation of organisation cases (Suomi assessment tool of age management / Marjo Wallin & Tomi Hussi)
http://www.tsr.fi/c/document_library/get_file?folderId=13109&name=DLFE-8009.pdf
http://bit.ly/1LqAvxv

Diese Studie stellt einfache und praktische Bewertungstools von Altersmanagementpraktiken in Organisationen zur Verfügung, die für den internationalen Einsatz kultureller und kontextueller Merkmale der Organisationen geeignet sind.

HSCore3
http://www.hcscore3.de

Hier finden Sie Softwareinstrumente zur Analyse und Simulation der zukünftigen Altersstruktur.

Der Fokus ihrer Arbeiten liegt in folgenden Themenfeldern und Bereichen:

- Forschung zu Themen des intergenerativen und interkulturellen Personalmanagement.
- Beratung von Unternehmen zu Aspekten des strategischen Personalmanagements.
- Durchführung von Seminaren und Webinaren zu spezifischen Themen des Personalmanagements.

Initiative 50Plus
http://www.bundesverband-initiative-50plus.de/
http://bit.ly/1HpuY7e
http://www.save50plus.ch/resources/Bundesverband %20Kurzvorstellung.pdf
http://bit.ly/1Eq7XPw
http://www.bundesverband-initiative-50plus.de/initiative-arbeit-50plus/mitarbeiter/
http://bit.ly/1LwVMGB

Der Bundesverband Initiative 50Plus ist die Lobby der Menschen der Generation 50Plus und vertritt derzeit – stellvertretend für eine Millionenzielgruppe in Deutschland rund 120.000 Mitglieder. Der gemeinnützige Verband sieht es als seine Aufgabe, für einen positiven Wandel des Altersbildes in Deutschland zu sorgen. Die drei Hauptaufgabenfelder des Bundesverband Initiative 50Plus sind dabei die Initiative gegen den Arbeitskräftemangel „Initiative Arbeit 50Plus“, die Umsetzung zielgruppengerechter Produkte und Dienstleistungen „Verbraucherempfehlung 50Plus“ sowie der Kampf gegen Altersarmut „Initiative Not-Hilfe 50Plus Generationenhilfe“.

Der Bundesverband Initiative 50Plus ist beim Deutschen Bundestag als Interessenverband registriert. Unterstützt wird die Arbeit des Bundesverband Initiative 50Plus unter anderem durch Microsoft und DocMorris. Partner des Bundesverband Initiative 50Plus sind Verbände und Vereinigungen, wie z.B. der Deutsche Städte- und Gemeindebund, die Initiative Neue Qualität der Arbeit, die Offensive Mittelstand und Gewerkschaften wie Ver.di. Als Botschafter haben sich dem Bundesverband Initiative 50Plus u.a. zur Verfügung gestellt: Henning Scherf, früherer Bürgermeister von Bremen, der Trendforscher Prof. Peter Wippermann, die Schauspieler Uschi Glas, Marion Kracht und Dietrich Hollinderbäumer sowie der Olympia-Sieger Christian Schenk.

Implicit Association Test für das Alterhttps://implicit.harvard.edu/implicit/germany/takeatest.html

Menschen sagen nicht immer, was sie denken. Und es ist anzunehmen, dass sie auch nicht immer wissen, was sie denken. Das Verstehen derartiger Abweichungen ist wichtiger Gegenstand der wissenschaftlichen Psychologie. Diese Website stellt eine Methode vor, die Unterschiede zwischen dem Bewussten und dem Unbewussten zeigen kann. Die neue Methode wird „Impliziter Assoziationstest" oder kurz IAT genannt.

Der IAT erfordert die Fähigkeit, zwischen alten und jungen Gesichtern zu unterscheiden. Der Test zeigt, dass Amerikaner häufig eine automatische Bevorzugung junger gegenüber alten Menschen aufweisen.

Laufbahndiagnostik IAP (Zentrum für Studien-, Berufs- und Laufbahnberatungen)
http://www.laufbahndiagnostik.ch

Laufbahndiagnostik unterstützt verschiedene Dienstleistungsangebote wie Berufs-, Studien- und Laufbahnberatung, Outplacementberatung oder Personalentwicklung. Dabei werden wichtige Erkenntnisse für die Ausbildung (Bachelor, konsekutiver Master), Weiterbildungen (CAS, DAS, MAS) sowie für die Forschung gewonnen. Als Fachhochschule ist sie diesem 4-fachen Leistungsauftrag verpflichtet. Laufbahndiagnostik.ch wird kontinuierlich weiterentwickelt. Im Rahmen von Forschungsprojekten, aber auch Bachelor- und Masterarbeiten oder Praktika, werden die bestehenden Instrumente überprüft und weiterentwickelt sowie neue Instrumente für die Praxis erarbeitet.

MALIK
www.malik-mzsg.ch

Kostenpflichtige Software zur Simulation des Personalbestandes inkl. Altersstrukturanalysen. Malik ist ein Unternehmen für General Management-, Leadership- und Governance-Lösungen. Probleme werden nachhaltig mit den system-kybernetischen Tools und Methoden gelöst.

Multifactor Leadership Questionnaire (MLQ) (Bruce J. Avolio & Bernard M. Bass)
http://www.statisticssolutions.com/multifactor-leadership-questionnaire-mlq/
http://bit.ly/1HHOSjj

Der Multifactor Leadership Questionnaire (MLQ) evaluiert drei verschiedene Führungsstile: Transformationelle, Transaktionelle und Laissez-faire. Es erlaubt der einzelnen Führungskraft, zu beurteilen, wie sie sich selbst im Hinblick auf spezifische Führungsverhalten wahrnehmen. Die MLQ wurde mit dem 360-Grad-Feedback-Verfahren konzipiert.

PFIFF Förderung und Erhalt intellektueller Fähigkeiten für ältere Arbeitnehmer (Abschlussbericht des Projekts „PFIFF")
http://www.inqa.de/DE/Angebote/Publikationen/laenger-geistig-fit.html

Die Initiative Neue Qualität der Arbeit ist im Jahr 2002 als gemeinsame Initiative von Bund, Ländern, Sozialversicherungsträgern, Gewerkschaften, Stiftungen und Arbeitgebern gestartet und wird durch das Bundesministerium für Arbeit und Soziales gefördert. Ihr Ziel ist mehr Arbeitsqualität als Schlüssel für Wettbewerbsfähigkeit und Innovationskraft am Standort Deutschland. Dazu bietet die Initiative Beispiele aus der betrieblichen Praxis, Austauschmöglichkeiten, Beratungs- und Informationsangebote sowie Förderprogramme.

Plusjobs.de – Jobbörse für qualifizierte Fach- und Führungskräfte ab 45
http://www.plusjobs.de/

+jobs.de die Jobbörse für Menschen ab 45 Jahre und älter. Jene Zielgruppe also, der aufgrund des demografischen Wandels zunehmend mehr und mehr Aufmerksamkeit geschenkt werden wird. +jobs.de ist gemäß § 5 des neuen Allgemeinen Gleichbehandlungsgesetzes (AGG) eine „Positive Maßnahme".

Recruiting Generation Y
http://recruitinggenerationy.com/category/generation-y/page/2/
http://bit.ly/1HC5DfU

Dieser Blog sammelt Studien, Artikel, Videos, Einsichten über die Generation Y, ihre Bedeutung für die Arbeitswelt, das Recruiting und (Personal-) Marketing der Millennials.

Der Blogger ist Christoph Fellinger. Er gehört der Generation X an und befasst sich seit Jahren beruflich mit Employer Branding, Personalmarketing und Recruiting mit dem Schwerpunkt auf Studierenden, Absolventen und Young Professionals — sowohl in Deutschland als auch international. Es handelt sich um einen privaten Blog, der aus persönlichem Interesse geschrieben wird. Gepostet wird in unregelmäßigen Abständen.

R.s.A. Senioren Jobbörse
http://www.rentner-sucht-arbeit.de/

Die Jobbörse ermöglicht Arbeitgebern, gezielt nach älteren Personen, Früh- und Altersrentnern für ihren Betrieb oder sonstige Arbeitsstätten zu suchen oder selbst Stellen dort auszuschreiben.

Silverworkers Institute
http://www.silverworkers.ch (→ topics → employment on age)
http://bit.ly/1FvDhAm

Ziel des Silver Workers Institut (SWI) ist es, die Arbeitsumgebung von Senioren (im Hinblick auf die Identifizierung von Problembereichen, die die volle Nutzung dieser Arbeitskräfte behindern) zu verbessern und für Politik, Unternehmen und den Bereich der Freiwilligenarbeit Maßnahmen vorzuschlagen sowie Vernetzungsangebote zu machen.

Towers Watson: The 2014 Global Workforce Study
http://www.towerswatson.com/en/Insights/IC-Types/Survey-Research-Results/2014/08/the-2014-global-workforce-study
http://bit.ly/WlhtoB

Towers Watson ist im Bereich internationaler Mitarbeiterbefragungen weltweit führend. Sie unterhalten die größte Benchmark-Datenbank mit Mitarbeitermeinungen aus allen maßgeblichen Ländern, Branchen und Funktionen. Ihre weltweit aktiven Befragungsspezialisten kennen die jeweilige lokale Praxis und Kultur. Deshalb können Befragungsprojekte von „Global Playern“ Sie an allen Standorten begleiten. Sie verfügen über Erfahrung und Kapazitäten, um für Sie Befragungen durchzuführen und aus den Ergebnissen Maßnahmen abzuleiten und umzusetzen.

WAI Online-Fragebogen (Kurzversion)
http://www.arbeitsfaehigkeit.uni-wuppertal.de/index.php?WAI-Online
http://bit.ly/1PE27G9

Der Work Ability Index (WAI) beinhaltet Fragen zu Ihrer Arbeit, zu Ihrer Arbeitsfähigkeit und zu Ihrer Gesundheit. Ihre Antworten helfen Ihnen bei der abschließenden Beurteilung, ob Maßnahmen zur Gesundheitsförderung festgelegt und die Arbeitsbedingungen verbessert werden müssen.

Glossar

Ageism oder: das Klima der wahrgenommenen Altersdiskriminierung

Urprungsbedeutung: Prozess der systematischen Stereotypisierung oder Diskriminierung von älteren Personen[363].

Weiterentwicklung: Altersverzerrungen und Altersdiskriminierung beinhalten potenzielle Vorurteile, können sich auf jede Altersgruppe beziehen und beinhalten eine Verzerrung und Unfairbehandlung von Personengruppen, weil sie zu alt oder zu jung sind[364].

Erweiterung um die Perspektive Organisation: Die Wahrnehmung von Altersstereotypen gegenüber verschiedenen Altersgruppen und wie diese behandelt werden sollen, erfolgt relativ einheitlich im Unternehmen. Daraus entsteht eine Altersdiskriminierung, sprich eine unfaire und altersspezifische Behandlung bestimmter Altersgruppen[365].

Altersinteraktion

Altersinteraktion befasst sich mit der Frage, ob die Führungskraft jünger, älter oder gleich alt wie die Mitarbeiterin oder der Mitarbeiter ist[366].

Altersquotient

Der Altersquotient ist der Anteil von Personen ab 65 Jahren auf 100 Personen zwischen 20 und 64 Jahren.

363 In Anlehnung an Butler, 1969.

364 Vgl. Snape & Redman, 2003.

365 Vgl. Kunze et al., 2011.

366 Vgl. Mücke, 2009.

Arbeitsfähigkeit

„Unter Arbeitsfähigkeit verstehen wir [...] die Summe von Faktoren, die eine Frau oder einen Mann in einer bestimmten Situation in die Lage versetzen, eine gestellte Aufgabe erfolgreich zu bewältigen“[367].

Biologisches Alter

Das biologische Alter setzt den eigenen Alterungsprozess in Vergleich zu Menschen mit demselben chronologischen Alter. Beim biologischen Alter wird gefragt: Bin ich im Vergleich zu Gleichaltrigen schnell oder langsam gealtert? Sind meine Organe, meine Stoffwechselfunktionen u.a. im Vergleich zu Gleichaltrigen schnell oder langsam gealtert?[368]

Chronologisches Alter

Als kalendarisches, chronologisches Alter wird die Anzahl an Lebensjahre bezeichnet[369]. Das chronologische Alter startet mit der Geburt und endet mit dem Tod[370].

Diskriminierungs- und Fairness-Ansatz

Der bewusste Umgang mit Verschiedenartigkeit trägt dazu bei, unterschiedliche Mitarbeiterinnen und Mitarbeiter (mit Blick auf Alter, Geschlecht, Rasse, Bildung etc.) gleichberechtigt im Unternehmen zu integrieren[371].

Employer Branding

„Employer Branding ist die identitätsbasierte, intern wie extern wirksame Entwicklung und Positionierung eines Unternehmens als glaubwürdiger und attraktiver Arbeitgeber. Kern des Employer Brandings ist immer eine die Unternehmensmarke spezifizierende oder adaptierende Arbeitgebermarkenstrategie. Entwicklung, Um-

[367] Ebenda, S. 166

[368] Vgl. Fischer, 2003.

[369] Vgl. Fischer, 2003.

[370] Vgl. Ilmarinen, 2001.

[371] Vgl: Böhne & Wagner, 2002, S. 35.

setzung und Messung dieser Strategie zielen unmittelbar auf die nachhaltige Optimierung von Mitarbeitergewinnung, Mitarbeiterbindung, Leistungsbereitschaft und Unternehmenskultur sowie die Verbesserung des Unternehmensimages. Mittelbar steigert Employer Branding außerdem Geschäftsergebnis sowie Markenwert.“[372]

Erwerbspersonenpotenzial

Das Erwerbspersonen- oder Arbeitskräftepotenzial ist die Grundgesamtheit derjenigen Personen, die im erwerbsfähigen Alter sind und damit dem Arbeitsmarkt potenziell zur Verfügung stehen. Das Erwerbspersonenpotenzial ergibt sich aus allen erwerbstätigen Personen, allen arbeitslosen Personen und der stillen Reserve. Letztere sind Personen, die derzeit für den Arbeitsmarkt nicht zur Verfügung stehen, unter bestimmten Bedingungen aber bereit wären, eine Beschäftigung anzunehmen[373].

Fluide und kristalline Intelligenz

Fluide Intelligenz bezieht sich auf die Fähigkeit, logisch zu denken und Probleme zu lösen.

Kristalline Intelligenz umfasst Fähigkeiten, die von Wissen und Erfahrung abhängen[374].

Führung

„Führung heißt, andere durch eigenes, sozial akzeptiertes Verhalten so zu beeinflussen, dass dies bei den Beeinflussten mittelbar oder unmittelbar ein intendiertes Verhalten bewirkt.“[375]

372 DEBA, 2007.

373 Vgl. auch Gabler Wirtschaftslexikon, 2015.

374 In Anlehnung an Cattells Faktorenmodell der Intelligenz (1971).

375 Weibler, 2012, S. 19.

Generation

Generationen werden innerhalb einer Gesellschaft, einem Staat oder einer Familie sozial-zeitlich positioniert. Daraus ergibt sich eine bestimmte Identität, die leitend ist für das Denken, Wollen, Handeln oder Fühlen dieser Personen. Dabei sind die Geburtenjahrgänge und die Zugehörigkeit zu den oben genannten Gruppierungen bedeutend[376].

Generationen zusammen führen

Generationen zusammen führen fokussiert die generationengerechte Führung. Dabei werden

a) **altersbezogene Aspekte** in der Entwicklung von Führungssystemen und -kultur berücksichtigt (Perspektive 1:altersgruppen- oder generationsspezifisches Vorgehen),
b) **der eigene Führungsstil** individualisiert und alternsgerecht ausgerichtet (Perspektive 2: individuumszentriertes Vorgehen),
c) **die Zusammenarbeit verschiedener Generationen** im Unternehmen gefördert und unterstützt (Perspektive 3: generationenübergreifendes Vorgehen).

Individualisierte alternsgerechte Führung

Die individualisierte alternsgerechte Führung beachtet altersbezogene Aspekte in der Entwicklung von Führungssystemen und -kultur. Sie integriert alters- und generationsspezifische Aspekte in das eigene interaktive Führungsverhalten.

Intergeneratives bzw. intergenerationales Lernen

Die Ausdrücke intergeneratives bzw. intergenerationales Lernen werden häufig synonym verwendet und bedeuten ganz einfach *generationenübergreifend* in dem Sinne, dass Leute verschiedenen Alters gemeinsam lernen und im Optimalfall von ihren jeweils unterschiedlichen fachlichen, lerntechnischen, erfahrungsbasierten und anderen Facetten des Lernens gegenseitig profitieren.

---

[376] In Anlehnung an Höpflinger, 2008a.

„Intergeneratives Lernen ist in das Konzept des Lebenslangen Lernens integriert, wenn man darunter das Aufnehmen, Erschließen und Einordnen von Erfahrungen und Wissen in das je subjektive Handlungsrepertoire über die gesamte Lebensspanne versteht."[377]

Innovationsfähigkeit

„Innovationsfähigkeit bedeutet neue, innovative Gedanken hervorzubringen und diese erfolgreich umzusetzen und zu implementieren"[378].

Jugendquotient

Der Jugendquotient ist der Anteil an Personen unter 20 Jahren auf 100 Personen zwischen 20 und 64 Jahren[379].

Kohorte

Als Kohorten werden in den Sozialwissenschaften Gruppen bezeichnet, die bestimmte Lebensphasen oder Ereignisse in einer bestimmten Zeit gemeinsam erlebt haben. So kann man Personen z. B. in Alterskohorten oder Berufskohorten einteilen.

Lebenslanges Lernen

Lebenslanges Lernen bedeutet kontinuierliches Lernen über die gesamte Lebensspanne[380].

(Markt-) Zutritts- und Legitimitäts-Ansatz

Eine heterogene Durchmischung der Belegschaft ist erfolgreicher bei der Bearbeitung heterogenerer Märkte als eine homogene Belegschaft.

---

377 Schmidt & Tippelt, 2009, S. 85.

378 Sammerl 2006, nach Ciesinger et al, 2015, S. 507.

379 Statistisches Bundesamt 2015; Bundesamt für Statistik, 2015.

380 In Anlehnung an Lang, 2007, S. 5.

Integrativer Ansatz: Durch eine nachhaltige Integration verschiedener Generationen — ohne Egalisierung der bestehenden Unterschiede — werden intergenerative Lerneffekte erzielt und das Unternehmen profitiert auf vielfältige Weise.

Mentoring

Mentorinnen und Mentoren sind Personen mit fortgeschrittener Erfahrung und Wissensbasis, die sich bereit erklärt haben, ihren Schützlingen (Mentees) Aufstiegsmöglichkeiten und Unterstützung bei der Karriere bereit zu stellen[381].

Motivation

„Motivation ist eine momentane Gerichtetheit auf ein Handlungsziel, eine Motivationstendenz, zu deren Erklärung man die Faktoren weder nur auf Seiten der Situation oder der Person, sondern auf beiden Seiten heranziehen muss“[382].

Sich selbsterfüllende Prophezeiung

Die sich selbst erfüllende Prophezeiung „ist eine zu Beginn *falsche* Definition der Situation, die ein neues Verhalten hervorruft, das die ursprünglich falsche Sichtweise *richtig* werden lässt (...) Die ursprünglich falsche Angst verwandelt sich in eine völlig berechtigte Befürchtung.“[383]

Stereotype

Stereotypisierungen sind Überzeugungen über die typischen Merkmale einer sozialen Gruppe. Diese Kategorisierungen werden genutzt, um unsere Umwelt in ihrer Komplexität zu reduzieren[384].

[381] In Anlehnung an Kram, in Laiho & Brandt; 2012.

[382] Heckhausen, 1989, S. 3.

[383] Merton 1995, S. 401.

[384] Ebenda.

Strategisches HR-Management

Im strategischen HR-Management geht es darum, alle mitarbeiterbezogenen Praktiken einer Organisation/eines Unternehmens auf die Unternehmensstrategie auszurichten und die Umsetzung mit Hilfe von Prozessen, Verfahren, Instrumenten und Beratung zu unterstützen[385].

Subjektives Alter

Das subjektive Alter ist das Alter, das ich als mein Alter empfinde[386].

Unternehmenskultur

Unter Kultur ist die Gesamtheit des gewachsenen Meinungs-, Norm- und Wertgefüges zu verstehen, die das Verhalten von Führungspersonen und Mitarbeitenden prägt[387]. Kultur ist die kollektive Programmierung des menschlichen Verstandes[388].

Wissensaustausch

Um was geht es beim Wissensaustausch? Beim Wissensaustausch geht es um die Weitergabe von Informationen, die Verarbeitung und die Anwendung von Wissen. Dazu gehört die Reflexion von Erfahrungen mit allen Vor- und Nachteilen, möglichen Verbesserungen und Alternativen und die Verankerung von neu erworbenem Wissen. Hierfür wird eine aktive Auseinandersetzung mit neuen Informationen und auch das Imitieren von Verhaltensweisen anderer Personen (Modelllernen) benötigt[389].

385 Eberhardt, 2010, S. 60.

386 Vgl. Fischer, 2003.

387 Vgl. Pümpin, Kobi und Wütherich, 1985.

388 Vgl. Hofstede, 1980.

389 Vgl. Ellwart, Mock, & Rack, 2010.

Literaturverzeichnis

Achtenhagen, F. & Lempert, W. (Hrsg.). (2000). *Lebenslanges Lernen im Beruf. Seine Grundlegung im Kindes- und Jugendalter*. Bd. IV. Opladen: Leske und Budrich.

Adenauer, S. (2002a). Die Älteren und ihre Stärken — Unternehmen handeln. *Angewandte Arbeitswissenschaft*, 174, 36–52.

Adenauer, S. (2002b). Die Potenziale älterer Mitarbeiter im Betrieb erkennen und nutzen. *Angewandte Arbeitswissenschaft*, 172, 19–34.

Affirmative Action and Diversity Policies. *In American Sociological Review* 71 (4), 589–617.

Allen, T.D. & Finkelstein, L. (2003). Beyond mentoring: Alternative sources and functions of developmental support. *Career Development Quarterly*, 51, p. 346–355.

Andert, D. (2011). Alternating leadership as a proactive organizational intervention: Addressing the needs of the Babyboomers, Generation Xers and Millennials. Journal of Leadership, Accountability, and Ethics. 8 (4), 67–83.

Armstrong, M. (2006). *Human Resource Management Practice*, 10th edition, London: Kogan-Page.

Arsenault, P.M. (2003). Validating generational differences — A legitimate diversity and leadership issue. The Leadership & Organization Development Journal, 25 (2), 124–141.

Avery, A. D., McKay, P.F. & Wilson, D.C. (2008). What are the odds? How demografic similarity affects the prevalence of perceived employment discrimination. *Journal of Applied Psychology*, 93, 235–249.

Bahl, A., Koch, G. & Setter, J. (2015). Welches Wissen? Welche Werte? — Zusammenarbeit und Konflikte zwischen Generationen in Industrieunternehmen. In W. Widuckel, K. de Molina, M.J. Ringlstetter & D. Frey (Hrsg.): *Arbeitskultur 2020 – Herausforderungen und Best Practices der Arbeitswelt der Zukunft* (S. 429–441). Wiesbaden: Springer Gabler.

Baltes, P. & Baltes, M. (1993). The Aging Mind. Potential and Limits. *The Gerontologist,* 33 (5), 580–594.

Bass, B. M. and Avolio, B. (1994). Improving Organizational Effectiveness Through Transformational Leadership, Thousand Oaks: Sage.

Bellmann, L. & Leber, U. (2008). Weiterbildung für Ältere in KMU. *Sozialer Fortschritt,* 57(2), 43–48.

Bethkenhagen, E. (2014). HR-Trendstudie 2014. Kienbaum

Bieling, G., Stock, R. M., Dorozalla, F. (2014). Coping with demografic change in job markets: How age diversity management contributes to organizational performance. *Zeitschrift für Personalforschung.* 29 (1), 5–30.

Blackham, A. (2014). *Extending Working Life for Older Workers: An Empirical Legal Analysis of Age Discrimination Laws in the UK*, University of Cambridge.

Blakemore, S. & Frith, U. (2006): *Wie wir lernen. Was die Hirnforschung darüber weiss.* München: Deutsche Verlags-Anstalt.

Bockneck, G. (1986). *The young adult: Development after adolescence*. New York: Gardner Press.

Böhle, F. (2005). Erfahrungswissen hilft bei der Bewältigung des Unplanbaren. *Berufsbildung in Wissenschaft und Praxis*, 5, 9–13.

Böhne, A. & Wagner, D. (2002). In C. Behrend (Hrsg.), *Managing Age im Rahmen von Managing Diversity – Alter als betriebliches Erfolgspotential Chancen für die Erwerbsarbeit im Alter – Betriebliche Personalpolitik und ältere Erwerbstätige* (S. 33–46). Opladen: Leske & Budrich.

Bowers, C.A., Pharmer, J.A. & Salas, E. (2000). When member homogenity is needed in work teams:A meta-analysis. *Small Group Research*, 31, 305–327.

Braedel-Kühner, C. (2005). Individualisierte, alternsgerechte Führung. Frankfurt am Main: Peter Lang.

Brandenburg, U. & Domschke, J.-P. (2007). *Die Zukunft sieht alt aus: Herausforderungen des demografischen Wandels für das Personalmanagement* (1. Aufl.). Wiesbaden: Gabler Verlag.

Bruch & Kovalevski — *Gesunde Führung (o. J.). Institut für Führung und Personalmanagement, Universität St. Gallen.* http://www.topjob.de/upload/presse/hintergrund/TJ_13_Studie_GesundeFuehrung.pdf; Abfrage am 19.6.2015.

Bruch, H., Boehm, S.A., & Kunze, F., 2010. Demografiefeste HR-Strategien Ergebnisse einer empirischen Studie in deutschen klein- und mittelständischen Unternehmen. In S. Spoun & T. Meynhardt (Hrsg.), *Management eine gesellschaftliche Aufgabe* (S. 137–157). Baden-Baden: Nomos-Verlagsgesellschaft.

Bruch, H., Kunze, F. & Böhm, S. (2010). *Generationen erfolgreich führen – Konzepte und Praxiserfahrungen zum Management des demografischen Wandels*. Wiesbaden: Gabler.

Bruch, H. & Kunze, F. (2013). Management von Generationenvielfalt in Unternehmen, *praeview*, 2, 6–7.

Bruggmann, M. (2000). *Die Erfahrung älterer Mitarbeiter als Ressource*. Wiesbaden: Deutscher Universitäts-Verlag.

Bühler, Ch. (1933). *Der menschliche Lebenslauf als psychologisches Problem*. Leipzig: Hirzel.

Buik, A. (2008). Ninja turtles and Generation Y at work, *Training and Development in Australia*, 35 (4), 9–11.

Bundesamt für Statistik (2013): http://www.bfs.admin.ch/bfs/portal/de/index/themen/15/07/key/blank/uebersicht.html; Abfrage am 1.6.15.

Bundesamt für Statistik (2013): Lebenslanges Lernen in der Schweiz — Ergebnisse des Microzensus Aus- und Weiterbildung 2011. Neuchatel: Bundesamt für Statistik.

Bundesamt für Statistik (2015). Szenarien zur Bevölkerungsentwicklung der Schweiz 2015–2045, Neuchatel: Bundesamt für Statistik BFS, Sektion Demografie und Migration

Bundesverband Initiative 50Plus e.V. (2006); http://www.bundesverband-initiative-50plus.de/initiative-arbeit-50plus/mitarbeiter; Abfrage am 17.4.15

Burns, J. M., Leadership, New York 1978

Butler, R. (1969). Age-ism: Another form of bigotry. *The Gerontologist*, 9, 243–246.

Cachelin, J. L. (2013). *HRM Trendstudie 2013 – Die Zukunft der Personalabteilung an der Grenze zu Marketing, IT, F&E und Controlling*. St. Gallen: Wissensfabrik.

Caiña-Andree, M. (2015). Demografischer Wandel als Herausforderung für die Arbeitskultur der Zukunft. In: W. Widuckel, K. de Molina, M. J. Ringlstetter. & D. Frey (Hrsg.), *Arbeitskultur 2020 – Herausforderungen und Best Practices der Arbeitswelt der Zukunft*. (S. 418–427). Wiesbaden: Springer Gabler.

Cattell, R. B. (1971). *Abilities: Their structure, growth, and action*. New York: Houghton Mifflin.

Charta der Vielfalt e.V. (2011). http://www.charta-der-vielfalt.de/charta-der-vielfalt/ueber-die-charta.html; Abfrage am 17.4.2015

Chou, S. Y. (2012). Millennials in the Workplace: A conceptual analysis of Millennials' leadership and followship styles, *International Journal of Human Resource Studies*, (2) 2, 71–83.

Ciesinger, K.G, Klatt, R. & Wendt, R. (2015). Innovationskompetenzen älterer und jüngerer Beschäftigter in der Selbst- und Fremdwahrnehmung. Ergebnisse der repräsentativen Beschäftigtenbefragung des Verbundprojektes DEBBI. In S. Jeschke (Hrsg.), *Exploring Demografics* (S. 505–515). Wiesbaden: Springer.

Claes, R., and Heymans, M. (2008), 'HR Professionals' Views on Work Motivation and Retention of Older Workers: *A Focus Group Study,' Career Development Internationa*l, 13, 95–111.

Consenec AG. (2014). Consenec Tätigkeitsbericht 2014. http://www.consenec.ch/index.php?id=2; Abfrage am 16.4.2015.

Coupland, D. (1991), *Generation X. Tales for an Accelerated Culture*. St. Martin's Griffin. New York, NY.

CYP Association. (2015). http://cyp.cyp.netdna-cdn.com/images/cyp/pdf/cyp_bildungskonzept_de_online_31.pdf; Abfrage am 16.4.15.

DEBA. (2006). Fassung vom 14. April 2007http://www.employerbranding.org/employerbranding.php; Abfrage am 25.4.2015

DeClerk, C.C. (2007). The relationship between store manager leadership styles and employee generational cohort, performance, and satisfaction, Dissertation. University of Phoenix.

Deller, J. & Kolb, P. (2011). Herausforderung Demografie und Wandel der Arbeitsgesellschaft. In B. Werkmann-Karcher & J. Rietiker (Hrsg.), *Angewandte Psychologie für das Human Resource Management. Konzepte und Instrumente für ein wirkungsvolles Personalmanagement* (S. 421–433). Berlin: Springer.

Demografie-portal. (2015). https://www.demografie-portal.de/SharedDocs/Informieren/DE/ZahlenFakten/Bevoelkerung_Altersstruktur.html; Abfrage am 24.6.2015

Deutsche Employer Branding GmbH. (2007). http://www.employerbranding.org/employerbranding.php; Abgerufen am 25.4.2015

Dollinger, V. (2014). Generationenmanagement bei Daimler macht Unternehmen und Beschäftigte fit für die Zukunft. http://media.daimler.com/dcmedia/0-921-1281854-49-1705076-1-0-0-0-0-1-0-0-0-1-0-0-0-0-0.html; Abfrage am 17.4.2015.

Domsch, M.E. & Ladwig, D. H. (2015). Erwartungen der Generation Y, *Personalquaterly*, 01, S. 10–14.

Drumm, H.J. (2008). Personalwirtschaftslehre (6. Aufl.). Berlin: Springer.

Dychtwald, K., Erickson T. J. & Morrison, B. (2004). It's time to retire retirement. *Harvard Business Review*, 3, 48–57.

Eberhardt, D. (2009). Gesundheitsförderlich führen. In W. Kromm & G. Frank (Hrsg.), *Unternehmensressource Gesundheit*. Düsseldorf: Symposion.

Eberhardt, D. (2010). Strategisches Human Resource Management. In B. Werkmann-Karcher & J. Rietiker (Hrsg.), *Angewandte Psychologie für das Human Resource Management. Konzepte und Instrumente für ein wirkungsvolles Personalmanagement* (S. 59–86). Berlin: Springer.

Eberhardt, D. (2013a). Culture matters — aber wie? Impulse zum Phänomen Organisationskultur. In D. Eberhardt (Hrsg.), *Unternehmenskultur aktiv gestalten – Praxisfälle aus Wirtschaft, öffentlichem Dienst, Kultur und Sport* (S. 5–32). Berlin: Springer.

Eberhardt, D. (2013b). Mit Leadership Circles im Führungsteam miteinander und voneinander lernen, in D. Eberhardt (Hrsg.), Together ist better (S. 79–86), Berlin: Springer.

Eberhardt, D. (2013c)."Gesundheit ist unser höchstes Gut!" – Wie Führung Gesundheit von Mitarbeitenden und Unternehmen fördert. *Hernsteiner*, 01(13), S. 9–11.

Eberhardt, D. (2013d). *Unternehmenskultur aktiv gestalten. Praxisfälle aus Wirtschaft, öffentlichem Dienst, Kultur & Sport*. Springer Verlag, Berlin.

Eberhardt, D. (2015). Führung im Generationenmix – mit „Jung" und „Alt" gemeinsam die Zukunft gestalten! In F. Kunze, D. Eberhardt & D. Kissling (Hrsg.), Ageing Workforce – Generationsmanagement als Chance (S. 21–41) Ermatingen, Switzerland: Wolfsberg Script 9.

Eberhardt, D. & Majkovic, L. (2015/im Druck). *Die Zukunft der Führung Eine explorative Studie zu den Führungsherausforderungen von morgen*. Berlin: Springer.

Eberhardt, D. & Meyer, M. (2011). *Mit Führung den demografischen Wandel gestalten: Individualisierte alternsgerechte Führung: Wie denken und handeln Führungspersonen?* München & Mehring: Rainer Hampp.

Eberhardt, D., Rauch, J., Braedel-Kühner, C., Fundiertes Wissen und viel Berufserfahrung. Generation 50 plus, *Persorama*, 20–21

Eberhardt D., Rauch J., Wallin M., Braedel-Kühner C., Marcaletti F., Garavaglia E. & Majkovic A.-L., (2013). Grundtvig Programme: Results of the quantitative study „Individualized age-related leadership" conducted in Germany, Finland, Italy and Switzerland. Unpublished research document.

Eberhardt, D. & Streuli, E. (2015). Zukunft der Führung bedeutet Vielfalt führen. In D. Eberhardt (Hrsg.), *Führung von Vielfalt – Praxisbeispiele für den Umgang mit Diversity in Organisationen*. Berlin: Springer.

Eberhardt, D. (Hrsg.). (2013). *Together is better? Die Magie der Teamarbeit entschlüsseln*. Berlin: Springer.

Egger, M., Moser, R. & Thom, N. (2007). *Arbeitsfähigkeit und Integration der älteren Arbeitskräfte in der Schweiz – Studie I*. Bern: Staatssekretariat für Wirtschaft SECO.

Ehrentraut, O. & Fetzer, S. (2007). Die Bedeutung älterer Arbeitnehmer im Zuge der demografischen Entwicklung. In M. Holz & P. Da-Cruz (Hrsg.), *Demografischer Wandel in Unternehmen – Herausforderung für die strategische Personalplanung*. Wiesbaden: Gabler.

Ehrismann, C., Kissling, C, Piatti, M., Pressner, S. & Reuter, H. (2010): Demografische Entwicklung in der Stadtverwaltung Zürich, interner Bericht.

Ellwart, T., Mock, K. & Rack, O. (2010). *Altersgemischte Teamarbeit – Potenziale für Wissensaustausch, Innovation und Development*. Zürich: SpektraMedia.

Ely, R.J. (2004). A field study of group diversity, participation in diversity education programs, and performance. *Journal of Organizational Behavior,* 25, p. 755-780.

Ely, R. J., Thomas, David A. (2001). Cultural diversity at work: The effects of diversity perspectives on work group processes and outcomes. *Administrative Science Quarterly,* 46 (2), 229–273.

Erickson, T. (2010). Guiding Generation X to Lead, *T+D*, August (64). 14.

Ernst & Young (2014): *EY Studentenstudie 2014 – Deutsche Studenten: Werte, Ziele, Perspektiven*. http://www.ey.com/Publication/vwLUAssets/EY_-_Acht_von_zehn_Studenten_sind_zufrieden/$FILE/EY-studentenstudie-2014-werte-ziele-perspektiven-pr %C3 %A4sentation.pdf; Abfrage am 19.6.2015.

Erpenbeck, J. & von Rosenstiel, L. (2007). *Handbuch Kompetenzmessung* (2. Aufl.). Stuttgart: Schäffer-Poeschel Verlag.

Europäische Kommission (2000). *Memorandum über Lebenslanges Lernen*. http://www.die-frankfurt.de/esprid/dokumente/doc-2000/EU00_01.pdf. Abfrage am 15.8.2014

Europäische Kommission. (2012). EY 2012 Awards Workplace for all Ages. http://ec.europa.eu/employment_social/empl_portal/EY2012/Awards/07.Workplaces_1_Finland.pdf; Abfrage am 13.6.2015

Europäische Stiftung zur Verbesserung der Lebens- und Arbeitsbedingungen (2008). Altersmanagement in europäischen Unternehmen, Arbeitspapier.

Eurostat (2014). http://ec.europa.eu/eurostat/de; Abfrage am 19.6.2015.

Fachmedien. Projekt DEBBI (Fraunhofer Institut): http://wiki.iao.fraunhofer.de/index.php/Studie:_InnoDemo_-_Innovationsmanagement_mit_allen_Altersgruppen; Abfrage am 7.5.15.

Falkenstein, M. & Sommer, S. (2006). Von wegen altes Eisen. *Gehirn und Geist, 3*, 14–21.

Faltermaier, T., Mayring, P., Saup, W., Strehmel, P. (2014). *Entwicklungspsychologie des Erwachsenenalters (3., überarb. und erw. Aufl.)*. Stuttgart, Berlin, Köln: Kohlhammer.

Fercher, V., Baumann, B. & Peter, C. (2009). *Makrostudie: Arbeitsqualität und Perspektiven in der späten Berufsphase*. Luzern: Hochschule Luzern – Soziale Arbeit, Institut WDF. https://ppdb.hslu.ch/inf2/rm/f_protected.php?f=20140630150231_53b15fe76c70f.pdf&n=Makrostudie_30.04.09.pdf; Abfrage am 19.6.2015.

Finkelstein, S. & Hambrick, D.C. (1990). Top-management-team tenure and organizational outcomes: The moderating role of managerial discretion. *Administrative science quarterly*, 35(3), 484–503.

Fischer, B. (2003). http://www.wissiomed.de/mediapool/99/991570/data/Alter_und_Altern_60_Plus.pdf; Abfrage am 10.6.2015.

Fiske, S. T. (1998). Stereotyping, prejudice, and discrimination. In: Gilbert, D. T., Fiske, S. T. & Lindzey, G. (Eds.). *Handbook of social psychology*, 4th ed., Vol. 2, (p. 357–411), New York: McGraw-Hill.

Flatt, S.J. & Kowalczyk, S.J. (2008). Creating competitive advantage through intangible assets: The direct and indirect effects of corporate culture and reputation. *Advances in Competitiveness Research*, 16 (1), 13–30.

Frank, G. (2010): Gesundheitsorientierte Unternehmensführung – Ein Plädoyer für einen Paradigmenwechsel, Ermatingen: Wolfsberg Script 4.

Freiling, J. & Fichtner, H.(2010). Organizational culture as the glue between people and organization: A competence-based view on learning and competence building/Organisationskultur als Bindeglied zwischen Mensch und Organisation: Eine kompetenzbasierte Betrachtung von Prozessen des Lernens und der Kompetenzentwicklung. *Zeitschrift für Personalforschung*, 24 (2), 152–172.

Freund, A. (2014). Psychologie der Lebensspanne und Lebenslanges Lernen. Motivationspsychologische Gesichtspunkte. IAP Fachtagung Lebenslanges Lernen: Demografischer Wandel als unternehmerische Herausforderung, Zürich, 30.6.2014

Fritsch, S. (1994). Differentielle Personalpolitik: Eignung zielgruppenspezifischer Weiterbildung für ältere Arbeitnehmer (S.4). Wiesbaden: Deutscher Universitäts-verlag.

Froese, F. J., Hildisch, A. K. & Kemper, L. E. (2015). Von Vielfältigkeit profitieren — wie eine inclusive Arbeitskultur den Unternehmenserfolg steigert. In Widuckel, W., De Molina, K., Ringlstetter M. J., & Frey, D. (Hrsg.), *Arbeitskultur 2020 – Herausforderungen und Best Practices der Arbeitswelt der Zukunft* (S. 383–395). Wiesbaden: Springer Gabler.

Gabler,Wirtschaftslexikon. (2015). http://wirtschaftslexikon.gabler.de/Archiv/2158/erwerbspersonenpotenzial-v12.html; Abfrage am 28.3.2015.

Galatsch, M., Iskenius, M., Müller, B. H., Hasselhorn, H. M. (2012). Vergleich der Gesundheit und Identifizierung von Prädiktoren der Gesundheit in verschiedenen Altersgruppen Pflegender in Deutschland, *Pflege*, 25 (1), 23–32.

Gardenswartz, L. & Rowe, A. (2008). *Diverse teams at work – capitalizing the Power of Diversity*. Alexandria: Society for Human Resource Management.

Gerpott, F. H., Hackl, B. & von Schirach, C. (2013). Attraktiver werden — für alle, *Personalmagazin*, (8), 28–32.

Gerpott, F.H. & Voelpel, S. (2014). Wer lernt was von wem? Wissensaustausch in altersgemischten Lerngruppen, *PERSONALquaterly*. 3, 16–21.

Gesell, I. (2010). How to lead when the generation gap becomes your everyday reality. The Journal for Quality and Participation, 32 (4), 21.

Gibson, J.W., Jones, J.P., Cella, J., Clark, C., Epstein, A., Haselberger, J. (2010). Ageism and the Babyboomers: Issues, challenges and the TEAM approach. *Contemporary Issues in Education Research (CIER)*, 3 (1), 53–60.

Götz, K. & Hilse, H. (1999). Führen über Fünfzig. Was jüngere Führungskräfte von älteren lernen können. In K. Götz (Hrsg.), *Führungskultur. Teil 1 Die individuelle Perspektive* (S. 75–91). München & Mehring: Hampp.

Graen, G.B., Schiemann, W.A. (2013). Leadership-motivated excellence theory: an extension of LMX. *Journal of Managerial Psychology*, 28 (5), 452–469.

Gräve Miescher, D. & Holzer, C. (2015). Abenteuerreise 50+, in D. Eberhardt (Hrsg.). *Führung von Vielfalt – Praxisbeispiele für den Umgang mit Diversity in Organisationen*. Berlin: Springer.

Great Place to Work Institute. (2010). Sonderpreis „Förderung älterer Arbeitnehmer“. http://www.bmas.de/SharedDocs/Downloads/DE/PDF-Gesetze/anlage-liste-gewinner-great-place-to-work.pdf?__blob=publicationFile; Abfrage am 16.4.15.

Gregersen, S. (2011): http://www.bgwforum.de/langfassungen/PlenumF2_Gregersen.pdf; Abfrage am 11.6.2015.

Gürtler, D. (2013). *Die Zukunft der Führung: Eine Trendstudie*. Zürich: Sonderegger Druck: SIB Schweizerisches Institut für Betriebsökonomie, Dokumentation.

Hamel, G.H: & Prahalad, C.K. (1994). *Wettlauf um die Zukunft*. Wien: Überreuther Wirt.

Havighurst, R. J. (1972). *Developmental tasks and education*. Edinburgh: Longman Group United Kingdom.

Heckhausen, H. (1989). *Motivation und Handeln*. (2., völlig überarb. und erg. Aufl.). Berlin: Springer.

Hennekam, S. & Herrbach, O. (2013). HRM Practices and low occupational status older workers, *Employee Relations*, 35 (3), 339–355.

Hersey, P. & Blanchard, K. H. (1982). Management of organization behavior: Utilizing human resources. NJ: Englewood Cliffs, NJ.

Hersey, P. & Blanchard, K. H., & Johnson, D. E. (2001). Management of organisational behavior. Leading human ressources, New Jersey, USA: Prentice Hall, Inc.

Herzberg, H. (2008). Biographie — Habitus — Lernen: Erörterung eines Zusammenhangs. In: H. Herzberg (Hrsg.): *Lebenslanges Lernen. Theoretische Perspektiven und empirische Befunde im Kontext der Erwachsenenbildung* (S. 51–65),. Frankfurt am Main: Peter Lang.

Hofstede, G. (1980). *Culture's consequences. International differences in work-related values*. London, UK: Sage.

Holz, M. (2007). Sicherung der Innovationsfähigkeit bei alternden Belegschaften, in M. Holz & P. Da-Cruz (Hrsg.). *Demografischer Wandel in – Herausforderungen für die strategische Personalplanung*. Wiesbaden: Gabler.

Honegger, T. (2013). Bei der Consenec AG können Unternehmen Topmanager mieten. http://www.aargauerzeitung.ch/aargau/kanton-aargau/bei-der-consenec-ag-koennen-unternehmen-topmanager-mieten-127138077; Abfrage am 28.6.15

Höpflinger, F. (2008a). Einführung: Konzepte, Definitionen und Theorien. In P. Perrig-Chiello, F. Höpflinger, & C. Suter (Hrsg.), *Generationen – Strukturen und Beziehungen* (S. 19–44). Zürich: Seismo.

Höpflinger, F. (2008b). Generationendiskurse, Generationenstereotype und intergenerationelle Kontakte. In P. Perrig-Chiello, F. Höpflinger & C. Suter (Hrsg.), *Generationen – Strukturen und Beziehungen* (S. 255–284). Zürich: Seismo.

Höpflinger, F., Beck, A., Grob, M., Lüthi, A. (2006). *Arbeit und Karriere: Wie es nach 50 weitergeht*. Eine Befragung von Personalverantwortlichen in 804 Schweizer Unternehmen, Zürich: Avenir Suisse.

Horx, M., Huber, J. Steinle, A. & Wenzel, E. (2009). *Zukunft machen: Wie Sie von Trends zu Business-Innovationen kommen. Ein Praxis-Guide*. Campus Verlag: Frankfurt.

Houlihan, A. (2008). When gen-x is in charge — how to harness the young leadership style, *Supervision*, *69 (4)*, 11–13.

Hübner, W. & Wahse, J. (2003). Ältere Arbeitnehmer — ein personalpolitisches Problem?. In E. Kistler & H.G. Mendius (Hrsg.), *Demografischer Strukturbruch und Arbeitsmarktentwicklung* (S. 68–86), Stuttgart.

Illies, F. (2000). *Generation Golf*. Eine Inspektion. Berlin: Argon.

Ilmarinen, J. E (2001). Aging workers. *Occupational and Environmental Medicine, 58 (8)*, 546–552.

Ilmarinen, J. (1999). Förderung der Arbeitsfähigkeit: neue unternehmensnahe Präventionsdienstleistung für Betriebe und für betriebsärztliche Dienste. In H. J. Bullinger (Hrsg.), Dienstleistungen — Innovation für Wachstum und Beschäftigung (S. 345–355). Wiesbaden: Springer.

Ilmarinen, J. (2004). Älter werdende Arbeitnehmer und Arbeitnehmerinnen. In M. von Cranach, H.-D. Schneider, E. Ulich & R. Winkler (Hrsg.), Ältere Menschen im Unternehmen. Chancen, Risiken, Modelle (S. 29–47). Bern: Haupt.

Ilmarinen, J., Tempel, J. (2002). *Arbeitsfähigkeit 2010 – Was können wir tun, dass Sie gesund bleiben?* Hamburg: VSA-Verlag.

Jenner, P. (2015, März 24). Digitales Zeitalter und die Arbeitswelt von morgen. IAP Impuls-Anlass 2015, Kunsthaus, Zürich. http://psychologie.zhaw.ch/fileadmin/user_upload/psychologie/Downloads/Veranstaltungen/IAP_Impuls_Jenner.pdf; Abfrage am 16.4.2015

Joester, A (2014). *Die vier erwerbstätigen Generationen – eine Typologie, HR Today* (6), 20–23.

Kalev, A.; Dobbin, F.; Kelly, E. (2006): Best Practices or Best Guesses? Assessing the Efficacy of Corporate Affirmative Action and Diversity Policies. *American Sociological Review*, 71, 589-617.

Kearney, E. & Gebert, D. (2009). Managing diversity and enhancing team outcomes: the promise of transformational leadership. *Journal of applied psychology*, 94 (1), 77–89.

Kienbaum. (2014). HR Trendstudie 2014. http://www.kienbaum.com/Portaldata/1/Resources/downloads/Ergebnisbericht_HR-Trendstudie2014_Final.pdf; Abfrage am 14.6.2015.

Kistler, E., Ebert, A., Guggemos, P., Lehner, M., Buck, H., Schletz, A., (2006). *Altersgerechte Arbeitsbedingungen. Machbarkeitsstudie für die Bundesanstalt für Arbeitsschutz und Arbeitsmedizin* (Sachverständigengutachten). Berlin, Dortmund: Bundesanstalt für Arbeitsschutz und Arbeitsmedizin.

Klaffke, M. (2014). *Generationen-Management: Konzepte, Instrumente, Good-Practice-Ansätze*. Springer.

Klaffke, M. & Parment, A. (2011). Herausforderungen und Handlungsansätze für das Personalmanagement von Millennials. In M. Klaffke (Hrsg.), *Personalmanagement von Millennials* (S. 5–19). Wiesbaden: Gabler Verlag

Kleiminger, H (2011). Gen Y: Implikationen für die Personalentwicklung. In: Klaffke, M. (Hrsg.), *Personalmanagement von Millennials*. Gabler.

Knauth, P. (2007). Älter werden im Betrieb — Lebensorientierte Arbeitsgestaltung. In N. Hummel, A. Schack, (Hrsg.), *50plus – Potenziale für Wirtschaft und Gesellschaft, Wiesbadener Gespräche zur Sozialpolitik* (S. 33). Wiesbaden: Dr. Curt Haefner-Verlag.

Knouse, S. (2011). Managing Generational Diversity in 21st Century, Competition Forum, 9 (2), 255–260.

Koch, G. & Warneken, B. J. (2012). Wissensarbeit und Arbeitswissen. Zur Ethnografie des kognitiven Kapitalismus. In G. Koch & B. J. Warneken (Hrsg.), *Wissensarbeit und Arbeitswissen. Zur Ethnografie des kognitiven Kapitalismus* (S. 11–26). Frankfurt am Main: Campus.

Kochan, T., Bezrukova, K., Ely, R., Jackson, S., Joshy, A., Jehn K., Leonard, J., Levine, D. & Thomas, D. (2003). *Human Resource Management*, 42 (1), 3–21.

Kohn, M. L. & Schooler, C. (1983). Job conditions and personality: Longitudinal assessment of their reciprocal effects. *American Journal of Sociology, 97*, 1257–1285.

Kolland, F. (2008). Soziale Determinanten der Weiterbildungsbeteiligung in Österreich. In A. Kruse (Hrsg.), *Weiterbildung in der zweiten Lebenshälfte* (S. 161–190). Bielefeld: W. Bertelsmann.

Kooij, D. T. A. M., Jansen, P. G. W., Dikkers, J. S. E. und de Lange, A. H. (2014). Managing aging workers: a mixed method study on bundles of HR practices for aging workers. *The international Journal of Human Resource Management*, 25 (15), 2192–2212.

Korff, J., Biemann, T., Voelpel, S., Kearney, E. & Rossnagel, C. S. (2009). HR Management for an Aging Workforce — A Life-Span Psychology Perspektive, *Zeitschrift für Personalpsychologie*, 8 (4), 201–213.

Kotler, P., Keller, K., & Bliemel, F. (2007). *Marketing Management* (12. aktualisierte Aufl.). München: Pearson Studium.

Kouzes, J. M. and Posner, B. Z. (2002). *The Leadership Challenge*. San Francisco, CA: Jossey-Bass.

Kühni, J. & Lüthi, A. (2015/im Druck). Ältere Mitarbeitende: Deadwood oder Rising Stars? Die Führung macht den Unterschied! In D. Eberhardt (Hrsg.). *Führung von Vielfalt – Praxisbeispiele für den Umgang mit Diversity in Organisationen*. Berlin: Springer.

Kultalahti, S., Edinger, P. und Brandt, T. (2013): Expectations for Leadership-Generation Y and Innovativeness in the Limelight, Proceedings For the 9th European Conference on Management Leadership and Governance: ECMLG, Academic Conferences Limited, 152–158.

Kunze, F. (2011). Dealing with the demografic change in companies. *Zeitschrift für Personalforschung*, 25 (3), 273–275.

Kunze, F. (2015). Management von Altersund Generationenvielfalt als Herausforderung und Chance für Unternehmen. In F. Kunze, D. Eberhardt und D. Kissling (Hrsg.): *Ageing Workforce – Generationenmanagement als Chance* (S. 5–20). Weinfelden, Ermatingen: Wolfsberg Script 9.

Kunze, F., Böhm, S.A. & Bruch, H. (2011). Age diversity, age discrimination climate and performance consequences — a cross organizational study. *Journal of Organizational Behavior,* 32, 264–290.

Lahn, C. (2003). Competence und learning in later career. *European Educational Research Journal,* 2 (1), 126–140.

Laiho, M. & Brandt, T. (2012). Views of HR specialists on formal mentoring: current situation and prospects for the future. *Career Development International,* 17 (5), 435–457.

Lammer, S., Eckhardt, A. & Weitzel, T. (2010). Electronic human resources management in an e-business environment. *Journal of Electronic Commerce Research*, 11 (4), 240–250.

Lang, C. (2007). Lebenslanges Lernen. In S. Remdisch & A. Utsch. *Abschlussbericht – Bedarfsanalyse und Machbarkeitsstudie. Feststellung des Bedarfs für Weiterbildung und Wissenstransfer sowie Beurteilung der Machbarkeit eines spezifischen Angebots für die Region Lüneburg*. Lüneburg: Leuphana Professional School.

Langer, Paula (2015). *Reverse Mentoring – Dialog der Generationen, eine Kurzbeschreibung des Programms*. Zürich: Credit Suisse.

Lehr, U. (1981). Der ältere Mitarbeiter im Betrieb. In F. Stoll (Hrsg.), *Die Psychologie des XX. Jahrhunderts, Band XIII* (S. 910–929). Zürich: Kindler.

Lehr, U. (1994). Einführung: Kompetenz im Alter. In U. Lehr & K. Repgen (Hrsg.), *Älterwerden. Chance für Mensch und Gesellschaft* (S. 9–28). München: Olzog.

Lehr, U. (2003). *Psychologie des Alterns. (10. überarb. Aufl.)* Heidelberg / Wiesbaden: Quelle & Meyer

Levin, I. & Gottlieb, J. Z. (2009). Realigning organization culture for optimal performance: Six principles & eight practices. *Organisational Development Journal*, 27 (4), 31–46.

Levinson, D. J. (1979). *Das Leben des Mannes. Werdenskrisen, Wendepunkte, Entwicklungschancen.* Köln: Kiepenheuer & Witsch (engl. Original 1978).

Lindenberger, U. (2007). Technologie im Alter: Chancen aus Sicht der Verhaltenswissenschaften. In P. Gruss (Hrsg.), *Die Zukunft des Alterns. Die Antwort der Wissenschaft* (S. 220–239). München: Verlag C. H. Beck.

Lindenberger, U., Smith, J. Mayer, K. U. & Baltes, P. B. (Hrsg.), (2010). *Die Berliner Altersstudie.* (3. erw. Auflage). Berlin: Akademie Verlag.

Loch, C., Sting, F. J., Bauer, N. & Mauermann, H. (2010). *The Globe: How BMW Is Defusing the Demografic Time Bomb. Harvard Business Review.* p. 99–102. https://hbr.org/2010/03/the-globe-how-bmw-is-defusing-the-demografic-time-bomb; Abfrage am 19.6.2015.

Lombriser, R. & Abplanalp, P.A. (2005). *Strategisches Management, Visionen entwickeln – Strategien umsetzen – Erfolgspotenziale aufbauen*, 4. Auflage, Zürich:Versus.

Lüscher, K., Liegle, L. (2003). *Generationenbeziehungen in Familie und Gesellschaft.* Konstanz: Universitätsverlag (Lehrbuch).

Maniera, M. (2013). http://www.nzz.ch/entfaltungsmoeglichkeiten-fuer-die-generation-50-1.18102186; Abfrage am 16.4.2015.

Martins, E. (2007). Beteiligungsorientierte Unternehmenskultur: Konzept und Messung. In: F. W. Nerdinger (Hrsg.). *Ansätze zur Messung von Unternehmenskultur: Möglichkeiten, Einordnung und Konsequenzen für ein neues Instrument.* Arbeitspapier Nr. 7 aus dem Projekt TiM (S. 44–67). Rostock: Universität Rostock.

McCann, R.M. & Giles, H. (2002). Ageism and the workplace: A communication perspective. In T. D. Nelson (Ed.) *Ageism: Stereotyping and prejudice against older persons* (163-199). Cambridge, MA: MIT Press.

McGrath, J. E. (1984). *Groups: Interaction and Performance*, Prentice-Hall: Englewood.

McNaught, J. E. (2012). How Baby-Boomer experienced leaderss use intuition in decision making, UMI dissertation publishing: Indiana Wesleyan University.

Meiss, S. (2015) Wandel erfordert Lernen — die Herausforderungen der Energiewende als Impulsgeber für eine neue Lernkultur. In W. Widuckel, K. de Molina, M. J. Ringlstetter & D. Frey (Hrsg.), *Arbeitskultur 2020 – Herausforderungen und Best Practices der Arbeitswelt der Zukunft* (S. 526–543). Wiesbaden: Springer Gabler.

Merriam, S. B, Caffarella., R. S., Baumgartner, L. M. (2007). *Learning in adulthood: A comprehensive guide*. San Fransisco, CA: Jossey-Bass.

Merton, R. K. (1995). *Soziologische Theorie und soziale Struktur*. Berlin, New York: de Gruyter.

Mintzberg, H. (1994). *The Rise and Fall of Strategic Planning*. New York: Free Press.

Mock, S. E. & Eibach, R. P. (2011). Aging attitudes moderate the effect of subjective age on psychological well-being: Evidence from a 10-year longitudinal study. *Psychology and Aging*. 26 (4), 979–986.

Morschhäuser, M. (2006). *Länger arbeiten in gesunden Organisationen. Auftaktveranstaltung Förderschwerpunkt „Altersgerechte Arbeitsbedingungen“* Dortmund, 15.1.2006. http://lago-projekt.de/medien/Projektpraesentation-LagO-Morschhaeuser-15-1-07-LagO.pdf; Abfrage am 19.6.2015.

Mücke, A. (2009). Ist Personalführung alterskritisch? — Ergebnisse der Führungskräftebefragung. In M. Zölch, A. Mücke, A. Graf & A. Schilling (Hrsg.), Fit für den demografischen Wandel? Ergebnisse, Instrumente, Ansätze guter Praxis (S. 81–114). Bern: Haupt

Mücke, A. (2009). Altersstrukturanalyse im Unternehmen. In M. Zölch, A. Mücke, A. Graf & A. Schilling (Hrsg.), *Fit für den demografischen Wandel? Ergebnisse, Instrumente, Ansätze guter Praxis* (S.133–148). Bern: Haupt.

Mürdter, A. & Maucher, D. (2011). Demografischer Wandel in der Daimler AG Chancen und Nutzen der betrieblichen Gesundheitsförderung. http://www.google.ch/url?sa=t&rct=j&q=&esrc=s&source=web&cd=2&ved=0CCMQFjAB&url=http %3A %2F %2Fwww.bibb.de %2Fveroeffentlichungen %2Fde %2Fpublication %2Fdownload %2Fid %2F6660&ei=L_UwVdCoBe2p7Aac54GoDA&usg=AFQjCNHVTejWt_tqjWSJK55gYZSvKQaElg; Abfrage am 17.4.2015

Murphy, M. M. (2011). *Exploring generational differences among Millennials, genxers, and Babyboomers: work values, manager behavior expectations, and the impact of manager behaviors on work engagement*. Ann Arbor: Umi dissertation publishing.

Naji, S. (2015). Führung von Pflegepersonal im Kinderspital — eine Kurzbeschreibung des Vorgehens. Zürich: Kinderspital Zürich.

Netzwerk für Sozialverantwortliche Wirtschaft. (2015). *Jahresbericht 2014*. http://www.nsw-rse.ch/download/Jahresberichte/NSW_Jahresbericht 2014 final Version.pdf; Abfrage am 17.4.15.

Neuberger, O. (2002). Führen und Führen lassen. Stuttgart: Lucius und Lucius.

Newman, S., & Hatton-Yeo, A. (2008). Intergenerational earning and the contributions of older people. *Ageing Horizons*, 8, 31–39.

Ng, T. W. H., & Feldman, D. C. (2008). The relationship of age to ten dimensions of job performance. *Journal of Applied Psychology*, 93, 392–423.

Nienhüser, W. (1998). *Ursachen und Wirkungen betrieblicher Personalstrukturen*. Stuttgart: Schäffer Poeschel.

Nonaka, I. (1994). A dynamic theory of organizational knowledge creation. *Organization Science*, 5 (1), 14–27.

Nübold, A. & Maier, G. W. (2012). Führung in Zeiten des demografischen Wandels. In S. Grote (Hrsg.), *Die Zukunft der Führung*. Wiesbaden: Springer-Gabler.

OECD (2005). Definition und Auswahl von Schlüsselkompetenzen. Zusammenfassung. http://www.oecd.org/pisa/35693281.pdf; Abfrage am 26.6.2015.

OECD Bericht Schweiz (2014). *Alterungs- und Beschäftigungspolitik*, Bern: Arbeitspapier, (S. 122–124).

Oladapo, V., (2014). The impact of talent management on retention. *Journal of business studies quarterly*, 5 (3), 19–36.

Osterheider F (2015). Lernen lebenslang — immer besser bleiben. In W. Widuckel, K. de Molina, M. J. Ringlstetter & D. Frey (Hrsg.), *Arbeitskultur 2020 – Herausforderungen und Best Practices der Arbeitswelt der Zukunft* (S. 445–557). Wiesbaden: Springer Gabler.

Özcelik, G., (2015). Engagement and Retention of the Millennial Generation in the Workplace through Internal Branding International. *Journal of Business and Management,* 10 (3), 99–107.

Parasuraman, R., Tippelt, R. & Hellwig, L. (2007). Brain, cognition und learning in Adulthood. *Source OECD, 13*, 379–423.

Parment, A (2013). *Die Generation Y.* Mitarbeiter der Zukunft motivieren, integrieren, führen. Wiesbaden: Gabler.

Patterson, C. (2005). Generational diversity: Implications for consultation and teamwork. Paper presented at the meeting of the Council of Directors of School Psychology Programs on generational differences, Deerfield Beach, Fla.

Poethig, D. (2008). Funktionales vs. kalendarisches Alter. Fraunhofer Forum Leipzig 2008. http://www.age-plus-health.eu/2008/pdf/poethig.pdf. Abfrage am 15.8.2015

Prenzel, M. (2000). Lernen über die Lebensspanne aus einer domänenspezifischen Perspektive: Naturwissenschaften als Beispiel. In F. Achtenhagen & W. Lempert (Hrsg.), *Lebenslanges Lernen im Beruf seine Grundlegung im Kindes- und Jugendalter. Formen und Inhalte von Lernprozessen*. Band IV. (S. 175–192). Opladen: Leske und Budrich.

Presse- und Informationsamt der Bundesregierung. (2015). http://www.bundesregierung.de/Webs/Breg/DE/Themen/Demografiestrategie/Basis-Artikel/2012-04-18-artikel-top-basis.html; Abfrage am 17.4.2015.

Pümpin, C., Kobi, J.-M. & Wütherich, H. A. (1985). *Unternehmenskultur. Basis strategischer Profilierung erfolgreicher Unternehmen*. Bern: Schweizerische Volksbank.

Quarch, C. & König, E. (2013). *Wir Kinder der 80er. Porträt einer unterschätzten Generation*. München: Riemann Verlag

Rauschenbach, T. (2011). Von Generation zu Generation. Die Bildungsvermittlung im Wandel. In: T. Eckert, A. von Hippel, M. Pietraß, & B. Schmidt-Hertha (Hrsg.), *Bildung der Generationen,* (S. 237–249). Wiesbaden: Springer Fachmedien GmbH.

Regnet, E. (2004). *Karrierentwicklung 40+,* Weinheim: Beltz.

Rioux, L. & Mokounkolo, R. (2013) Investigation of subjective age in the work context: study of a sample of French workers. *Personnel Review.* 42 (4), 372–395.

Roth, C., Wegge, J., & Schmidt, K.-H. (2007). Konsequenzen des demografischen Wandels für das Management von Humanressourcen in Organisationen. *Zeitschrift für Personalpsychologie,* 6 (3), 99–116.

Rothenmund, K. & Wentura, A.K. (2007). Altersnormen und Altersstereotypen. In J. Brandtstädter & L. Ulman Lindenberger. (Hrsg.). *Entwicklungspsychologie der Lebensspanne,* (S. 540–569). Stuttgart: W. Kohlhammer Verlag.

Rothermund, K. & Mayer, A.-K. (2009). *Altersdiskriminierung. Erscheinungsformen, Erklärungen und Interventionsansätze.* Stuttgart: Kohlhammer.

Rump, J. & Eilers, S. (2006). Beschäftigungswirkungen der Vereinbarkeit von Beruf und Familie, http://sofis.gesis.org/sofiswiki/Besch%C3%A4ftigungswirkungen_der_Vereinbarkeit_von_Beruf_und_Familie_-_auch_unter_Ber%C3%BCcksichtigung_der_demografischen_Entwicklung; Abfrage am 15.8.2015.

Salahuddin, M. M. (2010). Generational Differences Impact on leadership Style and organzational success. Journal of Diversity Management. 5 (2), 1–6.

Schäfer, F. (2015). http://www.tagesanzeiger.ch/ wirtschaft/ unternehmenund-konjunktur/Bis-68-arbeiten-bei-den-SBB/story/30531340?dossier_id=434; Abfrage am 16.4.15.

Schaie, K. W. (2005). What can we learn from longitudinal studies of adult intellectual development. *Research in Human Development*, 2, 133–158.

Schalk, R., Van Veldhoven, M., De Lange, A.H., De Witte, H., Kraus, K., Stamov-Roßnagel, C., Torcera, N., et al. (2010). Moving European research on work and ageing forward: Overview and agenda, *European Journal of Work and Organizational Psychology*, 19 (1), 76–101

Schaper, N. (2009). (Arbeits-) Psychologische Kompetenzforschung. In M. Fischer & G. Spöttl (Hrsg.), *Forschungsperspektiven in Facharbeit und Berufsbildung. Strategien und Methoden der Berufsbildungsforschung* (S. 91–115). Frankfurt: Peter Lang.

Schauer, S. (2006). *Die Bedeutung des „Work Ability Index" für die betriebliche Gesundheitsförderung vor dem Hintergrund des demografischen Wandels.* Personalpolitik bei alternder Belegschaft, In: H. Wächter & D. Sallet (Hrsg.), Personalpolitik bei alternden Belegschaften (S. 62–92). München & Mering: Hampp.

Schein, E. H. (1983). The role of the founder in creating organizational culture. *Organizational Dynamics*, 12 (1), 13–28.

Schein, E. H. (1995). *Unternehmenskultur: Ein Handbuch für Führungskräfte*. Frankfurt: Campus.

Schieferli, S. (2015). *Welcher Generation gehöre ich an?*, Zürich, unveröffentlichtes Trainingsmaterial der Zürcher Kantonalbank.

Schlick, C., Mütze-Niewöhner, S., Köttendorf, N. (2009). Unterstützung von zukunftsorientierten Unternehmensstrategien durch professionelle Demografie-Beratung, In: P. Speck, (Hrsg.). *Employability Herausforderungen für die strategische Personalentwicklung*, (S. 43–60), (4., akt. und erw. Aufl.). Wiesbaden: Gabler.

Schmidt, B. (2006). Weiterbildungsverhalten und -interessen älterer Arbeitnehmer. *Bildungsforschung, 3* (2). Verfügbar unter: http://www.bildungsforschung.org/index.php/bildungsforschung/article/view/33/31; Abfrage am 18.6.2015.

Schmidt, B. & Tippelt, R. (2005). Was wissen wir über Lernen im Unterricht? *Zeitschrift für Pädagogik*, 3 (5), 6–11.

Schmidt, B. & Tippelt, R. (2009), Bildung Älterer und intergeneratives Lernen, *Zeitschrift für Pädagogik*, 55 (1), 73–90.

Schmitt, M. (2015). Innovationskultur — Grundlage einer zukunftsfähigen Arbeitskultur. In W. Widuckel, K. de Molina, M. J. Ringlstetter & D. Frey (Hrsg.): *Arbeitskultur 2020 – Herausforderungen und Best Practices der Arbeitswelt der Zukunft* (S. 74–87). Wiesbaden: Springer Gabler.

Schudy, C. & Wolff, M. (2014). Herausforderung Generation Y — Erfolgreich Nachwuchskräfte gewinnen. *Zeitschrift für Organisation zfo*, 83 (2), 97–102.

Schulz, André (2009): *Strategisches Diversitätsmanagement. Unternehmensführung im Zeitalter der kulturellen Vielfalt*. Wiesbaden: Gabler

Schulze, D. (2012). *Innerbetrieblicher Wissenstransfer*. Vortrag am Forschungsinstitut Betriebliche Bildung, TU Dresden

Schweizerischer Arbeitgeberverband. (2013). http://www.arbeitgeber.ch/arbeitsmarkt/initiative-plattform-arbeitsmarkt-45plus-lanciert; Abfrage am 14.6.2015.

Schweizerischer Berufsverband der Pflegefachfrauen und Pflegefachmänner. (2011). Professionelle Pflege der Schweiz – Perspektive 2020. Positionspapier des Schweizer Berufsverband der Pflegefachfrauen und Pflegefachmännern. Bern.

Seeber, K. (2010). Führungskräfte besser ausgebildet, „Seilschaften" wichtig. *Wirtschaft & Weiterbildung*, 20(6), 56–58.

Seitz, Y. (2015). *Speed-Dating der Generationen*. Interne Dokumentation der Axa Winterthur.

Semmer, N. & Richter, P. (2004). Leistungsfähigkeit, Leistungsbereitschaft und Belastbarkeit älterer Menschen (Ageing employees: performance capacity, performance readiness, and resilience). In M. v. Cranach, H.-D. Schneider, E. Ulich & R. Winkler (Hrsg.), *Ältere Menschen im Unternehmen* (S. 95–116). Bern: Haupt.

Shore, L. M., & Cleveland, J. N. & Goldberg, C. B. (2003). Work Attitudes and Decisions as a Function of Manager Age and Employee Age. *Journal of Applied Psychology*, 88 (3), 529–537.

Snape, E. & Redman, T. (2003). Too old or too young? The impact of perceived age discrimination. *Human Resource Management Journal*, 13, 78–89.

Sparta, K. (Produzent) (2012). *The Workshop Leader's Ressource Podcast: Training to Different Generations with Yvonne F. Brown* [Audio Podcast] http://www.workshopleadersresource.com/2010/01/08/training-to-different-generations-with-yvonne-f-brown. Abgerufen am 14.6.2015, [Aus: *Professional Safety*, S. 44, März 2012]

Spengler, A. (2009). Altersgemischte Belegschaften und ihr Einfluss auf den Betriebserfolg, Symposium „Wirtschaftspolitische Herausforderungen des demografischen Wandels". Berlin, 26.–27. Februar 2009.

Spitzer, M. (2003). *Lernen. Gehirnforschung und die Schule des Lebens*. Korr. Heidelberg: Spektrum.

Statistisches Bundesamt. (2009a). Bevölkerungsentwicklung in Deutschland bis 2060; https://www.destatis.de/DE/PresseService/Presse/Pressekonferenzen/2009/Bevoelkerung/Statement_Egeler_PDF.pdf?__blob=publicationFile, 11. Abfrage am 9.3.2015.

Statistisches Bundesamt. (2009b). Bevölkerung Deutschlands bis 2060. Ergebnisse der 12. koordinierten Bevölkerungsvorausberechnung, Wiesbaden.

Statistisches Bundesamt. (2012). Bevölkerungsfortschreibung, Fachserie 1, Reihe 1.3.: http://www.sozialpolitik-aktuell.de/tl_files/sozialpolitik-aktuell/_Politikfelder/Alter-Rente/Datensammlung/PDF-Dateien/abbVIII5.pdf; Abfrage am 18.3.2015.

Statistisches Bundesamt. (2015). Bevölkerung Deutschlands bis 2060. 13. Koordinierte Bevölkerungsvorausberechnung, Wiesbaden: Statistisches Bundesamt.

Staudinger, U. M. & Baumert, J. (2007). Bildung und Lernen jenseits der 50: Plastizität und Realität. In P. Gruss (Hrsg.), *Die Zukunft des Alterns. Die Antwort der Wissenschaft.* (S. 240–257), München: Verlag C. H. Beck.

Stettler, R. (2009): http://www.pme.ch/de/artikelanzeige/artikelanzeige.asp ?pkBerichtNr=178746; Abfrage am 14.6.2015. [Aus: *io new management* vom 3.7.2009]

St-Hilaire, W. G. A. & Toure, E. H. (2010). Babyboomers and New Practices In Human Capital Management. *Journal of Global Business Administration*, 2 (1), 71–83.

Swissstaffing.(2009). Die Schweizer Unternehmen zwischen Globalisierung, Personenfreizügigkeit und demografischem Wandel. Arbeitspapier der Swissstaffing.

Tempel, J. & Ilmarinen, J. (2013). *Arbeitsleben 2015. Das Haus der Arbeitsfähigkeit im Unternehmen bauen.* Hamburg: VSA Verlag.

Tempest, S., Barnatt, C. & Coupland, C. (2002). Grey advantage — new strategies for old. *Long Range Planning*, 5, 475–492.

Thoma, C. (2011). Generationen-sensible Personal- und Karriereentwicklung — Lebenslanges Lernen fördern. In Klaffke, M. (Hrsg.), *Personalmanagement von Millennials.* Konzepte, Instrumente, Good-Practice-Ansätze. (S. 165–179). Springer Fachmedien Wiesbaden: Gabler.

Tietgens, H. (1992). Zum Vermittlungsprozess zwischen Altersforschung und Erwachsenenbildung. In W. Saup (Hrsg.), *Bildung für ein konstruktives Altern* (S. 11–36). Frankfurt: Pädagogische Arbeitsstelle des Deutschen Volkhochschulverbandes.

Tippelt, R. (2010). *Bildung Älterer. Ergebnisse aus der EdAge-Studie.* Verfügbar unter: https://www.yumpu.com/de/document/view/8121407/bildung-alterer-ergebnisse-aus-der-edage-studie-edage-dgwf; Abfrage am 19.5.2015.

Tolbize, A. (2008). Generational differences in the workplace. University of Minnesota.

Towers Watson (2014). *Global Workforce Study – at a glance*. http://www.towers-watson.com/en/Insights/IC-Types/Survey-Research-Results/2014/08/the-2014-global-workforce-study; Abfrage am 14.6.2015

Ulich, E. (1994). *Arbeitspsychologie*. Stuttgart: Schäffer-Poeschel.

Ulrich, D. (1999). *Das neue Personalwesen: Mitgestalter der Unternehmenszukunft*. München: Hanser.

Ulrich, D. & Brockbank, W. (2005) *The HR Value Proposition*. Harvard Business School Press.

Veldhoven, M. v., Dorenbosch, L. (2008). Age, practivitiy and career development. *Career Development International*, 13 (2), 112–131.

Verworn, B. (2012). Einstellungen gegenüber älteren Beschäftigten. *Gruppendynamik & Organisationsberatung*, (43), 413–425. Wiesbaden: Verlag für Sozialwissenschaften.

Von Knippenberg, D. & Schippers, M.C. (2007). Work group diversity. *Annual Review of Psychology*, 58, 515–541.

Wallin, M. & Hussi, T. (2011). Best practices in Age Management, Evaluation of organisation cases final report. Työtervaislaitos.

Walser, G. (2015). http://jugendprojekt-lift.ch/was-ist-lift. Abfrage am 17.4.15.

Warner, J. & Sandbert, A. (2010). Generational Leadership. Ready To Manage, (S. 1–12). http://www.kiwata.com/pdf/Generational-Leacership.pdf, Abfrage am 15.8.2015

Watzlawick, F. (2000), Anleitung zum Unglücklichsein. (20. Aufl.) München: Piper Verlag.

WBF Kommunikationsdienst des Eidgenössischen Departements für Wirtschaft, Bildung und Forschung. (2015). https://www.wbf.admin.ch/de/themen/ bildung-forschung-innovation/fachkraefteinitiative; Abgerufen am 17.4.15

Wegge, J., Roth, C. & Schmidt, K.-H. (2008). Eine aktuel e Bilanz der Vor- und Nachteile altersgemischter Teamarbeit, *Wirtschaftspsychologie*, 3, 30–43.

Weibler, J. (2012). Personalführung. (2. Aufl.), München: Vahlen.

Whitmore, J. (2002). Coaching for performance: GROwing people, performance and purpose. London: National Book Network.

WHO World Health Organization. (2015). http://www.who.int/occupational_health/5keys_healthy_workplaces.pdf; Abfrage am 17.6.2015.

Widuckel, W., De Molina, K., Ringelstetter. M. J., Frey, D. (Hrsg.), *Arbeitskultur 2020, Herausforderungen und Best Practices der Arbeitswelt der Zukunft*. Springer: Fachmedien Wiesbaden 2015

Willemse, I., Waller, G., Genner, S., Suter, L., Oppliger, S., Huber. A.-L., & Süss, D. (2014). *JAMES. Jugend, Aktivitäten, Medien – Erhebung Schweiz*. Zürich: Zürcher Hochschule für angewandte Wissenschaften.

Winkler, R. (2008). Von der Frühverrentung zum langen Erwerbsleben: Rentenalter 70 als Perspektive. *Schweizer Arbeitgeberverband*, 22, 2–5.

Winkler, T. (2014). *Vielfalt bereichert Unternehmen Erfolgreiches Diversity-Management in DGFP-Mitgliedsunternehmen*. http://static.dgfp.de/assets/news/2014/DGFPDiversity.pdf; Abfrage am 16.4.2015.

Woolf, L. Aging Quiz. http://www2.webster.edu/~woolflm/myth.html; Abfrage am 11.5.15.

Wymann. (2014). Ressourcen und Potenziale älterer Mitarbeitender erschließen. IAP Fachtagung „Lebenslanges Lernen". Zürich, 30. Juni 2014.

Zukunftsmodelle der SBB (2014). http://www.vslf.com/uploads/media/D_GAV_d.pdf; Abfrage am 16.4.15.

Abbildungsverzeichnis

Arbeitshilfenverzeichnis

Die folgenden Arbeitshilfen finden Sie zum Download unter Arbeitshilfen online. Den Zugangscode finden Sie am Buchende.

Tabellenverzeichnis

Stichwortverzeichnis

Alexander Jürries
Anpacken statt aufschieben
Erfolgreich Ziele setzen, Entscheidungen treffen, entschlossen handeln
2. Auflage
Toptitel zum Sonderpreis
HAUFE.
Anpacken statt aufschieben
2. A.
Jürries
HAUFE.

Inklusive Arbeitshilfen online

Exklusiv für Buchkäufer!

Ihre Arbeitshilfen zum Download:

- **http://mybook.haufe.de/**
- **Buchcode:** TUP-4290
